高等学校数理类基础课程"十二五"规划教材

大学物理实验

Experiment of College Physics

赵大田　宗　波　主编

第二版

2nd edition

化学工业出版社

·北京·

全书分为八章，第一章为测量误差及实验数据处理，第二章为物理实验的基本方法，第三章为常用实验仪器介绍，第四至八章分别为力学、热学、电磁学、光学及近代物理实验，共 37 个实验。为了适应工科专业学生的要求，在书中介绍了一些重要的实验仪器，方便学生日后的专业实验课学习。

　　本书可作为普通高等院校理工科专业学生的大学物理实验教材，也可供相关专业人员参考。

图书在版编目（CIP）数据

　　大学物理实验/赵大田，宗波主编. —2 版. —北京：化学工业出版社，2015.2（2024.9 重印）

　　高等学校数理类基础课程"十二五"规划教材

　　ISBN 978-7-122-22629-7

　　Ⅰ．大…　Ⅱ．①赵…②宗…　Ⅲ．物理学-实验-高等学校-教材　Ⅳ．O4-33

　　中国版本图书馆 CIP 数据核字（2014）第 301667 号

责任编辑：郝英华　袁俊红　　　　　　　　　　装帧设计：韩　飞
责任校对：蒋　宇

出版发行：化学工业出版社（北京市东城区青年湖南街 13 号　邮政编码 100011）
印　　装：大厂聚鑫印刷有限责任公司
787mm×1092mm　1/16　印张 12½　字数 324 千字　　2024 年 9 月北京第 2 版第 8 次印刷

购书咨询：010-64518888　　　　　　　　售后服务：010-64518899
网　　址：http://www.cip.com.cn
凡购买本书，如有缺损质量问题，本社销售中心负责调换。

定　价：26.00 元

前　　言

　　物理实验是科学实验的先驱，体现了大多数科学实验的共性，在实验思想、实验方法以及实验手段等方面是各学科科学实验的基础。因此，大学物理实验是高等学校理工科类专业对学生进行科学实验基本训练的必修基础课程，是学生接受系统实验方法和实验技能训练的开端，是培养学生科学实验能力、提高实验素质的重要基础，它在培养学生严谨细致的工作作风、实事求是的科学态度和实践动手能力等方面具有其他实践类课程不可替代的作用。

　　本书依照《理工科类大学物理实验课程教学基本要求》，在总结近年来编者物理实验教学经验的基础上运用教学改革的成果编写而成。主要针对工科学生设置实验内容，一个重要目标是为学生日后的专业实验课的学习打下坚实的基础。

　　全书分为八章：第一章为测量误差及数据处理，第二章为物理实验的基本方法，第三章为常用实验仪器介绍，第四至八章分别为力学、热学、电磁学、光学和近代物理实验，共37个实验，内容选取范围较广，且每个实验均有很详细的讲解，教师在使用本书时可以根据各专业的实际情况，对教学内容进行取舍。为了适应工科学生的要求，我们在第三章中介绍了一些较重要的实验仪器，方便学生日后的专业实验课学习。

　　本书第一版自 2012 年出版以来，在教学实践中受到学生的喜爱，但是由于初版成书时间紧迫，匆忙之中难免有疏漏之处。此次修订是在保持原基本框架的前提下，删去过时或不合适的实验，增加了新的内容；对原有的部分实验在内容上进行了一些调整，力求做到实验目的具体、突出，实验原理叙述更清晰、明了，实验内容、步骤以及数据处理更加详尽，方便学生操作和学习。

　　本书由赵大田、宗波担任主编，曹青松担任副主编，此外参加编写的还有刘家骏、谭沈阳、王晓春、王娅、张文彬、叶建兵、李文涛、周海林、谌文超。这次修订，相关老师提出了许多宝贵意见和建议，谨在此表示诚挚的谢意。

　　由于编者水平有限，书中难免存在疏漏，敬请读者批评指正。

编者

2014 年 11 月

目　　录

绪　　论

一、物理实验课程的作用

物理学是一切自然科学的基础。作为一门实验科学，物理实验对物理学理论体系的建立和发展起着非常重要的作用。

大学物理实验是高等教育中一门独立的基础课程，是所有理工科学生的必修课程。通过物理实验课程的学习，既能提高对物理规律的认识，又能掌握认识事物规律的各种方法、手段与技术。所以，物理实验课程在锻炼学生能力、培养素质方面起到其他实践课程不能取代的作用。

大学物理实验课是理工科大学生的第一门实验课，学生们从中学到的关于实验的基本理论、规则和技能将对以后的专业实验课起到重要的作用：

① 巩固和拓展学生的物理知识；

② 培养学生的实验动手能力，包括如何正确使用实验仪器、记录和处理实验数据、撰写实验报告以及独立完成设计性实验的能力；

③ 培养学生的科学实验修养，包括理论联系实际、实事求是的科学作风，严肃认真的实验态度，开拓创新的探索精神以及遵守纪律、爱护公物的社会道德。

二、物理实验课程的主要环节

（1）课前预习。在上课做实验之前，要先认真阅读实验教材，并写出预习报告。其内容包括实验名称、实验目的、实验仪器、实验原理、操作步骤以及自己学习后的一些疑问。要按自己的理解，用自己的语言来写，切忌大段抄书。课前预习是实验课能否成功的关键，也是对自己学习能力的极好培养。

（2）课堂学习。在动手实验前，老师会讲解该实验的内容，此时要注意听讲，并且将自己预习的内容和老师讲的内容相互对照，尤其是实验中的注意事项，会让你在实验中少走很多弯路，避免很多错误。

实验开始前，首先要熟悉一下将要使用的仪器设备和测量工具的性能和操作规范，避免错误的操作。其次，要对观察到的现象和测量的数据及时进行分析，判断实验过程是否合理，而不能以为一切顺利就好。要实事求是地记录实验数据，不能认为实验数据与理论值越接近越好。

实验后，要先将实验数据交给老师检查，老师认可并签字后，将仪器整理复原，方可离开。

（3）数据处理。课后要对实验数据进行处理，并完成实验报告。首先对数据进行运算处理，并按照误差理论求出不确定度，对实验中的一些反常现象和误差，要分析其产生的主要原因。然后撰写实验报告，实验报告是实验的一个重要组成部分，既是对整个实验过程的总结，也是对学生的文字表达、分析判断、归纳综合能力的培养，为理工科学生日后的专业实验课打下一个良好的基础。

三、物理实验学生守则

为了保证基础物理实验教学的正常进行，培养同学严肃认真、实事求是的科学态度，培养善于思考、勤于动手的学习作风，进行物理实验需遵循以下规则。

① 实验前要充分做好预习准备工作，必须按要求写好预习报告，上次实验的报告应在下次实验前交给指导教师。

② 实验中，应严格遵守课堂纪律和实验规程，正确操作、认真观察。要保持室内安静、整洁，严禁喧哗、嬉闹，禁止吸烟，禁止乱涂乱画，禁止随地吐痰，保证有良好的实验环境，发现问题应及时报告，凡违反操作规程或不听从老师指导而酿成事故者，应按学校有关规定进行处理。

③ 对实验中使用的仪器设备及实验结果，要实事求是的分析，反对掩盖矛盾或弄虚作假的学风。原始数据应经老师审阅签字，再整理仪器恢复原状，方可离开实验室。提交实验报告时，实验中测量的原始数据需附上。

④ 要自觉爱护仪器设备，实验中要注意技术安全，未经教师许可不要擅自接通仪器电源等，光学仪器的玻璃加工面不要用手去触摸，不允许擅自擦拭，各组仪器不得擅自调换。

⑤ 因故不能准时到课的学生，必须在课前向老师请假，经准许后方可安排补做实验，否则按旷课处理，缺交实验报告者，不准参加实验考试，实验成绩按不及格处理。

第一章　测量误差及实验数据处理

在科学实验和观测中，由于各种因素，测量结果总存在着误差。因此，进行误差分析是实验的一个重要组成部分。其主要有两方面的作用：一是通过分析误差产生的原因找出其规律，采取合理的方法减少或消除误差的影响，并对测量结果做出合理的评价；二是优化实验设计，根据实验结果的误差要求，选择测量方法和仪器，获得合理的实验结果。因此，进行数据处理和误差分析是物理实验中必不可少的工作。

本章主要介绍误差分析、估算和实验数据处理的常用方法。

第一节　测量与误差

对某些物理量的大小进行测定，实验上就是将此物理量与规定的作为标准单位的同类量或可借以导出的异类物理量进行比较，并得出结论，这个比较的过程就叫做测量。比较的结果记录下来就叫做实验数据。测量得到的实验数据应包含测量值的大小和单位，二者是缺一不可的。

一个被测物理量，除了用数值和单位来表征它外，还有一个很重要的表征参数，这便是对测量结果可靠性的定量估计。这个重要参数却往往容易为人们所忽视。设想如果得到的测量结果的可靠性几乎为零，那么这种测量结果还有什么价值呢？因此，从表征被测量这个意义上来说，对测量结果可靠性的定量估计与其数值和单位至少具有同等的重要意义，缺一不可。

一、测量

测量是人类认识自然改造自然必不可少的手段。物理实验是以测量为基础的。所谓测量，就是用一定的测量工具或仪器，通过一定的方法，直接或间接地得到所需要的量值。例如要知道某一物体的长度，可借用长度测量工具（米尺、游标卡尺等）直接对物体测量。如果要知道一个球体的密度，根据公式：

$$\rho = \frac{m}{V} = \frac{6m}{\pi D^3} \tag{1-1-1}$$

可借用长度测量工具测量物体的直径 D，借用天平称衡物体的质量 m，然后通过公式(1-1-1)，可间接得到所需要的量值 ρ。依照测量方法的不同，可将测量法分两大类。

（1）直接测量。直接测量是将待测量物与预先标定好的仪器、量具进行比较，直接从仪器或量具上读出量值大小的测量。例如，用长度测量工具测长度、宽度、高度、半径、直径等，用电表测量电压、电流，用秒表或数字毫秒计、电子钟等测量时间，用天平测量质量等。

（2）间接测量。间接测量是指需先由直接测量获得的数据，利用已知的函数关系经过运算才能得到待测量物的相关数值。例如某一长方形面积 $S = ab$，那么，面积 S 是间接测量量值，长度 a 和宽度 b 是直接测量量值。

二、误差

（1）误差的定义。测量的误差等于测量结果减去被测量的真值，即

测量误差＝测量值－真值

用数学方程可表示为

$$\Delta N = N - N_0 \qquad\qquad (1\text{-}1\text{-}2)$$

式(1-1-2)中所定义的误差反映的是测量值偏离真实值的大小和方向。N_0 表示真值，对任何一个物理量，在一定条件下都具有一定的大小，这是客观存在的，但实际上真值是一个理想的概念，因为在实际测量中，一切测量结果都不可避免地含有误差。同一个物理量，即使同一个人，用同一台仪器，在相同的条件下进行多次测量，各次测量结果一般也不完全相同，更不等于测量的真值，因此测量与误差是形影不离的。

（2）误差来源。

① 仪器误差。指在测量时由于所使用的测量仪器仪表不准确引起的误差，误差大小根据仪器本身的灵敏度来确定，任何仪器都存在误差。比如，我们用毫米尺测量一本书的长度，但毫米尺的刻度本身就不准确，由此给测量结果带来的误差就叫做仪器误差。

② 环境误差。由于测量仪器偏离了仪器本身规定的使用环境或者测量条件，例如气流扰动，温度的微小起伏，电流、电压、频率、外界电磁场等因素的影响，都会使测量产生误差。

③ 测量方法误差。这种测量误差是由于测量方法不完善及所依据的理论不严密而产生。凡是在测量结果的表达式中没有得到反映，而在实际测量中又起作用的一些因素所引起的误差被称为测量方法误差。例如高灵敏度测量仪器规定在洁净室使用却在一般实验室使用，使用的电源设备有绝缘漏电，测量激光脉冲宽度未使用静电屏蔽而用寄生电势，引起与接触电阻的压降等，都会产生方法（或理论）误差。再比如用伏安法测电阻，电表的内电阻也会引起方法误差。

④ 人员误差。这是由于实验者的主观因素和操作技术引起的。分辨能力、感觉器官灵敏度的不完善，操作不熟练，估计读数始终偏大或偏小等，可能会造成误判而产生人员误差。比如，实验者在读量筒时总是俯视刻度，就会引起测量结果偏大，从而造成人员误差。

三、误差的分类

根据误差产生的原因以及误差的性质和来源，对误差进行分类，大致可以分三类，即系统误差，随机误差，粗大误差，下面分别介绍。

（1）系统误差。系统误差是指在同一测量条件下的多次测量过程中，保持恒定或以可预知方式变化的测量误差的分量。系统误差及其产生的原因可能已知，也可能未知。系统误差包括已定系统误差和未定系统误差。已定系统误差是指符号和绝对值已经确定的系统误差，一般在实验中通过修正测量数据和采用适当的测量方法（如交换法、补偿法、替换法等）予以消除；未定系统误差是指符号或绝对值未经确定的系统误差，实验中常用估计误差极限的方法得出。

系统误差的特征是其确定性（恒定或以可预知的方式变化）。由于系统误差在测量条件不变时有确定的大小和正负号，因此在同一测量条件下多次测量求平均并不能减少或消除它。对于系统误差，必须找出其产生的原因，针对原因去消除或引入修正值对测量结果进行修正，系统误差的处理是一个比较复杂的问题，没有一个简单的公式可以遵循，需要根据具体情况作出具体的处理。首先要对误差进行判别，然后要将误差尽可能地减少到可以忽略的程度。这需要实验者具有相应的经验、知识与技巧。一般可以从以下几个方面进行处理：

① 检验、判别系统误差的存在；

② 分析造成误差的原因，并在测量前尽可能消除；

③ 测量过程中采取一定方法或技术措施，尽可能消除或减少系统误差的影响；

④ 估计残有系统误差的数值范围，对于已定系统误差，可用修正值（包括修正公式后修正曲线）进行修正，对于未定系统误差，尽可能估计出其误差限值，以掌握它对测量结果的影响。

我们将在后面的某些实验中，针对具体情况对系统误差进行分析和讨论。

（2）随机误差。随机误差是指在同一测量的多次测量过程中，以不可预知方式变化的测量误差的分量。随机误差是由实验中许多难以确定的因素（如温度、湿度、空气流动、震动等）引起的。根据随机误差的特点可以知道，随机误差不可能修正。随机误差就个体而言是不确定的，但其总体（大量个体的总和）服从一定的统计规律，因此可以用统计方法估计其对测量结果的影响。

随机误差的特征是其随机性。随机误差的主要来源有测量仪器、环境条件和测量人员。这些因素对测量会产生微小的影响，而这些影响往往是随机变化的。

大量的随机误差服从正态分布，其分布曲线如图 1-1 所示。在图中，纵坐标 P 表示随机误差出现的概率密度，横坐标 δ 表示随机误差，这条连续对称的曲线称为随机误差的正态分布曲线，或称高斯曲线，其方程式为：

$$p(\delta)=\frac{1}{\sigma\sqrt{2\pi}}\mathrm{e}^{\left(-\frac{\delta^2}{2\sigma^2}\right)} \tag{1-1-3}$$

式中 σ 为标准偏差。为了更好理解图 1-1-1 中的正态分布曲线，从而更好地研究随机误差的分布特性，可以做这样的一个实验。在同一测量条件下，用一级千分尺测量某一工件的内径，重复测量 k 次，获得测量值为 R_1，R_2，…，R_k（测量次数 k 足够大），并设被测量的真值为 R_0，那么可得到相应各次测量值的随机误差为 $\delta_1=R_1-R_0$，$\delta_2=R_2-R_0$，…，$\delta_k=R_k-R_0$。

若将上述得到的随机误差（δ_1，δ_2，…，δ_k）按它们的大小和符号进行整理后，并将落入某一误差区域（$\delta_i\sim\delta_{i+1}$）的次数用长方形面积表示的曲线表示，该随机误差曲线服从正态分布，并具有以下属性。

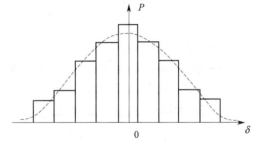

图 1-1-1　正态分布曲线

① 单峰性，绝对值小的随机误差出现的概率比绝对值大的随机误差出现的概率大。

② 对称性，随机误差绝对值相等的正负误差出现的概率相同。

③ 有界性，在一定测量条件下，误差的绝对值不超过一定限度。若随机误差的绝对值超过某一定值后，出现的概率为零，这一定值称为极限误差。

随着测量次数的增加，随机误差的算术平均值趋向于零。一般说来，适当增加测量次数求平均可以减少随机误差。

（3）粗大误差。粗大误差又称粗差、疏失误差等，是明显超出规定条件下预期的误差。引起粗大误差的原因有：错误读取示值；使用有缺陷的计量器具；计量器使用不正确或较强的环境干扰；测量者的疏忽大意等。

在测量中，粗大误差属于失控或人为的错误，应该尽量避免。在处理测量数据时，应首先检出含有粗大误差的测量值——异常值，并将它剔除。

四、测量结果表示

为了评价一个测量结果的优劣，常用绝对误差和相对误差表示。绝对误差反映了误差本身的大小，而相对误差反映了误差的严重程度。

（1）绝对误差。

$$绝对误差＝测量值－真值$$

或

$$\Delta N = N - N_0$$

测量结果

$$N = N_0 \pm \Delta N \tag{1-1-4}$$

（2）相对误差。

$$相对误差 = \frac{|绝对误差|}{真值}$$

即

$$E = \frac{|\Delta N|}{N_0} \times 100\% \tag{1-1-5}$$

必须注意，绝对误差大的，相对误差不一定大。例如：

$$L_1 = 25.00\text{mm} \qquad \Delta L_1 = 0.05\text{mm}$$
$$L_2 = 2.50\text{mm} \qquad \Delta L_2 = 0.01\text{mm}$$
$$L_3 = 2.5\text{mm} \qquad \Delta L_3 = 0.1\text{mm}$$

根据式(1-1-5) 可得

$$E_1 = 0.2\%, \ E_2 = 0.4\%, \ E_3 = 4\%$$

从上述数据可知：$\Delta L_3 > \Delta L_1 > \Delta L_2$，而 $E_3 > E_2 > E_1$，可见绝对误差的大小与相对误差的大小之间没有必然的联系。

第二节　测量结果误差估算及评定方法

测量与误差不可分离，但如何准确估算及评定测量结果，对测量值作出科学的评价，就是误差理论要解决的一个重要问题。对测量结果评定一般有三种方法，即算术平均偏差、标准偏差（均方根偏差）和不确定度。

一、算术平均偏差和标准偏差

为了减少测量误差，应用最佳值代替真值。统计理论指出，多次测量算术平均值 $\overline{N}$ 是最佳值或称近似值。因此，在可能情况下，总是采用多次测量的算术平均值 $\overline{N}$ 作为测量结果，它是真值的最好近似。那么算术平均值 $\overline{N}$ 代替真值 N_0 可靠性如何，要对它进行估算和评定（这里约定系统误差和粗大误差已消除或修正，只剩下随机误差）。

1. 算术平均偏差

如对某一物理量测量 K 次，求得算术平均值 $\overline{N}$，则算术平均偏差用 $\overline{d}$ 表示：

$$\begin{aligned}
\overline{d} &= \frac{1}{K}(|N_1 - \overline{N}| + |N_2 - \overline{N}| + |N_3 - \overline{N}| + \cdots + |N_k - \overline{N}|) \\
&= \frac{1}{K} \sum_{i=1}^{K} |N_i - \overline{N}|
\end{aligned} \tag{1-2-1}$$

式中，N_i 为第 i 次的测量值。

2. 标准偏差（均方根偏差）

根据统计误差理论及实践，在测量过程中产生的误差是遵循正态分布的测量值及随机误差时，可采用数学上数学期望的算术平均值和方差的开方，即均方根偏差，由于我国常采用均方根偏差作为精密度的评定标准，因此常称为标准偏差，通常用符号 σ 表示。当随机误差在置信区间 $[-\sigma, +\sigma]$ 内的置信概率为 68.3%，在置信区间 $[-2\sigma, +2\sigma]$ 内的置信概率为 95.4%，在置信区间 $[-3\sigma, +3\sigma]$ 内的置信概率为 99.7%。通常由于测量次数有限（一般最多在几十次），因此认为出现大于 3σ 误差的概率等于零，这就是随机误差的有界性。即

$$\delta_{\max} = \pm 3\sigma \tag{1-2-2}$$

从以上分析可知，标准偏差描述了随机误差概率分布的分散性。若对一个物体进行重复多次测量，对于一组测量值，就可以用其标准偏差来描述测量的精密度。

用标准偏差 σ 来估算 $\overline{N}$ 代替真值 N_0 的可靠性程度有两种形式。

（1）测量列的实验标准差。在有限次测量和被测量真值未知情况下，可利用贝塞尔公式

$$\sigma(N) = \sqrt{\dfrac{\sum\limits_{i=1}^{k}(N_i - \overline{N})^2}{k-1}} \tag{1-2-3}$$

式(1-2-3) 也称测量列的实验标准差，它是用残差来估算测量列中每次测量的标准差，如图 1-2-1 所示。式(1-2-3) 中 $N_i - \overline{N}$ 称为第 i 个测量值的残余误差，简称残差。由式(1-2-3) 可知，当测量次数 k 增大时，分母增大，但同时残差的个数也增加，因而分子也相应增大。统计误差理论证明，k 增大不能减少测量列的标准差。当 k 小时，$\sigma(N)$起伏较大；当 k 大时，$\sigma(N)$ 趋于一个稳定值。

（2）平均值的标准偏差。在同一条件下对某物理量进行多次测量，其平均值的标准偏差为

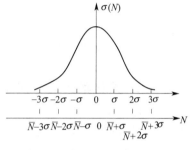

$$\sigma(\overline{N}) = \dfrac{\sigma(N)}{\sqrt{k}} = \sqrt{\dfrac{\sum\limits_{i=1}^{k}(N_i - \overline{N})^2}{k(k-1)}} \tag{1-2-4}$$

图 1-2-1　随机误差分布图

从式(1-2-4) 可以进一步看出，标准偏差 σ 是一个描述测量结果的离散程度的同一参量，用它评定测量数据的随机误差有许多优点，例如有相当的稳定性，σ 值随测量次数 k 值变化比较小；它以平方计值，因此与个别误差的符号无关，而且能反映数据的离散程度；它与最小二乘法相吻合等。对于这方面内容，若需要进一步深入了解，可参阅有关参考文献。

二、不确定度

测量结果不确定度 u 也称实验不确定度，有时简称不确定度。其基本定义为：对测量结果可信赖程度的评定。在测量结果中指明不确定度，是对被测量真值所处量值范围的评定（最佳估值），也就是说最佳值（一般为多次测量平均值）与真值之差，以一定概率落在 $\overline{N}-u \sim \overline{N}+u$ 之间。不确定度越小，标志着误差的可能值越小，测量的可信赖程度越高；不确定度越大，标志着误差的可能值越大，测量的可信赖程度越低。

1. 不确定度的分类和估算

$$u = \sqrt{\sum \sigma^2(N) + \sum u_j^2} \tag{1-2-5}$$

或

$$u = \sqrt{\sum \sigma^2(\overline{N}) + \sum u_j^2} \tag{1-2-6}$$

式中，$\sigma(N)$ 或 $\sigma(\overline{N})$ 为 A 类不确定分量，求算这类分量的数值时，要对多个测量数值直接进行统计计算求其标准偏差 $\sigma(N)$ 或 $\sigma(\overline{N})$。式中 u_j 为 B 类不确定度分量，求这类分量的数值时，不是对测量数值直接进行统计计算，而是用其他方法先估计（包括查阅资料和手册）极限误差，并确定该项误差服从的分布，然后用下式计算：

$$u_j = \dfrac{\Delta_{\text{ins}}}{k} \tag{1-2-7}$$

式中，Δ_{ins} 为仪器的极限误差，k 为置信系数（修正因子），其值因分布不同而异。B 类不确定度在物理实验中一般是用使用仪器的极限误差来表示。k 的取值：对概率分布为均匀分

布的情况，其误差来源主要是量化误差（数字式仪表在正负 1 个单位以内不能分辨的误差，如度盘的刻度误差、仪器传动的空程误差、机械秒表的读数误差、游标卡尺的读数误差、频率的误差、数值凑整误差等），单次测量时，其 $k=1.7$；对概率分布为两点分布的情况（误差来源是电流正反向流动、换向器以及只知道误差的绝对值而不知道正负值），其 $k=1$。此外，还有三角分布和反正弦分布等，如需要进一步了解请查阅有关参考文献。

测量次数越多，结果越可靠，置信系数就越小，当测量次数超过 10 次时，$k=1$。

2. 测量结果不确定度表示方法

相对不确定度

$$E_u = \frac{u}{N} \times 100\% \tag{1-2-8}$$

测量结果不确定度：

$$N = \overline{N} \pm u \tag{1-2-9}$$

第三节　直接测量结果误差估算及评定方法

一、单次测量结果的误差估算及评定

在物理实验中，往往由于条件不允许等原因，对一个物理量的测量只进行一次，那么测量结果的误差估算常以测量仪器误差来评定。例如用 50 分度的游标卡尺测量一个工件的长度 L，$L = 10.00\text{mm}$，$\Delta L = 0.02\text{mm}$（50 分度游标卡尺误差），则测量误差为 ±0.02mm。

对于实际使用中的测量仪器，如果该仪器没有标明误差，那么一般用以下方法来确定误差：

① 可取仪器及表盘上最小刻度一半为单次测量值允许的误差；

② 电学与电子类仪器的仪器误差主要根据仪器的精度级别来考虑，如果表的仪器误差 ΔN_0 是电表刻度中的最大误差，则

$$\Delta N_0 = 量程 \times \frac{仪器准确度等级}{100} \times 100\%$$

电表的准确度等级一般分为七级，即 0.1，0.2，0.5，1.0，1.5，2.5 和 5.0 级。

【例 1】　如用一个准确度等级为 0.5 级，量程数为 $10\mu\text{A}$ 的电流表，单次测量某一电流值结果为 $2.00\mu\text{A}$，试用不确定度表示测量结果。

解　已知测量值 $I_0 = 2.00\mu\text{A}$，则

$$u_j = \Delta I = 10\mu\text{A} \times 0.5\% = 0.05\mu\text{A}$$
$$I = (2.00 \pm 0.05)\mu\text{A}$$
$$E_u = \frac{\Delta I}{I} = 0.025 = 2.5\%$$

二、多次测量结果的误差估算及评定

为了减少测量误差，使之用最佳值来代替真值，在可能的情况下，总是采用多次测量，以多次测量的平均值作为测量结果，它是真值的最好近似。下面举例说明。

【例 2】　用精度为 0.02mm 的游标卡尺测量某物体长度，共测量 10 次，测量数据为：60.04mm，60.06mm，60.00mm，60.06mm，60.00mm，60.04mm，60.00mm，60.06mm，60.00mm，60.02mm。求其 $\overline{N}$，$\overline{d}$，$\sigma(N)$，u，并用不确定度表示测量结果。

解　① 求多次测量平均值 $\overline{N}$。根据公式 $\overline{N} = \frac{1}{k}(N_1 + N_2 + \cdots + N_k)$，并代入有关测量

值，得到：

$$\overline{N} = 60.028 \approx 60.03\text{mm}$$

② 求算术平均偏差 $\overline{d}$。根据公式(1-2-1)，代入有关数据，得到：

$$\overline{d} = 0.024\text{mm}$$

③ 求测量列的实验标准差 $\sigma(N)$。根据公式(1-2-3)，代入有关数据，得到：

$$\sigma(N) = 0.027\text{mm}$$

④ 求测量值的不确定度 u。根据公式(1-2-5)，其中 $u_j = \dfrac{\Delta_{\text{ins}}}{k}$。已知 $k \approx 1$，则

$$u_j = \Delta_{\text{ins}} = 0.02\text{mm}, \sigma(N) = 0.027\text{mm}$$

$$u = \sqrt{0.027^2 + 0.02^2} = 0.034\text{mm} \approx 0.03\text{mm}$$

⑤ 用 u 表示测量结果。根据公式(1-2-9)，有

$$N = (60.03 \pm 0.03)\text{mm}$$

从例 2 看出，用不确定度估算误差和对测量结果评定比较科学，它用统计学的方法进行计算，考虑了主要涉及的随机误差，同时又用非统计学的方法进行评定，同时考虑了主要涉及的系统误差，最后用方和根合成误差结果。因此，目前对测量结果的估算及评定往往采用不确定度。

第四节　间接测量结果误差估算及评定方法

间接测量值是由直接测量值通过已知的函数关系运算求得，由于直接测量误差必然存在，那么间接测量值受到直接测量值影响，其结果也一定会有误差，这就是误差的传递。

一、一般的误差传递公式

设间接测量值 N 与直接测量值 x，y，z 有如下函数关系：

$$N = f(x, y, z) \tag{1-4-1}$$

根据多变量函数的全微分方法，对式(1-4-1)求全微分：

$$\text{d}N = \frac{\partial f}{\partial x}\text{d}x + \frac{\partial f}{\partial y}\text{d}y + \frac{\partial f}{\partial z}\text{d}z \tag{1-4-2}$$

式(1-4-2) 表示，当直接测量值 x，y，z（均为独立自变量）有微小变化 $\text{d}x$，$\text{d}y$，$\text{d}z$ 时，间接测量值 N 也将改变 $\text{d}N$。通常误差远小于测量值，故可把 $\text{d}x$，$\text{d}y$，$\text{d}z$ 看作误差，并将 $\text{d}x$，$\text{d}y$，$\text{d}z$ 改写为 Δx，Δy，Δz，在取最大误差的原则下，使各项绝对值相加而得到绝对误差传递公式（算术合成法）：

$$\Delta N = \left| \frac{\partial f}{\partial x} \right| \Delta x + \left| \frac{\partial f}{\partial y} \right| \Delta y + \left| \frac{\partial f}{\partial z} \right| \Delta z \tag{1-4-3}$$

若对式(1-4-1) 先取自然对数后再求微分，则

$$\ln N = \ln f(x, y, z)$$

得到相对误差的传递公式：

$$\frac{\Delta N}{N} = \left| \frac{\partial \ln f}{\partial x} \right| \Delta x + \left| \frac{\partial \ln f}{\partial y} \right| \Delta y + \left| \frac{\partial \ln f}{\partial z} \right| \Delta z \tag{1-4-4}$$

式(1-4-3) 中，$\left| \dfrac{\partial f}{\partial x} \right|$，$\left| \dfrac{\partial f}{\partial y} \right|$，$\left| \dfrac{\partial f}{\partial z} \right|$ 为误差的传递系数；Δx，Δy，Δz 为直接测量值的最大误差或者是多次测量的算术平均误差。当间接测量式为和差形式（如 $N = x + y - z$）时，

先计算绝对误差比较方便。

二、标准偏差的传递公式

由于标准偏差能够更好地反映测量结果的离散程度，所以常用标准偏差来估算。标准偏差的传递公式（方和根合成）为：

$$\sigma = \sqrt{\left(\frac{\partial f}{\partial x}\right)^2 \sigma_x^2 + \left(\frac{\partial f}{\partial y}\right)^2 \sigma_y^2 + \left(\frac{\partial f}{\partial z}\right)^2 \sigma_z^2} \tag{1-4-5}$$

$$\frac{\sigma_N}{N} = \sqrt{\left(\frac{\partial \ln f}{\partial x}\right)^2 \sigma_x^2 + \left(\frac{\partial \ln f}{\partial y}\right)^2 \sigma_y^2 + \left(\frac{\partial \ln f}{\partial z}\right)^2 \sigma_z^2} \tag{1-4-6}$$

实际使用上述公式时，σ 可用实验标准差 $\sigma(N)$ 也可用平均值的标准差 $\sigma(\overline{N})$。

三、不确定度的传递公式

根据式(1-4-1)、式(1-4-5)、式(1-4-6)，得到不确定度传递公式：

$$u_N = \sqrt{\left(\frac{\partial f}{\partial x}\right)^2 u_x^2 + \left(\frac{\partial f}{\partial y}\right)^2 u_y^2 + \left(\frac{\partial f}{\partial z}\right)^2 u_z^2} \tag{1-4-7}$$

$$\frac{u_N}{N} = \sqrt{\left(\frac{\partial \ln f}{\partial x}\right)^2 u_x^2 + \left(\frac{\partial \ln f}{\partial y}\right)^2 u_y^2 + \left(\frac{\partial \ln f}{\partial z}\right)^2 u_z^2} \tag{1-4-8}$$

式中，u_x，u_y，u_z 是直接测量值 x，y，z 的合成不确定度。对于和差形式的函数用式(1-4-7)，对于积商、乘方、开方形式的函数用式(1-4-8) 比较方便。根据式(1-4-7) 和式(1-4-8)，可推出某些常用函数的不确定度传递公式，详见表1-4-1。

表 1-4-1　某些常用函数的不确定度传递公式

函数形式	不确定度传递公式
$N = x + y$	$u_N = \sqrt{u_x^2 + u_y^2}$
$N = x - y$	$u_N = \sqrt{u_x^2 + u_y^2}$
$N = xy$	$\dfrac{u_N}{N} = \sqrt{\left(\dfrac{u_x}{x}\right)^2 + \left(\dfrac{u_y}{y}\right)^2}$
$N = \dfrac{x}{y}$	$\dfrac{u_N}{N} = \sqrt{\left(\dfrac{u_x}{x}\right)^2 + \left(\dfrac{u_y}{y}\right)^2}$
$N = kx$	$u_N = ku_x$
$N = \sin x$	$u_N = \lvert \cos x \rvert u_x$
$N = \ln x$	$u_N = \dfrac{u_x}{x}$
$N = \dfrac{x^k y^m}{z^l}$	$\dfrac{u_N}{N} = \sqrt{k^2 \left(\dfrac{u_x}{x}\right)^2 + m^2 \left(\dfrac{u_y}{y}\right)^2 + l^2 \left(\dfrac{u_z}{z}\right)^2}$

【例3】　用一级千分尺测量某一圆柱体的直径 D 和高度 H，测量数据见表1-4-2，求圆柱体体积的 V，$\sigma(N)$，u_V，并用不确定度评定测量结果。

表 1-4-2　圆柱体测量数据

测量次数	D/mm	H/mm
1	3.004	4.096
2	3.002	4.094
3	3.006	4.092
4	3.000	4.096
5	3.006	4.096
6	3.000	4.094

测量次数	D/mm	H/mm
7	3.006	4.094
8	3.004	4.098
9	3.000	4.094
10	3.000	4.096

解　① 由题意分别估算：

$$u_D = \sqrt{\sigma^2(D) + u_j^2}, \quad u_H = \sqrt{\sigma^2(H) + u_j^2}$$

先确定 A 类不确定度 $\sigma(D)$，$\sigma(H)$。

$$\overline{D} = 3.0028\text{mm} \approx 3.003\text{mm}, \quad \sigma(D) = 0.0027\text{mm}$$

$$\overline{H} = 4.095\text{mm}, \quad \sigma(H) = 0.0017\text{mm}$$

再确定 B 类不确定度 u_j。由于一级千分尺出厂时已标定 $\Delta_{\text{ins}} = 0.004\text{mm}$。所以

$$u_j = \Delta_{\text{ins}} = 0.004\text{mm}$$

由于使用同一仪器测量 D、H 值，则：

$$u_D = \sqrt{0.0027^2 + 0.004^2} = 0.0048\text{mm}$$

$$u_H = \sqrt{0.0017^2 + 0.004^2} = 0.0043\text{mm}$$

② 根据圆柱体体积函数公式

$$V = \frac{\pi}{4} D^2 H$$

代入有关数值

$$V = \frac{\pi}{4} \overline{D}^2 \overline{H} = 29.00\text{mm}^3$$

由于 V 是间接测量的，属乘除方运算，则：

$$\begin{aligned}
E_u = \frac{u_V}{V} &= \sqrt{\left(\frac{\partial \ln V}{\partial D}\right)^2 u_D^2 + \left(\frac{\partial \ln V}{\partial H}\right)^2 u_H^2} \\
&= \sqrt{\left(\frac{2}{D}\right)^2 u_D^2 + \left(\frac{1}{H}\right)^2 u_H^2} \\
&= \sqrt{\left(\frac{2}{3.003}\right)^2 \times 0.0048^2 + \left(\frac{1}{4.095}\right)^2 \times 0.0043^2} \\
&= 0.0034
\end{aligned}$$

③ $\quad u_V = V \times E_u = 29.00 \times 0.0034\text{mm}^3 = 0.1\text{mm}^3$

④ 间接测量结果评定

$$V = (29.0 \pm 0.1)\text{mm}^3$$

【例 4】　计算间接测量结果的最佳值和不确定度，并用不确定度表示测量结果。已知

$$A = (71.3 \pm 0.5)\text{cm}^2 \qquad B = (6.262 \pm 0.002)\text{cm}^2$$

$$C = (0.753 \pm 0.001)\text{cm}^2 \qquad D = (271 \pm 1)\text{cm}^2$$

求解：

① $N = A + B - C + D$

② $N = \dfrac{AC}{BD}$

解　① 求算术平均值 $\overline{N}$

$$\overline{N} = A + B - C + D = 71.3 + 6.262 - 0.753 + 271 = 347.8\text{cm}^2$$

估算不确定度，根据式(1-4-7)，可得：

11

$$u = \sqrt{(1 \times U_A)^2 + (1 \times U_B)^2 + (1 \times U_C)^2 + (1 \times U_D)^2}$$
$$= \sqrt{(0.5 \text{cm}^2)^2 + (0.002 \text{cm}^2)^2 + (0.001 \text{cm}^2)^2 + (1 \text{cm}^2)^2}$$
$$= 1.11 \text{cm}^2 \approx 1 \text{cm}^2$$

间接测量结果评定

$$N = \overline{N} \pm u = (348 \pm 1) \text{cm}^2$$

② 求最佳值

$$\overline{N} = \frac{AC}{BD} = \frac{71.3 \times 0.753}{6.262 \times 271} = 0.0316$$

估算不确定度,根据式(1-4-8),可得:

$$E_u = \frac{u_N}{\overline{N}} = \sqrt{\left(\frac{u_A}{A}\right)^2 + \left(\frac{u_B}{B}\right)^2 + \left(\frac{u_C}{C}\right)^2 + \left(\frac{u_D}{D}\right)^2}$$
$$= \sqrt{\left(\frac{0.5}{71.3}\right)^2 + \left(\frac{0.002}{6.262}\right)^2 + \left(\frac{0.001}{0.753}\right)^2 + \left(\frac{1}{271}\right)^2}$$
$$= 0.008$$

利用 $u = E_u \times \overline{N}$ 关系,并代入相关数据得到:

$$u = 0.0316 \times 0.008$$
$$= 0.00025 \approx 0.0002 \quad (\text{四舍六入五凑偶规则})$$

间接测量结果评定

$$N = \overline{N} \pm u = 0.0316 \pm 0.0002$$

第五节 有效数字及其运算

任何一个物理量,其测量结果都会有误差,因此测量结果的数字要符合有效数字表示规则。一般有效数字是由若干位准确数字和一位可疑数字(欠准数字)构成,有效数字中最后一位存在着误差,虽然是可疑的,但它在一定程度上反映了被测量值实际的大小,因此也是有效的。另外,表示测量结果的数字不宜太多也不宜太少,太多了容易使人误认为测量准确度很高,太少则会损失准确度。

一、有效数字

举例说明:1.25(3位有效数字),1.250(4位有效数字),0.0125(3位有效数字),1.0025(5位有效数字)。表示小数点位置的"0"不是有效数字,而数字中间的"0"和数字尾部的有效"0"都是有效数字。关于有效数字,有几个问题需要引起注意。

① 有效数字与十进制单位的变换无关。例如1.35g有3位有效数字。如果换成千克作单位,则有 $1.35 \text{g} = 1.35 \times 10^{-3} \text{kg}$;如果换成毫克作单位,则有 $1.35 \text{g} = 1.35 \times 10^3 \text{mg}$。始终保持3位有效数字,但不能成为 $1.35 \text{g} = 1350 \text{mg}$,因为在没有说明的情况下,一般都会认为最后的零也是有效数字(变成4位有效数字了)。

② 数字尾部的"0",不能随便舍掉,也不能随意加上。不能把200mm写成20cm,因为这样一来有效位数字就少了一位;也不能把20cm写成200mm。正确写法是200mm=20.0cm 或 20.0cm=200mm。

③ 推荐使用科学记数法,其形式为 $K \times 10^n$,其中 $1 \leqslant K < 10$,n 为整数。例如 $900 \text{V} = 9.00 \times 10^2 \text{V} = 9.00 \times 10^5 \text{mV} = 9.00 \times 10^{-1} \text{kV}$,在这些变换中 9.00 这几个有效数字始终不变。

二、有效数字运算规则

在有效数字运算过程中，准确数字与准确数字之间进行四则运算，仍为准确数字。可疑数字与准确数字或可疑数字之间进行运算，结果为可疑数字，但是运算中的进位数可视为准确数字，在四则运算中，一定要服从加减法运算规则和乘除法运算规则。

1. 有效数字的加减法运算规则

多个量相加减时，其运算结果在小数点后所应保留的位数与这些量中小数点后位数最少的一个相同，即称为尾数对齐。例如：

$$32.1+3.276=35.4 \qquad 26.65-3.926=22.72$$
$$32.1+3.3=35.4 \qquad 26.65-3.93=22.72$$

【例5】 已知：$L=L_1+L_2-L_3$，求解 L，其中：$L_1=125.50\text{mm}$，$L_2=20.30\text{mm}$，$L_3=2.446\text{mm}$。

解 由于 L_1 和 L_2 的末位都在百分位上，因此 L 的末位也保留在百分位。

$$L=125.50+20.30-2.446=143.354\text{mm}=143.35\text{mm}$$

2. 有效数字的乘除法运算规则

多个量相乘除运算结果的有效数字位数，一般与这些量中有效数中最少的一个相同，即称为位数相同，即称为位数取齐。

【例6】 已知 $g=4\pi^2\dfrac{L}{T^2}$，求解 g，其中：$L=130.4\text{cm}$，$T=2.291\text{s}$。

解 L 和 T 都有 4 位有效数字，故 g 也保留 4 位有效数字，"4" 可看作常数或倍数，不作为运算中判断有效位数的依据，π 在运算中可多取一位，在本题中可取 5 位。

$$g=4\times3.1416^2\times\frac{130.4}{2.291^2}=980.8\text{cm/s}^2$$

3. 某些常见函数运算的有效位数规则

（1）对数函数 $y=\ln x$。例：

$$y=\ln1.983=0.684610849\approx0.6846$$
$$y=\ln1983=7.592366\approx7.592$$

规则：对数函数运算后的尾数取与真数相同的位数。

（2）指数函数 $y=10^x$。例：

$$10^{6.25}=1778279.41=1.8\times10^6$$
$$10^{0.0035}=1.00809161=1.008$$

规则：指数函数运算后的有效数字可与指数的小数点后的位数相同（包括紧接小数点后的零）。

（3）三角函数 $y=\sin x$，$y=\cos x$，$\cdots$。例：

$$y=\sin30°00'=0.5000$$
$$y=\cos20°16'=0.938070461=0.9381$$

规则：三角函数的取位随角度的有效位数而定。

（4）常数和系数在运算中的有效位数规则。对运算中某些常数或者倍数，如 π，e，$\sqrt{2}$，$\dfrac{1}{3}$ 等，有效数字可以认为是无限的，但在实际计算中一般应比运算中有效数字位数最多的多取一位。

13

三、不确定度和测量结果的数字化整规则

1. 不确定度的有效位数

不确定度是与置信概率相联系的，所以不确定度的有效位数不必过多，一般只需保留1～2位，其后位数上数字的舍入，不会对置信概率造成太大的影响。

2. 最佳值或测量值末位与不确定度位数对齐

直接测量最佳值（算术平均值）、测量值以及间接测量值（计算值），它们的有效数字由不确定度（或误差）的首位决定，因此必须先计算或确定误差或不确定度，然后再将最佳值、测量值以及间接测量的计算值的有效数的末位与不确定度（或误差）的首位对齐，例如：已计算出某物理量不确定度 $u=0.06$，该物理量的最佳值 $\overline{N}=9.787$，此时最后的测量结果应表示为

$$N = \overline{N} \pm u = 9.79 \pm 0.06$$

相对不确定度 $E_u = \dfrac{u_N}{N} = 0.006$ 或 $E_u = 0.6\%$。

第六节　常用数据处理方法

科学实验的目的是为了找出事物的内在规律，或检验某种理论的正确性，或准备作为以后实践工作的依据，因而对实验收集的大量数据资料必须进行正确的处理。数据处理是指从获得数据起到得出结论为止的加工过程，包括记录、整理、计算、作图、分析等方面。根据不同的需要，可以采取不同的处理方法。本节主要介绍大学物理实验中常用的数据处理方法，包括：列表法，图示法和图解法，逐差法，最小二乘法与直线拟合等。

一、列表法

在记录和处理数据时，常常将数据列成表格。这样做可以简单而明确地表示出有关物理量之间的对应关系，便于随时检查测量结果是否合理，及时发现问题和分析问题，有助于找出有关物理量之间的规律，求出经验公式等。数据列表还可以提高处理数据的效率，减少和避免错误。

通过列表来记录、处理数据是一种良好的科学工作习惯。对初学者来说，要设计出一个栏目清楚合理、行列分明的表格虽不是很难办到的事情，但也不是一蹴而就的，需要不断训练，逐渐形成习惯。本书的许多实验中已经涉及设计了数据表格，在使用时应思考为什么将表格如此设计，能否更加合理化；有些实验没有现成的数据表格，希望能根据要求，设计出尽量合理的数据表格。列表的要求如下：

① 各栏目（纵及横）均应标明名称和单位，若名称用自定的符号需加以说明；

② 原始数据应列入表中，计算过程中的一些中间结果和最后结果也可列入表中；

③ 对于栏目的顺序，应充分注意数据间的联系和计算的程序，力求简明、齐全、有条理；

④ 若是函数关系测量的数据表，应按自变量由小到大的顺序或由大到小的顺序排列；

⑤ 必要时附加说明。

下面以使用读数显微镜测一圆环直径的数据记录和处理为例进行说明。

测量圆环的直径 D。仪器：读数显微镜　$\Delta_{ins}=0.004\text{mm}$。

先将原始数据填入表 1-6-1 中，然后求出各 D_i，进而得到：

$$\overline{D} = 5.995\text{mm}, \quad \sigma_D = 0.0019\text{mm}$$

根据不确定度的合成公式

$$u_D = \sqrt{\sigma_D^2 + \Delta_{ins}^2} = 0.0044\,\text{mm} \approx 0.004\,\text{mm}$$

最终结果

$$D = \overline{D} \pm u_D = (5.995 \pm 0.004)\,\text{mm}$$

表 1-6-1　圆环的测量数据

测量次序（i）	左读数/mm	右读数/mm	直径 D_i/mm
1	12.764	18.762	5.998
2	10.843	16.838	5.995
3	11.987	17.978	5.996
4	11.588	17.584	5.996
5	12.346	18.338	5.992
6	11.015	17.010	5.994
7	12.341	18.335	5.994
直径平均值 $\overline{D}$/mm			5.995

二、图示法和图解法

1. 图示法

物理实验中测得的各物理量之间的关系，可以用函数表示，也可以用各种图线表示。后者称为实验数据的图线表示法，简称图示法。工程师和科学家一般对定量的图线很感兴趣，因为定量图线形象直观，一目了然，不仅能简明地显示物理量之间的相互关系、变化趋势，而且能方便地找出函数的极大值、极小值、转折点、周期性和其他奇异性。特别是对那些尚未找到适当的解析函数表达式的实验结果，可以从图示法所画化的图线中去寻找相应的经验公式，从而探求物理量之间的变化规律。

作图并不复杂，但对于许多初学者来说，却是一种困难的技巧。这是由于他们缺乏作图的基本训练，且在思想上对作图又不够重视。然而只要认真对待，并遵循作图的一般规律进行一段时间的训练，是能够绘制出相当好的图线的。

制作一幅完整的、正确的图线，其基本步骤包括：图纸的选择，坐标的分度和标记，标出每个实验点，作出一条与多数实验点基本符合的图线，注解和说明等。

（1）图纸的选择。图纸中最常用的是线性直角坐标系（毫米方格线），其他还有对数坐标纸、半对数坐标纸、极坐标纸等。应该根据具体情况选取合适的坐标纸。

直线是最容易绘制的图线，也便于使用，所以在已知函数关系的情况下，作两个变量之间的关系图线时，最好通过适当的变换将某种函数关系的曲线改为线性函数直线。例如：

① $y = a + bx$，y 与 x 为线性函数关系；

② $y = a + b\dfrac{1}{x}$，若令 $u = \dfrac{1}{x}$，则得 $y = a + bu$，y 与 u 为线性函数关系；

③ $y = ax^b$，取对数，则 $\lg y = \lg a + b\lg x$，$\lg y$ 与 $\lg x$ 为线性函数关系；

④ $y = a\mathrm{e}^{bx}$，取自然对数，则 $\ln y = \ln a + bx$，$\ln y$ 与 x 为线性函数关系。

对于①，选用线性直角坐标纸就可得直线；对于②，以 y、u 作坐标时，在线性直角坐标纸中也是一条直线；对于③，在选用对数坐标纸后，不必对 x、y 作对数计算，就能得到一条直线；对于④，则应选择半对数坐标纸。如果只有线性直角坐标纸，而要作③、④两类函数关系的直线时，则应将相应的测量值进行对数计算后再作图。

图纸大小的选择，原则上以不损失实验数据的有效位数并能包括所有实验点作为选取图纸大小的最低限度，即图纸上最小分格至少应与实验数据中最后一位准确数字相当。

（2）确定坐标轴和标注坐标分度。习惯上，常将自变量作为横轴，因变量作为纵轴。坐标确定后，应在顺轴的方向注明该轴所代表的物理量名称和单位，还要在轴上均匀地标明该物理量的整齐数值。在坐标分度时应注意：

① 坐标的分度应以不用计算便能确定各点的坐标为原则，通常只用 1，2，5 进行分度，禁忌用 3，7 等进行分度；

② 坐标分度值不一定从零开始，一般情况可以用低于原始数据最小值的某一整数作为坐标分度的起点，用高于原始数据最大值的某一整数作为终点。两轴的比例也可以不同。这样，图线就能比较充满所选用的整个图纸。

（3）标实验点。要根据所测得的数据，用明确的符号准确地标明实验点，要做到不错不漏。常用的符号有"＋"、"×"、"•"、"O"、"△"、"⊗"、"⊕"等。若要在同一张图上画不同的图线，标点时要选用不同的符号，以便区分。

（4）连接实验图线。连线时必须使用工具，最好用透明的直尺、三角板、曲线板等。

多数情况下，物理量之间的关系在一定范围内是连续的，因此应根据图上各实验点的分布和趋势，作出一条光滑连续的曲线或直线。所绘的曲线或直线应光滑匀称，而且要尽可能使所绘的图线通过较多的实验点。对那些严重偏离图线的个别点，应检查一下标点是否有误，若没有错误，表明这个点对应的测量存在粗大误差，在连线时应将其舍去不作考虑。其他不在图线上的点，应比较均匀地分布在图线的两侧。如果连直线，最好通过 $(\bar{x}, \bar{y})$ 这一点。

对于仪器仪表的校正曲线，应将相邻两点连成直线段，整个校正曲线图呈折线形式。

（5）注解和说明。应在图纸的明显位置处写清图的名称。图名一般可以用文字说明，例如"电压表的校准曲线 δ_u-u 图"等。如果在行文或实验报告中已对图有过明确的说明，也可以简单地写成 y-x 图，其中的 y 和 x 分别是纵轴和横轴所代表的物理量。此外，还可加注必要的简短说明。

2. 图解法

利用已作好的图线，定量地求得待测量的值或得出经验公式，称为图解法。例如，可以通过图中直线的斜率或截距求得待测量值；可以通过内插或外推求得待测量的值；还可以通过图线的渐进线以及通过图线的叠加、相减、相乘、求导、积分、求极值等来得出某些待测量的值。这里主要介绍直线图解求出斜率和截距，进而得出完整的直线方程，以及插值法求得待测量的值。

（1）选点。为求直线的斜率，一般用两点法而不用一点法，因为直线不一定通过原点。在直线的两端任取两点 $A(x_1, y_1)$ 和 $B(x_2, y_2)$，一般不用实验点，而是在直线上选取，并用不同于实验点的记号表示，在记号旁注明其坐标值。这两点应尽量分开些，如图 1-6-1 所示。如果这两点靠得太近，计算斜率时就会使结果的有效位数减少；但也不能取得超出实验数据的范围，因为选这样的点没有实验依据。

（2）求斜率。设直线方程为 $y = ax + b$，则斜率为

$$a = \frac{y_2 - y_1}{x_2 - x_1} \qquad (1\text{-}6\text{-}1)$$

（3）求截距。若坐标起点为零，可将直线用虚线延长，使其与纵坐标轴相交，交点

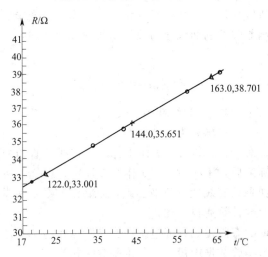

图 1-6-1　直线图解法求斜率与截距

的纵坐标就是截距。

若坐标轴的起点不为零，则计算截距的公式为

$$b = \frac{x_2 y_1 - x_1 y_2}{x_2 - x_1} \tag{1-6-2}$$

由得到的斜率和截距可以得出待测量的值。

例如，热敏电阻的阻值 R_T 与热力学温度 T 的函数关系为

$$R_T = a\, e^{\frac{b}{T}} \tag{1-6-3}$$

其中，a，b 为待定常数。现在测得在一系列 T_i 下的 R_{T_i}，要用图解法求 a，b。

先将式(1-6-3) 作变换，得

$$\ln R_T = \ln a + \frac{b}{T} \tag{1-6-4}$$

令 $y = \ln R_T$，$x = \frac{1}{T}$，$a' = b$，$b' = \ln a$，式(1-6-4) 变成 $y = a'x + b'$ 的形式。由 T_i 和 R_{T_i} 值可得到一系列的 x_i 和 y_i 值。用这些值作图，所得图线是一条直线。依照上面介绍的方法求出 a' 和 b'，再通过换算就能得出 a、b 的值。

在作出实验图线后，实际上就确定了两个变量之间的函数关系。因此，如果知道了其中一个物理量的值，就可以从图线上找出另一个物理量相应的值。如果需要求的值能直接在图线上找到，这就是内插法；如果需要把图线（一般应是直线）延长后才能找到需要求的值，则是外推法。

内插（外推）法的步骤为，作好实验图线后：

① 根据已经知道的物理量的值，在相应的坐标轴上找到与该值对应的点；

② 用虚线作通过该点而且与该点所在坐标轴垂直的线段，与图线相交于一点；

③ 用虚线作通过上述交点而且与原虚线垂直的线段，与待求物理量所在的坐标轴交于一点，该点的坐标对应的值就是与前述已知物理量值所对应的另一个物理量的值。

例如：已知通过实验绘制出波长 λ 和偏向角 θ 的关系图线。现在用同一装置在相同的条件下测出某条谱线的波长。

如图 1-6-2 所示，先在图上的 θ 轴上找到 θ_1 这一点，再用前面介绍的方法作两条虚线，后一条虚线与 λ 轴的交点对应的就是 λ_1 的值。在作图时一般应将 θ_1 和 λ_1 的值用括号标注在相应的点旁。同理由测量值 θ_2，从图上得出 λ_2。

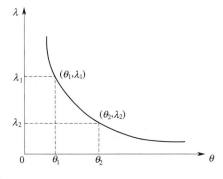

图 1-6-2 $\lambda\text{-}\theta$ 关系曲线

三、逐差法

逐差法是物理实验中常用的数据处理方法之一。它适合于两个被测量之间存在多项式函数关系、自变量为等间距变化的情况。

逐差分为逐项逐差和分组逐差。逐项逐差就是把实验数据进行逐项相减，用这种方法可以验证测量值之间是否存在多项式函数关系。如果函数关系满足 $y = a + bx$，逐项逐差所得差值应近似为一常数；如果函数关系 $y = ax^2 + bx + c$ 的形式，则二次逐项逐差所得差值应近似为一常数。分组逐差是将数据分成高、低两组，实行对应项相减，这样做可以充分利用数据，具有对数据取平均的效果，从而较准确地求得多项式系数的值。

17

下面通过一个具体的例子来说明如何使用逐差法，以及它的优点。

例如：用伏安法测电阻，得到一组数据如表 1-6-2 所示。测量时电压每次增加 2.00V，现在要验证 $U=IR$ 这个关系式，并求出 R 值。

表 1-6-2　伏安法测电阻的相关测量数据

序号(i)	电压(u_i)/mV	电流(I_i)/mA	$\delta I_{1,i}=(I_{i+1}-I_i)$/mA	$\delta I_{5,i}=(I_{i+5}-I_i)$/mA
1	0	0	3.95	20.05
2	2.00	3.95	4.05	20.10
3	4.00	8.00	4.05	20.00
4	6.00	12.05	4.05	20.05
5	8.00	16.10	3.95	20.05
6	10.00	20.05	4.00	
7	12.00	24.05	3.95	
8	14.00	28.00	4.10	
9	16.00	32.10	4.05	
10	18.00	36.15		

由表中逐项逐差所得的 $\delta I_{1,i}$ 值可以看出它们基本相等，因此可以说明 I 与 U 之间存在着一次线性函数关系。

但是，如果要求得电压每升高 2.00V 时电流的平均增加量的话，可以有两种不同的方法，若用所得到的 9 个逐项逐差的值取平均，则

$$\overline{\delta I_1}=\frac{\sum\limits_{i=1}^{9}\delta I_{1,i}}{9}=\frac{(I_2-I_1)+(I_3-I_2)+(I_4-I_3)+(I_5-I_4)+\cdots+(I_{10}-I_9)}{9}$$
$$=\frac{I_{10}-I_1}{9}$$

这样，中间值全部无用，起作用的只是始末两次测量值，可见这样做是不好的。

若用分组逐差，将数据分成高组（I_6，I_7，I_8，I_9，I_{10}）和低组（I_1，I_2，I_3，I_4，I_5）两组，求得各 $\delta I_{5,i}$，然后求平均值，得

$$\overline{\delta I}=\frac{1}{5}\big[(I_{10}-I_5)+(I_9-I_4)+(I_8-I_3)+(I_7-I_2)+(I_6-I_1)\big]$$

再除以 5 便得到每升高 2.00V 电压时的电流增量值。这样做，全部测量数据都得到了利用。

$$R=\frac{\delta U_1}{\frac{1}{5}\delta I_5}=\frac{2.00}{\frac{1}{5}\times20.05}=\frac{2.00}{4.01}=0.499(\text{k}\Omega)$$

用逐差法处理数据时，需要注意以下几个问题。

① 在验证函数表达式的形式时，要用逐项逐差，而不要用分组逐差，这样可以检验每个数据点之间的变化是否符合规律，而不致发生假象，即不规律性被平均效果掩盖起来。

② 在用逐差法求多项式的系数值时，不能逐项逐差，必须把数据分成两组，高组和低组的对应项逐差，这样才能充分地利用数据。

③ 用分组逐差时，应把数据分成两组，如果数据为 $2n$ 个（$n\in\mathbf{Z}$），则低组与高组各为 n 个；如果数据为（$2n-1$）个（$n\in\mathbf{Z}$），则低组的第一个数据到第（$n-1$）个数据，高组由第（$n+1$）个数据到第（$2n-1$）个数据。这是常用的分组方法。

四、最小二乘法与直线拟合

用图解法处理数据虽然有许多优点，但这是一种粗略的数据处理方法，因为它不是建立在严格的统计理论基础上的数据处理方法。在作图纸上人工拟合直线或曲线时有一定的主观随意性。不同的人用同一组测量数据作图，可以得出不同的结果，因而人工拟合的直线往往不是最佳的。正因为如此，所以用图解法处理数据时一般不求误差和不确定度的。

由一组实验数据找出一条最佳的拟合直线或曲线，常用的方法是最小二乘法，所得到的变量之间的相关函数关系称为回归方程，因此最小二乘法拟合也称为最小二乘线性回归。在这里我们仅限于讨论用最小二乘法进行一元线性拟合的问题。

最小二乘法原理是：若能找到一条最佳拟合直线或曲线，那么这条拟合直线上各相应点的值与测量值之差的平方和在所有拟合直线中是最小的。

假定变量 x 与 y 之间存在着线性关系，回归方程的形式为

$$y = a_0 + a_1 x \tag{1-6-5}$$

这是一条直线。测得一组数据 x_i，y_i（$i=1，2，\cdots，k$）。现在的问题是，怎样根据这组数据找出式(1-6-5)中的系数 a_0 和 a_1 来。

这里讨论最简单的情况，即每个数据点的测量都是等精度的，且假定 x_i 和 y_i 中只有 y_i 有明显的随机误差。如果实际问题中两个变量都有随机误差，可把相对来说误差较小的变量当作 x。

由于存在误差，实验点不可能全部落在式(1-6-5)拟合的直线上。对于与某一个 x_i 相对应的 y_i，它与用回归求得的直线式(1-6-5)得出的结果在 y 方向上的残差为 v_i，则

$$v_i = y_i - y = y_i - a_0 - a_1 x_i \tag{1-6-6}$$

按最小二乘法原理，应使下式最小：

$$S = \sum_{i=1}^{k} v_i^2 = \sum_{i=1}^{k} (y_i - a_0 - a_1 x_i)^2 \tag{1-6-7}$$

满足式(1-6-7)的条件为

$$\frac{\partial S}{\partial a_0} = 0, \quad \frac{\partial^2 S}{\partial a_0^2} > 0 \tag{1-6-8}$$

$$\frac{\partial S}{\partial a_1} = 0, \quad \frac{\partial^2 S}{\partial a_1^2} > 0$$

即

$$\begin{cases} -2\sum_{i=1}^{k} (y_i - a_0 - a_1 x_i) = 0 \\ -2\sum_{i=1}^{k} (y_i - a_0 - a_1 x_i) x_i = 0 \end{cases} \tag{1-6-9}$$

整理后得：

$$\begin{cases} \bar{x} a_1 + a_0 = \bar{y} \\ \overline{x^2} a_1 + \bar{x} a_0 = \overline{xy} \end{cases} \tag{1-6-10}$$

式中：

$$\begin{cases} \bar{x} = \dfrac{1}{k}\sum_{i=1}^{k}x_i \\[2mm] \bar{y} = \dfrac{1}{k}\sum_{i=1}^{k}y_i \\[2mm] \overline{x^2} = \dfrac{1}{k}\sum_{i=1}^{k}x_i^2 \\[2mm] \overline{xy} = \dfrac{1}{k}\sum_{i=1}^{k}x_i y_i \end{cases} \qquad (1\text{-}6\text{-}11)$$

式(1-6-10) 的解为

$$a_1 = \frac{\bar{x}\,\bar{y} - \overline{xy}}{\bar{x}^2 - \overline{x^2}} \qquad (1\text{-}6\text{-}12)$$

$$a_0 = \bar{y} - a_1 \bar{x} \qquad (1\text{-}6\text{-}13)$$

式(1-6-9) 对 a_1，a_0 再求一次微商，得到 $\sum_{i=1}^{k} v_i^2$ 的二级微商大于零。这样，式(1-6-12)

和式(1-6-13) 给出 a_1 和 a_0 对应 $\sum_{i=1}^{k} v_i^2$ 的极小值，于是就得到了直线的回归方程 (1-6-5)。

式(1-6-13) 还解释了回归直线通过 $(\bar{x}，\bar{y})$ 这一点的原因。

第二章　物理实验的基本方法

一、物理实验思想和方法的形成

每一个物理实验，都会有自身的一套方法用来测量相关的物理量，我们把对物理量的具体测量的方法叫测量方法，把对各类实验都通用的方法叫实验方法，把在选用实验方法，进行实验设计，编排实验或在实验中进行调节和测量时具有普遍意义的思想称为实验思想。

伽利略（G. GaLileo）是最早运用我们今天所称的科学方法的人。这种方法就是经验（以实验和观察的形式）与思维（以创造性构筑的理论和假说的形式）之间的动态的相互作用。伽利略在用实验方法发现真理的过程中，获得了一个极其重要的科学概念，即自然法则和物理定律的概念。伽利略通过亲身的科学实验，认识到寻求自然法则是科学研究的目的，自然法则是自然现象千变万化的秘密所在，而一旦发现自然法则便可以认识自然。这个观念一经确立，人们才逐渐认识到，不仅天文学、运动学现象，一切自然现象都是有其自身规律的，于是在力学的带领下，逐渐发展出近代科学的各个分支。伽利略在建立系统的科学思想和实验方法中，开创了实验物理学和近代物理学，对物理学的发展作出了划时代的贡献。

伽利略开创的实验物理学，包括实验的设计思想，实验方法开创了自然科学发展的新局面。在实验物理学数百年的发展进程中，涌现了众多卓越的在物理学发展史上起过重要里程碑作用的实验。它们以其巧妙的物理构思、独到的处理与解决问题的方法、精心设计的仪器、完善的实验安排、高超的测量技术、对实验数据的精心处理和无懈可击的分析判断等，为我们展示了极其丰富和精彩的物理思想，开创出解决问题的途径和方法。这些思想和方法已经超越了各个具体实验而具有普遍的指导意义。学习和掌握物理实验的设计思想、测量和分析的方法，对物理实验课及其他学科的学习和研究都大有裨益。

二、物理实验中的基本测量方法

物理实验一般都离不开物理量的测量，物理测量泛指以物理理论为依据，以实验装置和实验技术为手段进行测量的过程。待测物理量的内容非常广泛，它包括力学量、热学量、电学量和光学量等。

测量结果与测量方法密切相关。同一物理量，在不同的量值范围，测量方法可能不同。即使在同一量值范围，对测量不确定度的要求不同就可能要选择不同的测量方法。例如，对于长度的测量，从微观世界到宏观世界，可分别选用电子显微镜、扫描隧道显微镜、激光干涉仪、光学显微镜、螺旋测微器、游标卡尺、直尺、射电望远镜等不同的测量手段。随着科学技术的不断发展，测量方法与手段也越来越丰富，待测的物理量也越来越广泛，人类对物质世界的认识也越来越深入。

测量方法的分类有许多种。按被测量取得方法来划分，有直接测量法、间接测量法和组合测量法；按测量过程是否随时间变化来划分，可分为静态测量法和动态测量法；按测量数据是否通过对基本量的测量而得到，可分为绝对测量和相对测量；按测量技术来分，可分为比较法、放大法、转换法、模拟法、平衡法等。下面对按测量技术分类的几种方法作一概括介绍。

1. 比较法

测量就是将被测物理量与一个被选作计量标准单位的同类物理量进行比较，找出被测量是计量单位多少倍的过程。比较法就是将被测量与标准量进行比较而得到测量值的方法。可见，所有的测量广义上来讲都属于比较测量。比较法是物理测量中最普遍、最基本、最常用的测量方法。比较法又分为直接比较法和间接比较法。

（1）直接比较法。将被测量直接与已知其值的同类量进行比较，测出其大小的测量方法，称为直接比较测量法。这种方法所使用的测量仪器，通常是直读式的，它所测量的物理量一般为基本量。例如，用米尺、游标卡尺和螺旋测微器测量长度；用秒表和电脑通用计数器测量时间；用伏特表测量电压等。仪表刻度预先用标准仪器进行分度和校准，测量人员只需根据指示值乘以测量仪器的常数或倍率，就可以知道待测量量的大小，无需做附加的操作或计算。由于测量过程简单方便，在物理量测量中应用最广泛。直接比较法具有以下特点：

① 同量纲，被测量量与标准量的量纲相同；

② 同时性，被测量量与标准量是同时发生的，没有时间的超前或滞后；

③ 直接可比，被测量量与标准量是直接比较而得到被测量的值。

直接比较法的测量不确定度受测量仪器自身测量不确定度的制约，因此要提高测量准确度的主要途径是减小仪器的测量误差。

（2）间接比较法。多数物理量难于制成标准量具，无法通过直接比较法来测量，但可以利用物理量之间的函数关系，先制成与被测量量有关的仪器或装置，再利用这些仪器或装置与被测物理量进行比较。这种借助于一些中间量，或将被测物理量进行某种变换，来间接实现比较测量的方法称为间接比较法。例如，在测量待测电阻时，用万用电表可以直接给出电阻值，可视为直接测量法，也可用图 2-1 的测量方法间接给出待测电阻的阻值。在图 2-1 中，保持稳压电源输出电压 V 不变，调节标准电阻 R_s 的阻值，使得开关 K 在"1"、"2"位置时电流表的指示不变，可得到：

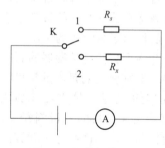

图 2-1　间接比较法测量电阻的阻值

$$R_x = R_s = \frac{U}{I}$$

又例如，对简谐变化的交流信号的频率测量有许多种实现方式，如用频谱仪、示波器等仪器均可直接测量。也可以将待测信号与可调的标准信号同时输入示波器进行合成，通过观察合成信号的李萨如图形，由标准信号得到被测信号的频率。

2. 放大法

在测量中有时由于被测物理量很小，甚至无法被实验者或仪器直接感觉和反应，如果直接用给定的某种仪器进行测量就会造成很大的误差。此时可以借助一些方法将待测量放大后再进行测量。放大法就是指将被测量进行放大的原理和方法。常用的放大法有累积放大法、机械放大法、电学放大法和光学放大法等。

（1）累积放大法。在物理实验中经常会遇到对某些物理量单次测量可能会产生较大的误差，如测量单摆的周期、等厚干涉相邻明条纹的间隔、纸张的厚度等，此时可将这些物理量累积放大若干倍后再进行测量，以减小测量误差、提高测量精度。例如，如果用秒表来测量单摆的周期，假设单摆的周期为 $T = 2.0s$，而人操作秒表的平均反应时间为 $\Delta T = 0.2s$，则单次测量周期的相对误差为 $\Delta T / T = 10\%$。但是，如果将测量单摆的周期改为测量 50 次，那么因人的反应时间而引入的相对误差会降低到 $\Delta T / (50T) = 0.2\%$。

累积放大法的优点是对被测物理量简单重叠，不改变测量性质但可以明显减小测量的相对误差，增加测量结果的有效位数。在使用累积放大法时应注意：① 累积放大法通常是以增加测量时间来换取测量结果有效位数的增加，这要求在测量过程中被测量不随时间变化；② 在累积测量中要避免引入新的误差因素。

（2）机械放大法。利用机械部件之间的几何关系，使标准单位量在测量过程中得到放大的方法称为机械放大法。游标卡尺与螺旋测微器都是利用机械放大法进行精密测量的典型例子。以螺旋测微器为例，套在螺杆上的微分筒被分成 50 格，微分筒每转动一圈，螺杆移动 0.5mm。每转动一格，螺杆移动 0.01mm。如果微分筒的周长为 50mm（即微分筒外径约为 16mm），微分筒上每一格的弧长相当于 1mm，这相当于螺杆移动 0.01mm 时，在微分筒上却变化了 1mm，即放大了 100 倍。

机械放大法的另一个典型例子是机械天平。用等臂天平称量物体质量时，如果靠眼睛判断天平的横梁是否水平，很难发现天平横梁的微小倾斜。通过一个固定于横梁且与横梁垂直的长指针，就可以将横梁微小的倾斜放大为较大的距离（或弧长）量。

（3）电学放大法。电信号的放大是物理实验中最常用的技术之一，包括电压放大、电流放大、功率放大等。例如普遍使用的三极管就是对微小电流进行放大，示波器中也包含了电压放大电路。

由于电信号放大技术成熟且易于实现，所以也常将其他非电量转换为电量放大后再进行测量。例如利用光电效应法测普朗克常数的实验中，是将微弱光信号先转换为电信号再放大后进行测量。接收超声波的压电换能器是将声波的压力信号先转换为电信号，再放大进行测量。但是，对电信号放大通常会伴随着对噪声的等效放大，对信噪比没有改善甚至会有所降低。因此电信号放大技术通常是与提高信号信噪比技术结合使用。

（4）光学放大法。常见的光学放大仪器有放大镜、显微镜和望远镜等。一般的光学放大法有两种，一种是被测物通过光学仪器形成放大的像，以增加现实的视角，便于观察。例如常用的测微目镜、读数显微镜等。另一种仪器是测量放大后的物理量。光杠杆就是一种典型的例子，是对于微小的长度变化量 Δl，通过光杠杆转换为一个放大了的量的测量。

3. 转换法

物理学中的能量守恒及相互转换规律早为人们所熟知。转换法就是依据这些原理，将某些因条件所限无法直接用仪器测量的物理量，或者为了提高待测物理量的测量精度，将待测量转换成为另一种形式物理量的测量方法。转换法通常应用于以下几个方面。

（1）不可测量量的转换。古代曹冲称象的故事中，实际上是叙述了把不可直接测量的大象的质量转换为可测的石块的重量。再例如，现在理论预言，质子实际上是有寿命的，它将衰变成正电子和介子，其平均寿命为 10^{31} 年。但现实中无法测量如此长的时间。但是，在 1t 水中约有 10^{29} 个质子，100t 水中就有 10^{31} 个质子，也就是说，100t 水平均一年会有一个质子发生衰变，1000t 水一年会有 10 个质子衰变，这样就将原来根本无法实现的测量转换为可能实现的测量。

（2）不易测准量的转换。有些物理量在某些实验方案下只能得到粗略的测量，换一种试验方案，转换为其他的物理量可能就会有更准确的结果。例如我们很难直接测量出不规则物体的体积，但是根据阿基米德原理，可将其转换为液体的体积进行测量。类似的例子有许多：如利用热敏元件将温度转换为电压或电阻；利用压电陶瓷等压敏元件将压力信号转换成电信号（或反之，将交流电信号转换为机械振动）；利用光电池或光电接收器等光敏元件将光信号转换为电信号；利用磁电元件（霍尔元件等）将磁学量转换成电流、电压等电学量等。

4. 模拟法

人们在研究物质运动规律、各种自然现象和进行科学研究以及解决工程技术问题中，常会遇到一些由于研究对象过于庞大，变化过程太迅猛或太缓慢，所处环境太恶劣、太危险等情况，以致对这些研究对象难以进行直接研究和实地测量。于是，人们以相似理论为基础，在实验室中，模仿实际情况，制造一个与研究对象的物理现象或过程相似的模型，使现象重现、延缓或加速等来进行研究和测量，这种方法称为模拟法。模拟法可分为物理模拟和数学模拟两类。

（1）物理模拟。物理模拟是在模拟的过程中保持物理本质不变的方法。在物理模拟中，应满足几何相似或动力学相似的条件。所谓几何相似条件是指按原型的几何尺寸成比例地缩小或放大，在形状上模拟与原型完全相似，例如对河流、水坝、建筑群体的模拟。动力学相似是指模型与原型遵从同样的物理规律，同样的动力学特性。有时在满足几何相似的情况下，反而不能够满足动力学相似的条件，此时要首先考虑动力学相似性。例如，在研制飞机时，为模拟风速对机翼的压力而构建的模型飞机外表上往往与真正的飞机有很大的不同。

（2）类比模拟。类比模拟是指两个完全不同性质的物理现象或过程，利用物质的相似性或数学方程形式的相似性类比进行实验模拟。它既不满足几何相似条件，也不满足物理相似条件，而是用别的物质、材料或者别的物理过程，来模拟所研究的材料或物理过程。如在模拟静电场的实验中，就是用电流场模拟静电场。

更进一步的物理之间的代替，就导致了原型实验和工作方式都改变了的特殊的模拟方法。应用最广的就是电路模拟。例如质量为 m 的物体在弹性力 $-kx$、阻尼力 $-\alpha\dfrac{\mathrm{d}x}{\mathrm{d}t}$ 和驱动力 $F_0\sin\omega t$ 的作用下，其振动方程为：

$$m\frac{\mathrm{d}^2x}{\mathrm{d}t^2}+\alpha\frac{\mathrm{d}x}{\mathrm{d}t}+kx=F_0\sin\omega t$$

而对 RLC 串联电路，在交流电压 $V_0\sin\omega t$ 的作用下，电荷 Q 的运动方程为：

$$L\frac{\mathrm{d}^2Q}{\mathrm{d}t^2}+R\frac{\mathrm{d}Q}{\mathrm{d}t}+\frac{1}{C}Q=V_0\sin\omega t$$

上面两个方程是形式上完全相同的二阶常系数微分方程，选择两方程中系数的对应关系，就可以用电学振动系统模拟力学振动系统。

把上述两种模拟法很好地配合使用，就能更见成效。随着计算机的不断发展和广泛应用，用计算机进行模拟实验更为方便，并能将两者很好地结合起来。模拟法是一种简单易行的测试方法，在现代科学研究和工程设计中广泛地应用。例如，在发展空间科学技术的研究中，通常先进行模拟实验，获得可靠的必要实验数据。模拟法在水电建设、地下矿物勘探、电真空器件设计等方面都大有用处。

5. 平衡法

平衡法是利用物理学中平衡态的概念，将处于比较的物理量之间的差异逐步减小到零的状态，判断测量系统是否达到平衡态来实现测量。在平衡法中，并不研究被测物理量本身，而是与一个已知物理量或相对参考量进行比较，当两物理量差值为零时，用已知量或相对参考量描述待测物理量。利用平衡法，可将许多复杂的物理现象用简单的形式来描述，可以使一些复杂的物理关系简明化。

利用等臂机械天平在称衡物体质量时，当天平指针处在刻度零位或零位左右等幅摆动时，天平达到力矩平衡，此时待测物体的质量和砝码的质量（作为参考量）相等。

惠斯通电桥测电阻也是一个应用平衡法进行的典型例子，属于桥式电路的一种。所谓桥式电路就是根据电流、电压等电学量之间的平衡原理而专门设计出的电路，可用来测量电阻、电感、介电常数、磁导率等电磁学参数。

第三章　常用实验仪器介绍

第一节　长度测量仪器

长度是三个力学基本量之一，测量长度的仪器不仅在生产和科研领域中广泛使用，而且还是测量其他物理量的基础，许多物理量的测量都是转化成长度来进行读数或计算的，如指针式仪表。因此，长度测量是最基本的测量。常用的长度测量仪器，介绍如下。

一、游标卡尺

1. 游标卡尺简介

游标卡尺（图 3-1-1）是一种比较精密的长度测量仪器，广泛用于测量精度较高的工件；可测量工件的外径、内径、深度、厚度等；按照其最小刻度，可分为 0.1mm、0.05mm 和 0.02mm 三种。

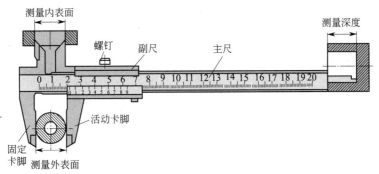

图 3-1-1　游标卡尺

随着科技的进步，目前在实际使用中有更为方便的带表卡尺和电子数显卡尺代替游标卡尺。带表卡尺（图 3-1-2）可以通过指示表读出测量的尺寸，电子数显卡尺（图 3-1-3）是利用电子数字显示原理，对两测量爪相对移动分隔的距离进行读数的一种长度测量工具。

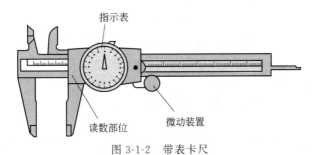

图 3-1-2　带表卡尺

2. 原理和读数

以最小读数为 0.02mm 的游标卡尺为例，这种游标卡尺由带固定卡脚的主尺和带活动卡脚的副尺（游标）组成。在副尺上有副尺固定螺钉。主尺上的刻度与毫米尺的刻度相同，游标上有 50 格的刻度，每格的距离为 0.98mm，与主尺刻度相差 0.02mm。

当游标移动到不同位置时，就会有不同的刻度线与主尺上的刻度线对齐。卡尺闭合时，

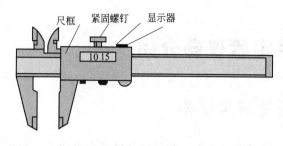

尺框　紧固螺钉　显示器

图 3-1-3　电子数显卡尺

游标的零刻度线与主尺的零刻度线对齐，游标上第一条刻度线与主尺上的刻度线之间相距 0.02mm，如图 3-1-4(a) 所示，此时读数为 0.00mm；如果游标向外移动 0.02mm，这时游标上的第 1 条刻度线与主尺上的刻度线就会对齐，如图 3-1-4（b）所示，我们可判断出此时的读数应为 0.02mm；如果游标向外移动 0.04mm，这时游标上的第 2 条刻度线就会与主尺上的刻度线对齐，如图 3-1-4(c) 所示，相应的读数应为 0.02×2＝0.04mm。依此类推。当游标移动整整 1mm 时，游标上的零刻度线与主尺上的 1mm 刻度线对齐，表示此时的读数为 1.00mm。总而言之，游标卡尺读数的整数部分由游标的零刻度线的位置决定，小数部分由游标上与主尺刻度对齐的刻度线决定。下面举例说明。

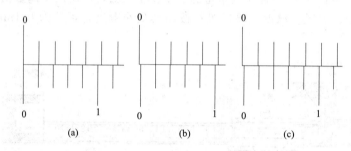

图 3-1-4　游标卡尺读数原理图

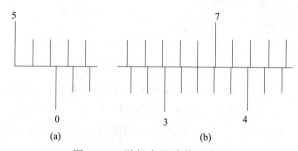

图 3-1-5　游标卡尺读数示意图

如图 3-1-5 所示的游标卡尺读数，游标的零刻度线位于主尺上 52mm 和 53mm 刻度线之间，说明该读数就在 52mm 和 53mm 之间，可先记为 52.XXmm，游标上第 17 条刻度线与主尺上的刻度线对齐，所以读数的小数部分为 0.02×17＝0.34mm，合起来就是 52.34mm。游标上每 5 格代表 0.1mm，所以每隔 5 格标上 0，1，2，3，…以帮助读数。

3. 使用注意事项

①使用前，应先擦干净两卡脚测量面，合拢两卡脚，检查副尺零线与主尺零线是否对齐，若未对齐，应根据原始误差修正测量读数。

②测量工件时，卡脚测量面必须与工件的表面平行或垂直，不得歪斜，且用力不能过大，以免卡脚变形或磨损，影响测量精度。

③读数时，视线要垂直于尺面，否则测量值不准确。

④测量内径尺寸时，应轻轻摆动，以便找出最大值。

⑤游标卡尺用完后，仔细擦净，抹上防护油，平放在盒内，以防生锈或弯曲。

二、千分尺

1. 千分尺简介

千分尺，是比游标卡尺更精密的测量长度的工具，用它测长度可以准确到 0.01mm，测量范围为几个厘米。千分尺分为机械千分尺和电子千分尺两类，如图 3-1-6、图 3-1-7 所示。

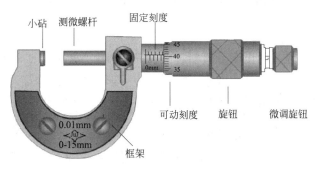

图 3-1-6　机械千分尺的构造图

图 3-1-7　电子千分尺

2. 原理和读数

千分尺是依据螺旋放大的原理制成的，所以也叫螺旋测微器。其螺杆在螺母中旋转一周，螺杆便沿着旋转轴线方向前进或后退一个螺距的距离。因此，沿轴线方向移动的微小距离，就能用圆周上的读数表示出来。

如图 3-1-6，机械千分尺的活动部分加工成螺距为 0.5mm 的螺杆，当它在固定套管的螺套中转动一周时，螺杆将前进或后退 0.5mm，将螺套的一周分为 50 个分格，每转动一个分格，螺杆前进或后退 0.5÷50＝0.01mm。大于 0.5mm 的部分由主尺上直接读出，不足 0.5mm 的部分由活动套管周边的刻线去测量。所以用螺旋测微器测量长度时，读数也分为两步，即：①从活动套管的前沿在固定套管的位置，读出主尺数（注意 0.5mm 的短线是否露出）；②从固定套管上的横线所对活动套管上的分格数，读出不到一圈的小数，二者相加就是测量值。如图 3-1-6 所示的读数，主尺的读数为 4.5mm，可动读数为 40.8 格，即 0.408mm（估读一位）。两者相加为 4.908mm。

3. 使用注意事项

（1）测量时，注意要在测微螺杆快靠近被测物体时应停止使用旋钮，而改用微调旋钮，避免产生过大的压力，这样既可使测量精确，又能保护螺旋测微器。

（2）在读数时，要注意固定刻度尺上表示半毫米的刻线是否已经露出，防止漏读半毫米。

（3）读数时，千分位有一位估读数字，不能随便去掉，即使固定刻度的零点正好与可动刻度的某一刻度线对齐，千分位上也应估读为"0"。

（4）当小砧和测微螺杆并拢时，可动刻度的零点与固定刻度的零点不相重合，将出现零误差，应加以修正，即在最后测长度的读数上去掉零误差的数值。

第二节　时间测量仪器

时间是重要的基本物理量之一，是一种能用周期性的物理现象来观察和测量的物理量，因此，对时间的测量可以看作是对某个周期性信号的重复次数的测量。常用的时间测量仪器，介绍如下。

1. 电子秒表简介

电子秒表是一种较先进的电子计时器，一般都是利用石英振荡器的振荡频率作为时间基准，采用 6 位液晶数字显示时间。电子秒表的使用功能比机械秒表要多，它不仅能显示分、秒，还能显示时、日、星期及月，并且精度可达到 $0.01s$。一般的电子秒表连续累计时间为 $59min\ 59.99s$，可读到 $0.01s$，平均日差 $\pm0.5s$。

电子秒表配有三个按钮，如图 3-2-1(a) 所示，S_1 为功能变换按钮，S_2 为调整按钮，S_3 为状态选择、分段计时/复位按钮。基本显示的计时状态为"时"、"分"、"秒"。

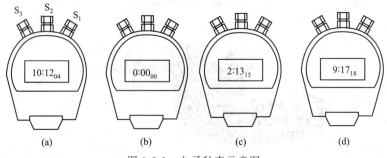

图 3-2-1　电子秒表示意图

2. 电子秒表的使用方法

（1）在计时器显示的情况下，将按钮 S_2 按住 2 秒，即可出现秒表功能，如图 3-2-1(b) 所示。按一下按钮 S_1 开始自动计秒，再按一下 S_1 按钮，停止计秒，显示出所计数据，如图 3-2-1(c) 所示。按住 S_3 2 秒，则自动复零，即恢复到图 3-2-1(b) 所示状态。

（2）若要记录甲、乙两物体同时出发，但不同时到达终点的运动，可采用双计时功能方式。即首先按住 S_2 2 秒钟，秒表出现如图 3-2-1(b) 所示的状态。然后按 S_1，秒表开始自动计秒。待甲物体到达终点时按一下 S_3，则显示甲物体的计秒数停止，此时液晶屏上的冒号仍在闪动，内部电路仍在继续为乙物体累积计秒。把甲物体的时间记录下后，再按一下 S_3，显示出乙物体的累积计数〔图 3-2-1(d)〕。待乙物体到达终点时，再按一下 S_1，冒号不闪动，显示出乙物体的时间。这时若要再次测量就按住 S_3 两秒，秒表出现图 3-2-1(b) 所示的状态。若需要恢复正常计时显示，可按一下 S_2，秒表就进入正常计时显示状态。

（3）若需要进行时刻的校正与调整，可先持续按住 S_2，待显示时、分、秒的计秒数字闪动时，松开 S_2，然后间断地按 S_1，直到显示出所需要调整的正确秒数时为止。如还需校正分，可按一下 S_3，此时，显示分的数字闪动，再间断地按 S_1，直到显示出所需的正确分数时为止。时、日、星期及月的调整方法同上。

第三节　质量测量仪器

质量是一个重要的基本物理量。测量质量的仪器很多，但大多数都是以杠杆平衡原理为基础设计的。常用的有物理天平、电子天平、分析天平等。这里仅介绍电子天平。

1. 电子天平简介

电子天平（图3-3-1）指的是用电磁力平衡被称物体重力的天平。其特点是称量准确可靠、显示快速、清晰并且具有自动检测系统、简便的自动校准装置以及超载保护等装置。

电子天平及其分类按电子天平的精度可分为超微量电子天平、微量天平、半微量天平、常量电子天平、分析天平、精密电子天平等。选择电子天平时要注意其精密度是否满足要求。

图3-3-1 电子天平

2. 使用方法

（1）校准。因存放时间较长、位置移动、环境变化或为获得精确测量，天平在使用前一般都应进行校准操作。校准方法分为内校准和外校准两种。很多电子天平都有校准装置。如果使用前不仔细阅读说明书很容易忽略校准操作，造成较大称量误差。以JA1203型电子天平为例说明如何对天平进行外校准。轻按"CAL"键当显示器出现"CAL-"时，即松手，显示器就出现"CAL-100"，表示校准砝码需用100g的标准砝码。此时就把准备好的100g校准砝码放上称盘，经较长时间后显示器出现100.000g，拿去校准砝码，显示器应出现0.000g，若出现不是为零，则再清零，重复以上校准操作。注意：为了得到准确的校准结果最好重复以上校准操作步骤两次。以AG系列电子天平为例说明如何进行天平内校准。天平置零位，然后持续按住"CAL"键直到"CAL int"出现为止，下述情况将在校准时显示：天平置零、内部校准砝码装载完毕、天平重新检查零位、天平报告校准过程、天平报告校准完毕、天平自动回复到称重状态。

（2）计件功能。利用电子天平的计件功能可以快速的得出一堆物件里的单体个数。例如某仓库新进来一批某型号的螺母，大概数量是1000只。要知道具体的螺母个数，如果用人工去数的话，将要花去大量的时间，而且差错率高。如果利用电子天平的计数功能则事倍功半。原理如下：取10个螺母作为样品放于天平上，调出天平的计数功能，此时天平显示"10"表示当前的个数是10，拿走样品天平显示"0"，然后放上一包要计数的螺母，此时天平的显示值即为该包螺母的个数。该方法方便、简单而且准确。用电子天平计件要求物体的个体质量差异不能太大，单个质量大于天平分度值的10倍以上。如果要计数物体比天平分度直小，则可以取10个样品的整数倍作为计数样品，如2倍、5倍、10倍等，总之取样数越多，计件的准确度就越高。最终天平的显示个数乘以倍数则为该批被测物的总件数。

（3）使用注意事项。

① 将天平置于稳定的工作台上避免振动、气流及阳光照射。

② 在使用前调整水平仪气泡至中间位置。

③ 电子天平应按说明书的要求进行预热。

④ 称量易挥发和具有腐蚀性的物品时，要盛放在密闭容器中，以免腐蚀和损坏电子天平。

⑤ 经常对电子天平进行自校或定期外校，保证其处于最佳状态。

⑥ 如果电子天平出现故障应及时检修，不可带"病"工作。

⑦ 操作天平不可过载使用以免损坏天平。

⑧ 若长期不用电子天平时应暂时收藏好。

第四节　温度测量仪器

温度是热力学的基本单位，它的测量是通过测量物质的某一种随冷热程度而呈单值变化的物理性质来实现的。热力学温标的符号为T，单位是开尔文（K），也可用摄氏温度t，单位为摄氏度（℃），且有 $t = T - 273.15$。

测量温度的仪器很多，如液体温度计、气体温度计、声学温度计、噪声温度计、磁温度计等。测量方法也很多，如热电法、电阻法、辐射法、激光干涉法等。

液体温度计是一种在生活中常用的测温仪器，它结构简单、价格低廉、使用方便，但精度不太高。气体温度计测温范围广、准确度高，但使用不方便。电阻温度计适合测量低温。热电偶温度计可直接把温度转换为电学量，使用方便，测温范围广。这里主要介绍水银温度计和电阻温度计。

一、水银温度计

水银温度计是膨胀式温度计的一种，水银的冰点是 $-39℃$，沸点是 $356.7℃$，用来测量 $0 \sim 150℃$ 以内范围的温度。用它来测量温度，不仅比较简单直观，而且还可以避免外部远传温度计的误差。

实验室中常用的水银温度计，是由一个盛有水银的玻璃泡、毛细管、刻度和温标等组成的。

如果水银管破裂汞流出，需用硫黄粉撒在液体汞流过的地方，可以通过化学作用使其变成硫化汞，这样液体汞就不会大量挥发到空气中对人体造成伤害，另还要注意室内通风。

二、电阻温度计

金属材料温度升高时，金属内部原子晶格的振动加剧，从而使金属内部的自由电子通过金属导体时的阻碍增大，宏观上表现为金属的电阻率增大，电阻值升高。半导体材料温度升高时，内部电荷载流子随之增加，导电能力提高，电阻值降低。总而言之，这些材料的电阻会随着温度而变化。利用这一点制造出的测量温度的仪器，称作电阻温度计。

电阻温度计分为金属电阻温度计和半导体电阻温度计两种，都是根据电阻值随温度的变化这一特性制成的。金属温度计主要用铂、金、铜、镍等纯金属以及铑铁、磷青铜合金制作；半导体温度计主要用碳、锗等制作。电阻温度计使用方便可靠，已广泛应用。它的测量范围为 $-260 \sim 600℃$ 左右。

最常用的电阻温度计都采用金属丝绕制成的感温元件，主要有铂电阻温度计和铜电阻温度计，在低温下还有碳、锗和铑铁电阻温度计。精密的铂电阻温度计是目前最精确的温度计，温度覆盖范围约为 $14 \sim 903K$，其误差可低到万分之一摄氏度，它是能复现国际实用温标的基准温度计。我国还用一等和二等标准铂电阻温度计来传递温标，用它作标准来检定水银温度计和其他类型的温度计。

铂电阻温度计的构造通常是把纯铂细丝绕在云母或陶瓷架上，防止铂丝在冷却收缩时产生过度的应变。在某些特殊情况里，可将金属丝绕在待测温度的物质上，或装入被测物质中。在测极低温的范围时，亦可将碳质小电阻或渗有砷的锗晶体封入充满氦气的管中。将铂丝线圈接入惠斯通电桥的一条臂，另一条臂用一可变电阻与两个假负载电阻，来抵偿测量线圈的导线的温度效应。

电阻温度计的缺点是：感温部分体积大，热惯性大；不能测量某一点的温度，只能测量某一区域的平均温度；使用时需要外接电源；连接导线电阻易受环境温度影响而产生测量误差。

第五节　电学测量仪器

电流强度是电学的基本物理量，单位安培（A）。其定义为：在真空中相距为 1 米的两根无限长平行直导线，通以相等的恒定电流，当每米导线上所受作用力为 $2 \times 10^{-7}N$ 时，各导线上的电流为 1 安培。在电磁学中，经常要测量电流，所用的仪器为电流表。电流表改装后也可用来测电压、电阻等。

1. 磁电式电流表简介

磁电式电流表的构造如图 3-5-1(a) 所示，主要由刻度盘、指针、蹄形磁铁、极靴（软铁制成）、螺旋弹簧、线圈、圆柱形铁芯（软铁制成）几部分组成。永久磁铁的两个极上连着带圆筒孔腔的极掌，极掌之间装有圆柱形软铁芯，它的作用是使极掌和铁芯间的空隙中磁场很强，并且磁力线是以圆柱的轴为中心呈均匀辐射状［图 3-5-1(b)］。这种辐射状的磁场可以保证线圈不管转到什么角度，它的平面都跟磁感线平行，因而受到的力矩都是一样的。在圆柱形铁芯和极掌间空隙处放有长方形线圈，线圈上固定一根指针，当有电流流通时，线圈就受电磁力矩而偏转，直到跟游丝的反扭力矩平衡。线圈偏角的大小与所通入的电流成正比，电流方向不同，偏转方向也不同。

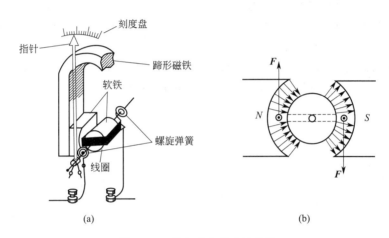

(a)   (b)

图 3-5-1　磁电式电流表结构图

载流线圈在磁场中受到力矩大小为：

$$M = NBSI$$

其中，N 为线圈匝数，B 为磁场强度，S 为线圈面积，I 为电流大小。

当线圈和指针转动 θ 角度时，游丝的反作用力矩为：

$$M = D\theta$$

其中 D 是游丝的扭转系数。当二力矩平衡时，则有

$$D\theta = NBSI$$

$$\theta = \frac{NBSI}{D} \propto I \qquad\qquad (3\text{-}5\text{-}1)$$

由式(3-5-1) 可知，偏转角度 θ 正比于电流 I，因此，磁电式电流表的仪表盘刻度均匀，其比例系数表示电流表的灵敏系数。

磁电式电流表读数的精度不是由表盘的最小刻度决定的，而是由指针偏转角度的准确程度来确定的，因此衡量磁电式电流表的精确程度是用仪器准确度等级这个指标来衡量的。其读数的最大误差可表示为

$$\Delta N_0 = 量程 \times \frac{仪器准确度等级}{100} \times 100\%$$

磁电式仪表的优点是：准确度高，灵敏度高，消耗功率小，刻度均匀。缺点是：测量电流小，过载能力低，只能直接测量直流电，结构复杂，成本高。

2. 使用注意事项

磁电式电流表只能测量很小的电流，能承受的电压也很小。为了测量较大的电流，可以并联一个小电阻以分流；为了测量较大的电压，可以串联一个大电阻以分压。

使用时要注意以下几点：

① 只能在直流电路中使用，注意标的极性，不能接反；

② 使用前要调零；

③ 使用时仪表要按要求放置，如水平放置；

④ 读数时视线要垂直于表盘，避免误差，有些表盘上有指针反射镜，读数时应使刻度线、指针和指针在反射镜中的像重合。

选择仪表时要考虑以下因素：

① 要按照被测量值的大小选择合适量程的电表，一般的测量中，应使被测量的处在仪表的最大量程之内，且超过最大量程的 2/3；

② 要按照被测量的值选择仪表的准确度级别，不必追求过高的准确度，一般使仪表所产生的不确定度在实验允许值的 1/3 即可；

③ 要根据被测对象的内阻大小选择仪表，如被测对象的内阻较大，就要选取内阻较大的电压表，如被测对象的内阻较小，就要选取内阻较小的电流表。

第四章　力　学　实　验

第一节　密度的测量

物质的质量、温度等参数的测量是物理测量的基础，是人类最早认识到的物理量，在实验中经常遇到。密度是物质的重要属性之一，不同类型的物质需要不同的密度测量方法。密度的测量对研究物质的性质具有重要的意义。

一、实验目的

（1）掌握物理天平的使用方法；
（2）掌握测定物质密度的两种测量方法——静力称衡法和比重瓶法。

二、主要实验仪器

物理天平、烧杯、比重瓶、温度计、金属块、玻璃块、酒精、蒸馏水、细线。

三、实验原理

设体积为 V 的某一物质，它的质量为 M，则该物质的密度为

$$\rho = \frac{M}{V}$$

质量可以用物理天平精确测量，但是体积由于外形尺寸，很难算出比较精确的值（外形很规整的除外），现在介绍的方法是在水的密度已知的条件下，用物理天平测量质量，然后通过静力称衡法求出其体积（图 4-1-1）。

1. 用静力称衡法测量固体的密度

设待测物不溶于水，其质量为 m_1，用细丝将其悬吊在水中，称衡值为 m_2，又设水在当时温度下的密度为 ρ_w，物体体积为 V，依据阿基米德定律，则有 $V\rho_w g = (m_1 - m_2)g$，式中 g 为重力加速度，整理后得计算体积的公式为

$$V = \frac{m_1 - m_2}{\rho_w}$$

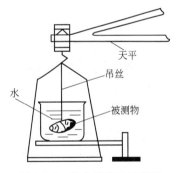

图 4-1-1　静力称衡法示意图

固体的密度为

$$\rho = \rho_w \frac{m_1}{m_1 - m_2} \tag{4-1-1}$$

2. 用静力称衡法测量液体的密度

此法要借助于水。找一不溶于水并且和被测液体不发生化学反应的物体（一般用玻璃块）。

设该物体（玻璃块）质量为 m_1'，将其悬吊在水中称衡值为 m_2'，悬吊在被测液体中的称衡值为 m_3'，则参照上述讨论，可得液体密度 ρ' 等于

$$\rho' = \rho_w \frac{m_1' - m_3'}{m_1' - m_2'} \tag{4-1-2}$$

3. 用比重瓶测液体的密度

图 4-1-2 为常用比重瓶，它在一定的温度下有一定的容积，将被测液体注入瓶中，放好瓶塞后多余的液体会从塞中的毛细管溢出。

设空比重瓶的质量为 m''_1，充满密度 ρ'' 的被测液体时的质量为 m''_2，充满同温度的蒸馏水时的质量为 m''_3，则

图 4-1-2　比重瓶

$$\rho'' = \rho_w \frac{m''_2 - m''_1}{m''_3 - m''_1} \tag{4-1-3}$$

四、实验内容和步骤

1. 用静力称衡法测量待测固体的密度

（1）调节物理天平平衡，测量待测物在空气中的质量为 m_1；

（2）把细线系在待测物上，将其悬挂在秤钩上，且使完全浸没在蒸馏水中（图 4-1-1），测得此时的称衡值为 m_2；

（3）记下室温，查出相应温度下水的密度为 ρ_w；

（4）列表记录有关数据，根据式(4-1-1)求出 ρ，并计算其不确定度；

（5）写出测量结果 $\rho = \overline{\rho} \pm u(\rho)$。

2. 用静力称衡法测量待测液体（酒精）的密度

（1）测量玻璃块在空气中的质量为 m'_1；

（2）将玻璃块悬吊在水中的称衡值为 m'_2；

（3）将烧杯中的水倒去，倒入酒精（被测液体），将玻璃块悬吊在酒精中的称衡值为 m'_3；

（4）列表记录有关数据，根据式(4-1-2)，求出 ρ'，并计算其不确定度；

（5）写出测量结果 $\rho' = \overline{\rho}' \pm u(\rho')$。

3. 用比重瓶法测量待测液体（酒精）的密度

（1）测出空比重瓶的质量为 m''_1；

（2）充满密度 ρ'' 的被测液体时的质量为 m''_2；

（3）充满同温度的蒸馏水时的质量为 m''_3；

（4）列表记录有关数据，根据式(4-1-3)求出 ρ''，并计算其不确定度；

（5）写出测量结果 $\rho'' = \overline{\rho}'' \pm u(\rho'')$。

4. 实验注意事项

（1）使用物理天平时，一般要先测其灵敏度。

（2）测量固体及液体密度时，注意排除气泡的影响。

（3）实验过程中要测水和液体的温度。

（4）实验时运用多次测量求 Δm，也可以近似认为是天平的感应量。

（5）温度计读数时注意有效数字。

五、数据记录与处理

1. 用静力称衡法测量待测固体的密度

相关实验数据记入表 4-1-1。

2. 用静力称衡法测量待测液体的密度

相关实验数据记入表 4-1-2。

表 4-1-1

室温：_____℃，水的密度：ρ_w _____ g/cm³

次数 待测量	1	2	3	4	5
m_1/g					
m_2/g					
$\rho/(g/cm^3)$					
$\bar{\rho}/(g/cm^3)$					

表 4-1-2

室温：_____℃，水的密度：ρ_w _____ g/cm³

次数 待测量	1	2	3	4	5
m_1'/g					
m_2'/g					
m_3'/g					
$\rho'/(g/cm^3)$					
$\bar{\rho}'/(g/cm^3)$					

3. 用比重瓶法测量待测液体的密度

相关实验数据记入表 4-1-3。

表 4-1-3

室温：_____℃，水的密度：ρ_w _____ g/cm³

次数 待测量	1	2	3	4	5
m_1''/g					
m_2''/g					
m_3''/g					
$\rho''/(g/cm^3)$					
$\bar{\rho}''/(g/cm^3)$					

计算密度公式为 $\rho=\rho_w\dfrac{m_1}{m_1-m_2}$；$\rho'=\rho_w\dfrac{m_1'-m_3'}{m_1'-m_2'}$；$\rho''=\rho_w\dfrac{m_2''-m_1''}{m_3''-m_1''}$

不确定度公式分别为：

$$u(\rho)=\sqrt{\left(\frac{\partial\rho}{\partial m_1}\right)^2 u(m_1)^2+\left(\frac{\partial\rho}{\partial m_2}\right)^2 u(m_2)^2}$$

$$u(\rho')=\sqrt{\left(\frac{\partial\rho'}{\partial m_1'}\right)^2 u(m_1')^2+\left(\frac{\partial\rho'}{\partial m_2'}\right)^2 u(m_2')^2+\left(\frac{\partial\rho'}{\partial m_3'}\right)^2 u(m_3')^2}$$

$$u(\rho'')=\sqrt{\left(\frac{\partial\rho''}{\partial m_1''}\right)^2 u(m_1'')^2+\left(\frac{\partial\rho''}{\partial m_2''}\right)^2 u(m_2'')^2+\left(\frac{\partial\rho''}{\partial m_3''}\right)^2 u(m_3'')^2}$$

上面第一个公式可化为：

$$u(\rho)=\rho\frac{\sqrt{m_2^2 u^2(m_1)+m_1^2 u^2(m_2)}}{(m_1-m_2)^2}$$

其他二个公式可同样处理。$u(m)$ 的 A 类不确定度用多次测量方法求出，天平的仪器

误差 $\Delta_{仪}$ 约定为天平分度值的一半，这样 B 类不确定度也可以算出。

六、思考题

（1）设计一个测量小粒状固体密度的方案。

（2）要考察从 0～60℃ 水的密度变化的规律，你能否设计一个实验方案？要求能显示出在 4℃ 附近水的密度极大。

（3）假如在实验中提供定容瓶，设计一个思路来测量空气的密度。

（4）实验中用来把固体吊起来的线为什么要用细线而不用粗线？如果线的粗细是一样的，是用棉线好，还是尼龙线好，还是铜丝好？试定性说明。

附录Ⅰ：实验仪器介绍

1. 物理天平结构

物理天平的结构如附录图Ⅰ-1所示，其主要部分是横梁。横梁上有一个玛瑙垫和三个钢制的刀口，中间刀口向下，可由立柱上的刀承支起；横梁两侧刀口上挂有吊耳，每个吊耳内有一个玛瑙垫，吊耳下边悬挂秤盘，三个刀口在同一水平面上，且间距相等，即横梁是等臂杠杆；在支柱下方，有一个制动旋钮，用以升降横梁，当顺时针旋转制动旋钮对，立柱中上升的支架将横梁从制动架上托起，此时就可以进行质量的称衡；当逆时针转动制动旋钮时，横梁下降，由制动架托住，中间刀口和刀承分离，两侧刀口也由于称盘落在底座上而减去负荷，保护刀口不受损伤；横梁下有一根读数指针，立柱的下端有读数标尺，用来观察和确定横梁的平衡状态，当横梁平衡时，指针应在标尺的中央刻线上；天平底板下有两个水平调节螺丝，用于调节天平底座位于水平状态。

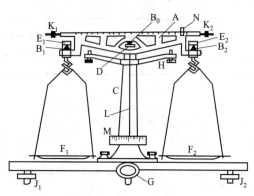

附录图Ⅰ-1　物理天平结构

A—梁；F_1、F_2—秤盘；L—指针；B_0、B_1、B_2—刀口；G—止动旋钮；M—标尺；C—立柱；H—止动架；N—游码；D—刀承；J_1、J_2—底角螺丝；E_1、E_2—吊耳；K_1、K_2—调平螺丝

2. 天平灵敏度的测量。

天平灵敏度是由臂长、指针长度、梁的质量（m_0）和其质心到中央刀口 B_0 的距离决定。计量仪器的灵敏度是指该仪器对被测的量的反应能力。灵敏度 S 用被观测变量的增量与其相应的被测量的增量之比去表示。对于天平，被观测变量为指针在标尺上的位置，被测量为质量，当天平一侧增加 Δm 时，指针向另一侧偏转 e 格（div），则天平灵敏度 S 等于

$$S = \frac{e}{\Delta m} \quad div/单位质量$$

其中单位质量，对于灵敏度低的取 1g，灵敏度高的则取 10mg 或 100mg。本实验所用物理天平的灵敏度为 1div/20mg，最大称量为 500g。

3. 物理天平的使用。

（1）调节天平的底座螺丝，使底座的圆气泡水准器位于水平状态。

（2）调节横梁平衡。把二个吊耳放到对应的刀口上后，检查二个秤盘放的位置是否正确。在秤盘空载时支起天平，通过调节横梁左右两边的螺丝，使指针的停在标尺中部，或左右均匀摆动。

（3）按"物左码右"的原则放上待测物，估计待测物质量的大小，先加适当的砝码，然后从大到小加减。

（4）在称衡过程中只有当判断天平哪一侧重时才支起横梁；称衡后要落下横梁，并且要放到固定位置；加减砝码要用镊子；砝码用过后要直接放回到砝码盒中。

4. 天平两臂不等长误差的消除

天平两臂不等长，将带来系统误差，可用复称法来消除。假设天平横梁的左右二臂用稍许差异，左侧长 l_1，右侧长 l_2。将质量为 m 的物体置于左盘上称衡，天平平衡时，右盘上砝码质量为 m_1。再将物体置于右盘，天平平衡时，左盘砝码质量为 m_2，则有

$$mgl_1 = m_1gl_2 \tag{I-1}$$

$$m_2gl_1 = mgl_2 \tag{I-2}$$

两式相除可得

$$\frac{m}{m_2} = \frac{m_1}{m}$$

所以有

$$m^2 = m_1m_2 \tag{I-3}$$

实际上 m_1 和 m_2 相差很小，考虑到 $(m_1 - m_2)$ 远远小于 m_2，为了计算方便将式（I-3）用级数展开，并略去高次项，得到

$$m = \sqrt{m_1m_2} = m\left(1 + \frac{m_1 - m_2}{m_2}\right)^{\frac{1}{2}} \approx m_2\left(1 + \frac{1}{2} \times \frac{m_1 - m_2}{m_2}\right) = \frac{1}{2}(m_1 + m_2)$$

所以真正所要测量的质量 m 就是 m_1 和 m_2 的算术平均值。

第二节 复摆法测重力加速度

重力加速度 g 是一个反映地球引力强弱的物理量，它与地球上各个地区的经纬度、海拔高度及地下资源的分布有关。重力加速度的测定在理论、生产研究中都具有重要意义。运用复摆法测量重力加速度，提高了测量结果的精度。

一、实验目的

（1）了解复摆的物理特性，用复摆测定重力加速度。

（2）学会用作图法研究问题及处理数据。

二、主要实验仪器

J-LD23 型复摆实验仪，电子秒表。

三、实验原理

复摆是一刚体绕固定水平轴在重力矩作用下作微小摆动的动力运动体系。如图 4-2-1，刚体绕固定轴 O 在竖直平面内作左右摆动，G 是该物体的质心，与轴 O 的距离为 h，θ 为其摆动角度。若规定右转角为正，此时刚体所受力矩与角位移方向相反，则有

$$M = -mgh\sin\theta \tag{4-2-1}$$

由刚体转动定律，该复摆又有

$$M = J\frac{\mathrm{d}^2\theta}{\mathrm{d}t^2} \tag{4-2-2}$$

式中 J 为该物体转动惯量。由式（4-2-1）和式（4-2-2）可得：

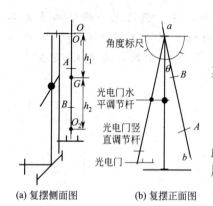

$$\frac{\mathrm{d}^2\theta}{\mathrm{d}t^2} = -\omega^2\sin\theta \tag{4-2-3}$$

其中 $\omega^2 = \dfrac{mgh}{J}$。若 θ 很小时（θ 在 5°以内）近似有

$$\frac{\mathrm{d}^2\theta}{\mathrm{d}t^2} = -\omega^2\theta \tag{4-2-4}$$

此方程说明该复摆在小角度下作简谐振动，该复摆振动周期为

(a) 复摆侧面图　　**(b) 复摆正面图**

图 4-2-1　复摆结构示意图

$$T = 2\pi\sqrt{\frac{J}{mgh}} \tag{4-2-5}$$

设 J_G 为转轴过质心且与 O 轴平行时的转动惯量，那么根据平行轴定律可知

$$J = J_G + mh^2 \tag{4-2-6}$$

代入式（4-2-5）得

$$T = 2\pi\sqrt{\frac{J_G + mh^2}{mgh}} \tag{4-2-7}$$

设式（4-2-6）中的 $J_G = mk^2$，代入式（4-2-7），得

$$T = 2\pi\sqrt{\frac{mk^2 + mh^2}{mgh}} = 2\pi\sqrt{\frac{k^2 + h^2}{gh}} \tag{4-2-8}$$

k 为复摆对 G（质心）轴的回转半径，h 为质心到转轴的距离。对式（4-2-8）平方则有

$$T^2 h = \frac{4\pi^2}{g}k^2 + \frac{4\pi^2}{g}h^2 \tag{4-2-9}$$

设 $y = T^2 h$，　$x = h^2$，则式（4-2-9）改写成

$$y = \frac{4\pi^2}{g}k^2 + \frac{4\pi^2}{g}x \tag{4-2-10}$$

式（4-2-10）为直线方程，实验中（实验前摆锤 A 和 B 已经取下）测出 n 组 (x, y) 值，用作图法求直线的截距 A 和斜率 B，由于 $A = \dfrac{4\pi^2}{g}k^2$，$B = \dfrac{4\pi^2}{g}$，所以

$$g = \frac{4\pi^2}{B}, \quad k = \sqrt{\frac{Ag}{4\pi^2}} = \sqrt{\frac{A}{B}} \tag{4-2-11}$$

由式（4-2-11）可求得重力加速度 g 和回转半径 k。

四、实验内容

（1）将复摆悬挂于支架刀口上，调节复摆底座的两个旋钮，使复摆与立柱对正且平行，以使圆孔上沿能与支架上的刀口密合。

（2）轻轻启动复摆，测摆 30 个周期的时间，共测六个悬挂点，依次是：6cm、8cm、10cm、12cm、14cm、16cm。每个点连测两次，数据记录在表 4-2-1 中。再测时不需重启复摆。

表 4-2-1

h/cm	6	8	10	12	14	16
T_{30}/s						
T'_{30}/s						
$\bar{T}_{30}/\text{s}$						
T/s						
$X(=h^2)$						
$Y(=T^2h)$						

（3）启动复摆测量时，摆角不能过大（$\theta < 5°$），摆幅约为立柱的宽度。复摆每次改变高度悬挂时，圆孔必须套在刀口的相同位置上。

（4）注意事项。

① 复摆启动后只能摆动，不能扭动，如发现扭动，必须重新启动；

② 测量中，复摆摆角不宜超过 5°，要尽量使每次摆动的幅度相近；

③ 实验结束时，将复摆从支架上取下，放到桌面上。

五、实验数据处理

（1）由 $y = T^2h$，$x = h^2$，分别计算出各个 x 和 y 值，填入数据表格。

（2）以 x 为横坐标，y 为纵坐标，用坐标纸绘制 x-y 直线图。

（3）用作图法求出直线的截距 A 和斜率 B。

（4）由公式：$g = \dfrac{4\pi^2}{B}$，$k = \sqrt{\dfrac{Ag}{4\pi^2}} = \sqrt{\dfrac{A}{B}}$，计算出重力加速度 g 和回转半径 k。

（5）查找本地区重力加速度的值（泰州地区重力加速度：$g = 9.795\text{m/s}^2$），将测量结果与此值比较，计算相对误差。

六、思考与讨论

设想在复摆的某一位置上加一配重时，其振动周期将如何变化（增大、缩短、不变）？

第三节 气垫导轨实验

气垫导轨是为研究物体在理想情况下作无摩擦的运动而设计的力学实验设备。它的原理是在导轨表面分布着许多小孔，压缩空气从这些小孔中喷出，在导轨和滑块之间形成空气层，称作气垫。由于气垫的形成，滑块被托起，使滑块在气垫上作近似无摩擦的运动。在实验室，利用气垫技术可以进行一些较为精确的定量研究。应用在工业上，可以减少机械或器件的磨损，延长使用寿命，提高速度和机械效率，所以气垫技术在机械、纺织、运输等工业生产中得到广泛应用，如气垫船、空气轴承等。

在实验室中，气垫导轨通常与光电计时系统配合工作，以测定滑块在导轨上作直线运动时的速度和加速度。它可以用来验证许多力学的基本规律，如牛顿第二定律、碰撞、简谐振动等。

一、实验目的

（1）掌握气垫导轨的调整和使用方法。学会用光电门测量物体的速度。

（2）验证动量守恒定律。

（3）验证机械能守恒。

二、主要实验仪器

气垫导轨、计时计数测速仪、天平。

三、实验原理

（1）速度的测定。物体作一维运动时，平均速度表示为：

$$\bar{v} = \frac{\Delta x}{\Delta t} \tag{4-3-1}$$

若时间间隔 Δt 或位移 Δx 取极限就得到物体在某一位置或某一时刻的瞬时速度：

$$v = \lim_{\Delta t \to 0} \frac{\Delta x}{\Delta t} \tag{4-3-2}$$

在实际测量中，可以对运动物体取一很小的 Δx，用其平均速度近似地代替瞬时速度。$\Delta x \approx 1 \text{cm}$，相应的 Δt 也很小，因此，可将 $\frac{\Delta x}{\Delta t}$ 之值当作滑块经过光电门所在点的瞬时速度。

实验前，先熟悉气垫导轨仪器。实验时，在滑块上装上一个 U 型挡光片。当滑块经过光电门时，挡光片第一次挡光，数字计时器开始计时，紧接着挡光片第二次挡光，计时立即停止，计数器上显示出两次挡光的时间间隔 Δt。

（2）加速度的测定。当滑块作匀加速直线运动时，其加速度 a 可用下式求得：

$$a = \frac{v_2^2 - v_1^2}{2(x_2 - x_1)} \tag{4-3-3}$$

要测量加速度，需要两个光电门。其位置坐标分别为 x_1 和 x_2，滑块经过前、后两光电门的瞬时速度分别为 v_1 和 v_2。v_1 和 v_2 可用前述方法测得，x_1 和 x_2 可由附着在气垫导轨上的米尺读出。

（3）验证动量守恒定律。设两滑块的质量分别为 m_1 和 m_2，碰撞前的速度为 v_{10} 和 v_{20}，相碰后的速度为 v_1 和 v_2。根据动量守恒定律，有

$$m_1 v_{10} + m_2 v_{20} = m_1 v_1 + m_2 v_2 \tag{4-3-4}$$

测出两滑块的质量和碰撞前后的速度，就可验证碰撞过程中动量是否守恒。实验分两种情况进行。

① 弹性碰撞。两滑块的相碰端装有缓冲弹簧，它们的碰撞可以看成是弹性碰撞。在碰撞过程中除了动量守恒外，它们的动能完全没有损失，有

$$\frac{1}{2} m_1 v_{10}^2 + \frac{1}{2} m_2 v_{20}^2 = \frac{1}{2} m_1 v_1^2 + \frac{1}{2} m_2 v_2^2 \tag{4-3-5}$$

若两个滑块质量相等，$m_1 = m_2 = m$，且令 m_2 碰撞前静止，即 $v_{20} = 0$。则由式(4-3-4)、式(4-3-5)可得到 $v_1 = 0$，$v_2 = v_{10}$，即两个滑块将彼此交换速度。

若两个滑块质量不相等，$m_1 \neq m_2$，仍令 $v_{20} = 0$，则有

$$\begin{cases} m_1 v_{10} = m_1 v_1 + m_2 v_2 \\ \dfrac{1}{2} m_1 v_{10}^2 = \dfrac{1}{2} m_1 v_1^2 + \dfrac{1}{2} m_2 v_2^2 \end{cases}$$

可得 $v_1 = \dfrac{m_1 - m_2}{m_1 + m_2} v_{10}$，$v_2 = \dfrac{2m_1}{m_1 + m_2} v_{10}$。

由上面的结果可知，当 $m_1 > m_2$ 时，两滑块相碰后，二者沿相同的速度方向（与 v_{10} 相同）运动；当 $m_1 < m_2$ 时，二者相碰后运动的速度方向相反，m_1 将反向，速度应为负值。

② 完全非弹性碰撞。将两滑块上的缓冲弹簧取去。在滑块的相碰端装上尼龙扣。相碰后尼龙扣将两滑块扣在一起，具有同一运动速度，即

$$v_1 = v_2 = v$$

仍令 $v_{20} = 0$，则有

$$m_1 v_{10} = (m_1 + m_2) v$$

所以

$$v = \frac{m_1}{m_1 + m_2} v_{10}$$

当 $m_1 = m_2$ 时，$v = \dfrac{1}{2} v_{10}$，即两滑块扣在一起后，质量增加一倍，速度为原来的一半。

（4）验证机械能守恒定律。机械能守恒定律：物体在运动过程中，只有保守力做功，则物体的机械能守恒。

气垫导轨调平后，在一端垫脚旋钮（单脚）下垫上高度为 h_0 的垫块，使滑行器由高处静止滑下，到达低处时速度为 v，下滑的垂直高度为 h。由于采用了气垫导轨作为滑坡，滑行器与斜坡的摩擦阻力很小，可以认为滑行器在运动过程中只有重力做功，故机械能守恒，即 $mgh = \dfrac{1}{2} mv^2$。

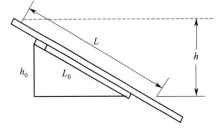

图 4-3-1　气垫斜面示意图

可以用相对误差 E 来表示实验的精度：

$$E = \frac{\left| mgh - \dfrac{1}{2} mv^2 \right|}{mgh} = \frac{\left| gh - \dfrac{1}{2} v^2 \right|}{gh}$$

其中，滑块下落的垂直高度 h 可用相似三角形求得。由图 4-3-1 可得：$h = \dfrac{L}{L_0} h_0$。

四、实验内容和步骤

（1）利用静态调平法调平导轨。

（2）弹性碰撞验证动量守恒定律。

① 取质量相等的两个滑块（带有缓冲弹簧），滑块 2 停放在光电门 1 和光电门 2 之间（靠近 2 处）的导轨上静止不动，即 $v_{20} = 0$；滑块 1 置于光电门 1 外侧导轨上。弹射滑块 1 使之与滑块 2 相碰，分别由光电门 1 和光电门 2 测出碰撞前滑块 1 及碰撞后滑块 2 的速度，重复测量多次，测量数据记录在表 4-3-1 中。

表 4-3-1

$m_1 = m_2 = m = \underline{\qquad}$ g, $v_{20} = 0$, $v_1 = 0$

次数	碰前		碰后		相对误差
	$v_{10}/(\text{cm/s})$	$p_0 = m v_{10}$ $(\text{g} \cdot \text{cm/s})$	$v_2/(\text{cm/s})$	$p = m v_2$ $(\text{g} \cdot \text{cm/s})$	$E = \dfrac{p - p_0}{p_0} \times 100\%$
1					
2					
3					

② 也可将滑块 1 停放在光电门 1 和光电门 2 之间,使其初速度为零,将滑块 2 从光电门 2 的外侧以一定速度弹出与滑块 1 相碰,同样由光电计时器测出碰撞前滑块 2 及碰撞后滑块 1 的速度,重复测量多次,测量数据记录在表 4-3-1 中。

③ 根据以上各次测量结果计算碰撞前后的动量,并作比较,验证动量守恒定律。

④ 用质量不同的滑块,重复上述实验,测量数据记录在表 4-3-2 中,验证动量守恒定律。

表 4-3-2

$m_1 = \underline{\qquad}$ g, $m_2 = \underline{\qquad}$ g, $v_{20} = 0$

次数	碰前			碰后			相对误差
	$v_{10}/(\text{cm/s})$	$p_0 = m_1 v_{10}$ $(\text{g} \cdot \text{cm/s})$	$v_1/(\text{cm/s})$	$p_1 = m_1 v_1$ $(\text{g} \cdot \text{cm/s})$	$v_2/(\text{cm/s})$	$p_2 = m_2 v_2$ $(\text{g} \cdot \text{cm/s})$	$E = \dfrac{(p_1 + p_2) - p_0}{p_0} \times 100\%$
1							
2							
3							

(3) 完全非弹性碰撞验证动量守恒定律。在质量相等的两滑块相碰的一端装上尼龙胶带。重复步骤①和②,测量数据记录在表 4-3-3 中。根据所测数据,计算各次碰撞前后的动量,并作比较,验证动量守恒定律。用质量不同的滑块,重复上述实验,数据记录在表 4-3-4 中。

表 4-3-3

$m_1 = m_2 = m = \underline{\qquad}$ g, $v_1 = v_2 = v$, $v_{20} = 0$

次数	碰前		碰后		相对误差
	$v_{10}/(\text{cm/s})$	$p_0 = m v_{10}$ $(\text{g} \cdot \text{cm/s})$	$v/(\text{cm/s})$	$p = 2mv$ $(\text{g} \cdot \text{cm/s})$	$E = \dfrac{p - p_0}{p_0} \times 100\%$
1					
2					
3					

表 4-3-4

$m_1 = \underline{\qquad}$ g, $m_2 = \underline{\qquad}$ g, $v_{20} = 0$

次数	碰前		碰后		相对误差
	$v_{10}/(\text{cm/s})$	$p_0 = m v_{10}$ $(\text{g} \cdot \text{cm/s})$	$v/(\text{cm/s})$	$p = (m_1 + m_2)v$ $(\text{g} \cdot \text{cm/s})$	$E = \dfrac{p - p_0}{p_0} \times 100\%$
1					
2					
3					

（4）验证机械能守恒定律。

① 气垫导轨调平后，在单脚螺旋下垫一块垫块。将滑行器拉到导轨右端，记录滑行器正中间处的标尺读数 x_A（25.00cm 左右）。此时，只需要左端光电门。记录光电门所附箭头处的标尺读数 x_B（110.00cm 左右），则 $L = x_B - x_A$。

测量垫块的高度 h_0 和两个垫脚旋钮之间的距离 L_0。多次测量取平均值，计算出滑块下降的高度 h。

② 使滑行器从 A 处静止状态滑下，测出滑行器经过 B 处光电门所用的时间 Δt。重复 5 次，求 $\overline{\Delta t}$。数据记录在表 4-3-5。

表 4-3-5

$x_A =$ _____ cm, $x_B =$ _____ cm, $L = x_B - x_A =$ _____ cm, $\Delta x =$ _____ cm

次数	$\Delta t / s$	h_0/cm	L_0/cm
1			
2			
3			
4			
5			
平均值			

五、实验数据处理

$$h = \frac{L}{\overline{L_0}} \overline{h_0} = \underline{\hspace{3cm}} \text{ cm}$$

$$v = \frac{\Delta x}{\overline{\Delta t}} = \underline{\hspace{2cm}} \text{ cm/s}$$

$$E = \frac{\left| gh - \frac{1}{2}v^2 \right|}{gh} \times 100\% = \underline{\hspace{3cm}} \%$$

六、思考与讨论

（1）如何鉴别气垫导轨已经调平？

（2）为了验证动量守恒，在本实验操作上如何来保证实验条件，减小测量误差？

（3）如果碰撞后测得的动量总是小于碰撞前测得的动量，说明什么问题？能否出现碰撞后测量的动量大于碰撞前测得的动量呢？

（4）滑行器势能的减少值并不完全等于滑行器动能的增加值，试分析产生误差的原因？

附录Ⅱ：实验仪器介绍

1. 气垫导轨

气垫导轨是一种力学实验装置，它主要由空腔导轨、滑行器、气源和光电门装置组成，如附录图Ⅱ-1所示。

导轨是用一根平直、光滑的三角形铝合金制成，固定在一根刚性较强的钢梁上。导轨长为 1.5m，轨面上均匀分布着两排喷气小孔，导轨一端封死，另一端装有进气嘴。使用专用气泵作为气源，用气管与导轨连接。当压缩空气经管道从进气嘴进入腔体后，就从小气孔喷

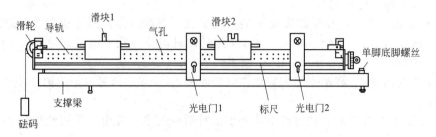

附录图Ⅱ-1　气垫导轨示意图

出，托起滑行器，滑行器漂浮的高度，视气流强弱及滑行器重量而定。为了避免碰伤，导轨两端及滑轨上都装有弹射器。在导轨上装有调节水平用的地脚螺钉。双脚端的螺钉用来调节轨面两侧线高度，单脚端螺钉用来调节导轨水平。或者将不同厚度的垫块放在导轨底脚螺钉下，以得到不同的斜度。导轨一侧固定有毫米刻度的米尺，便于定位光电门位置。滑轮和砝码用于对滑行器施加外力。

　　滑块是由长 0.100～0.300m 的角铝做成的。其角度经过校准，内表面经过细磨，与导轨的两个上表面很好吻合。当导轨的喷气小孔喷气时，在滑块和导轨这两个相对运动的物体之间，形成一层厚约 0.05～0.20mm 流动的空气薄膜——气垫。由于空气的黏滞阻力几乎可以忽略不计，这层薄膜就成为极好的润滑剂，这时虽然还存在气垫对滑块的黏滞阻力和周围空气对滑块的阻力，但这些阻力和接触摩擦力相比，是微不足道的，它消除了导轨对运动物体（滑块）的直接摩擦，因此滑块可以在导轨上作近似无摩擦的直线运动。滑块中部的上方水平安装着挡光片，与光电门和计时器相配合，测量滑块经过光电门的时间或速度。滑块上还可以安装配重块（即金属片，用以改变滑块的质量）、接合器及弹簧片等附件，用于完成不同的实验。滑块必须保持其纵向及横向的对称性，使其质心位于导轨的中心线且越低越好，至少不宜高于碰撞点。

2. 光电测量系统

光电测量系统由光电门和光电计时器组成，其结构和测量原理如附录图Ⅱ-2 所示。当

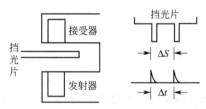

附录图Ⅱ-2　光电计时系统示意图

滑块从光电门旁经过时，安装在其上方的挡光片穿过光电门，从光电门发射器发出的红外光被挡光片遮住而无法照到接收器上，此时接收器产生一个脉冲信号。在滑块经过光电门的整个过程中，挡光片两次遮光，则接收器共产生两个脉冲信号，计时器测出这两个脉冲信号之间的时间间隔 Δt。它的作用与停表相似：第一次挡光相当于开启停表（开始计时），第二次挡光相当于关闭停表（停止计时）。但这种计时方式比手动停表所产生的系统误差要小得多，光电计时器显示的精度也比停表高得多。如果预先确定了挡光片的宽度，即挡光片两翼的间距 ΔS，则可求得滑块经过光电门的速度 $v = \Delta S / t$。本实验中 $\Delta S = 1.00\text{cm}$。

　　光电计时器是以单片机为核心，配有相应的控制程序，具有计时 1、计时 2、碰撞、加速度、计数等多种功能。"功能键"兼具功能选择和复位两种功能：当光电门没遮过光，按此键选择新的功能；当光电门遮过光，按此键则清除当前的数据（复位）。转换键则可以在计时 1 和计时 2 之间交替翻查 24 个时间记录。

3. 导轨的调平

横向调平是借助于水平仪调节横向两个底角螺丝来完成；纵向调平有静态调节和动态调

节两种方法。

（1）静态调节法。打开气泵给导轨通气，将滑块放在导轨上，观察滑块向哪一端移动，就说明那一端低。调节导轨底脚螺丝直至滑块保持不动或者稍有滑动但无一定的方向性为止。原则上，应把滑块放在导轨上几个不同的地方进行调节。如果发现把滑块放在导轨上某点的两侧时，滑块都向该点滑动，则表明导轨本身不直，并在该点处下凹（这属于导轨的固有缺欠，本实验条件无法继续调整）。这种方法只作为导轨的初步调平。

（2）动态调节法。轻拨滑块使其在导轨上滑行，测出滑块通过两光电门的时间 δt_1 和 δt_2，δt_1 和 δt_2 相差较大则说明导轨不水平。由于空气阻力的存在，即使导轨完全水平，滑块也是在做减速运动，即 $\delta t_1 < \delta t_2$，所以不必使二者相等。

4. 光电计时器的调节

分别将光电门 1、2 的导线插入计时器的 P_1、P_2 插口，打开电源开关，按功能键，使 S 指示灯亮。让滑块经过光电门 1，仪器应显示滑块经过距离 ΔS 所需的时间 Δt，滑块再次经过光电门 1 时显示值变化，说明仪器显示工作正常。同样检查光电门 2 是否工作正常。然后按功能键，清除已存数据，再次按功能键开始功能转换，选相应的功能挡，准备正式测量。

5. 气垫导轨使用注意事项

① 气孔不喷气时，不得将滑块放在导轨上，更不得将滑块在导轨上来回滑动。

② 每次实验前，都要把气轨调到水平状态，包括纵向和横向水平。

③ 气轨表面不允许有尘土污垢，使用前需用干净棉花蘸酒精将气轨表面和滑块内表面擦净。

④ 接通气源后，须待导轨空腔内气压稳定、喷气流量均匀之后，再开始做实验。

⑤ 要保证导轨与滑块配合很严密，气轨表面和滑块内表面有良好的直线度、平面度和光洁度。所以，气轨表面和滑块内表面要防止磕碰、划伤和压弯。

⑥ 在气垫导轨上做实验时，配合使用的附件很多，要注意将附件放在专用盒里，不要弄乱。轻质滑轮、挡光片以及一些塑料零件，要防止压弯、变形、折断。

⑦ 不做实验时，导轨上不准放滑块和其他东西。

第四节　刚体转动惯量的测定

转动惯量是刚体转动时惯性大小的量度，是描述刚体特性的一个重要物理量。它与刚体的质量及质量分布（形状、大小、密度分布等）以及转轴的位置有关。对于几何形状规则的刚体，可用公式和平行轴定理计算出刚体绕任一特定轴的转动惯量，而对于形状复杂的刚体，用数学方法计算刚体的转动惯量是非常困难的，一般都用实验方法来测定。

转动惯量的测定对于研究机械运动的转动定律及转动性能具有重要的理论依据及实际意义（尤其对于某些工程领域的设计工作），如炮弹飞行、飞轮设计、电机及发动机的叶片、卫星外形设计等。

实验测定刚体转动惯量有多种方法，如动力法、扭摆法（三线扭摆、单线扭摆）或复摆法。本实验应用刚体转动动力学原理测定刚体的转动惯量，并对刚体平行轴定理进行验证。

一、实验目的

（1）学习使用刚体转动惯量实验仪，测定规则物体的转动惯量，并与理论值进行比较；

（2）用实验方法验证平行轴定理；

（3）学习用作图法处理数据，熟悉并掌握作图法处理数据的基本要求。

二、主要实验仪器

ZKY-ZS 转动惯量实验仪及待测刚体模块、ZKY-TD 智能计时计数器等。

三、实验原理

1. 转动惯量测定

由刚体转动定律可知，作定轴转动的刚体的角加速度 β 与它所受的合外力矩 $M_合$ 成正比，与刚体的转动惯量 J 成反比，即

$$M_合 = J\beta \tag{4-4-1}$$

用转动惯量测试仪测定转动惯量，是使刚体与转动体系一起绕特定轴转动，通过测量施加在其上的合外力矩 $M_合$ 及在 $M_合$ 作用下产生的角加速度 β，从而可间接测定其转动惯量。

空实验台转动时，转动体系由承物台和塔轮组成（附录图Ⅲ-1），体系对转动轴的转动惯量为 J_0，被测物（铝盘或铝环等）对中心轴的转动惯量为 J_x，则被测物与转动体系一体时（被测物放在承物台上），转动体系的转动惯量为 $J = J_0 + J_x$，分别测出 J_0 和 J 后，便可求出 J_x，即

$$J_x = J - J_0 \tag{4-4-2}$$

刚体转动时，受到两个外力矩作用。其中一个力矩是绳子张力 F 产生的力矩 $M = Fr$，r 为塔轮上绕线轮的半径。

对于质量为 m_f 的砝码，由牛顿第二定律得

$$m_f g - F = ma \tag{4-4-3}$$

由于实验设计上保证了砝码加速度 $a \ll g$ 的条件，因此式(4-4-3)可近似为 $F = m_f g$，因而，

$$M = m_f gr \tag{4-4-4}$$

另一个力矩是轴承处的摩擦力矩 M_μ，由转动定律可知

$$M + M_\mu = J\beta \tag{4-4-5}$$

$$m_f gr + M_\mu = J\beta$$

从式(4-4-5)可以看出，测定 J 的关键是测定 β 和 M_μ。

在转动过程中，转动体系所受到的 M_μ 基本上是不变的，可以把转动视为匀变速运动。设体系转动的初角速度为 ω_0，经过 t 时间，转动的角位移为 θ，则有

$$\theta = \omega_0 t + \frac{1}{2}\beta t^2 \tag{4-4-6}$$

实验中，设定在同一次运动中记录两个不同时间的运动参数，时间分别为 t_1 和 t_2，t_1 和 t_2 选择不同的遮光次数预置数 N_1 和 N_2。由于计时的开始时刻一样，则体系的初角速度一样，因此根据式(4-4-6)可写出：

$$\theta_2 = \omega_0 t_2 + \frac{1}{2}\beta t_2^2$$

$$\theta_1 = \omega_0 t_1 + \frac{1}{2}\beta t_1^2$$

消去 ω_0，可解得 β 为

$$\beta = \frac{2(\theta_1 t_2 - \theta_2 t_1)}{t_1^2 t_2 - t_2^2 t_1} \tag{4-4-7}$$

式(4-4-7)中 θ_1 和 θ_2 可根据不同的预置数来确定，设 θ_1 和 θ_2 分别设置预置数为 N_1 和 N_2，则

$$\theta_1 = (N_1 - 1)\pi$$
$$\theta_2 = (N_2 - 1)\pi$$

将上述结果代入式(4-4-7)，并整理后得到：

$$\beta = \frac{2\pi\left[(N_1 - 1)t_2 - (N_2 - 1)t_1\right]}{t_1^2 t_2 - t_2^2 t_1} \tag{4-4-8}$$

当外力矩 $M = 0$ 时，转动体系只在摩擦力矩 M_μ 作用下作匀减速运动，设此时的角加速度为 β_μ，根据转动定律，则有

$$M_\mu = J\beta_\mu \tag{4-4-9}$$

其中 β_μ 可用上面同样的方法求得：

$$\beta_\mu = \frac{2\pi\left[(N_1 - 1)t_{\mu 2} - (N_2 - 1)t_{\mu 1}\right]}{t_{\mu 1}^2 t_{\mu 2} - t_{\mu 2}^2 t_{\mu 1}} \tag{4-4-10}$$

将式(4-4-9)代入式(4-4-5)并经整理得到体系的转动惯量：

$$J = \frac{m_{\mathrm f} g r}{\beta - \beta_\mu} \tag{4-4-11}$$

并可求得 M_μ 为

$$M_\mu = \frac{\beta_\mu}{\beta - \beta_\mu} m_{\mathrm f} g r \tag{4-4-12}$$

只要用实验的方法求得 β 和 β_μ，就可得到体系的转动惯量 J 和摩擦力矩 M_μ。

2. 验证平行轴定理

如果转轴通过物体的质心，转动惯量用 J_c 表示。若另有一转轴与这个轴平行，两轴之间距离为 d，绕这个轴转动时转动惯量用 J 和 J_c 之间满足下列关系：

$$J = J_c + md^2 \tag{4-4-13}$$

式中，m 是转动体系的质量。式(4-4-13)就是平行轴定理。

四、实验内容和步骤

(1) 调节计时仪器　根据 ZKY-TD 智能计时计数器的使用要求，调节好计时仪器工作状态，本实验采用多脉冲计时功能。

(2) 测定承物台的转动惯量 J_0。

① 选择塔轮上的绕线轮半径 $r = 2.5\mathrm{cm}$，砝码质量 $m_{\mathrm f} = 40\mathrm{g}$，设置预置数（挡光板遮光次数），分别令 $N_1 = 3$，$N_2 = 7$，体系在动力矩作用下转动，由毫秒计读出 t_1 ($N_1 = 3$) 和 t_2 ($N_2 = 7$) 值。

② 当砝码自身脱落以后外力矩 $M' = 0$，体系仅在摩擦力矩作用下继续转动，迅速按下确定键，智能计时计数器重新计时，由毫秒计读出 $t_{\mu 1}$ ($N_1 = 3$) 和 $t_{\mu 2}$ ($N_2 = 7$) 值。

以上①、②两步骤重复测量 3 次。

由式(4-4-8)和式(4-4-10)分别计算 $\overline{\beta}$ 和 $\overline{\beta_\mu}$ 值。

由式(4-4-11)计算 J_0 值。再按式(4-4-11)导出间接测量不确定度 u 的表达式。其中 $u_m = 1\mathrm{g}$，$u_r = 0.05\mathrm{mm}$，$u_g = 0.01\mathrm{cm/s}^2$，$u_t = 0.5\mathrm{ms}$。

(3) 测定铝环对中心轴的转动惯量 J_x

测定 J_x 的步骤及方法和测 J_0 的步骤及方法完全相同。根据式(4-4-2)计算 J_x，得

$$J_x \pm u_{J_x}$$

(4) 用理论公式计算铝环对中心轴的转动惯量 $J_{\mathrm{理}}$。用理论公式计算出铝环对中心轴的转动惯量 $J_{\mathrm{理}}$ 并与实验结果比较，再求其相对误差。

$$J = \frac{1}{2} m_{铝环}(R_内^2 + R_外^2)$$

其中，$R_内$ 和 $R_外$ 分别是铝环的内半径和外半径。

（5）验证平行轴定理。把两个质量均为 m_z 的小钢柱分别放在承物台上的小孔 2 和 $2'$ 上（附录图Ⅲ-2），当这两个小钢柱随承物台一起转动时，将其看作一个单独体系，是绕通过质心的轴转动，转动惯量为 J_c。按实验步骤（2）的方法测量出 J_1，并得到 J_c。

$$J_c = J_1 - J_0$$

其中，J_0 为承物台的转动惯量，J_1 为小钢柱在小孔 2 和 $2'$ 处时系统的转动惯量。

再把两个小钢柱放在承物台上的小孔 1 和 $3'$（或 $1'$ 和 3）的位置上。此时，质心与转轴距离为 d，仍按步骤（2）的方法测量出全系统的转动惯量 J_2，J 为小钢柱在小孔 1 和 $3'$ 处的转动惯量，并得到

$$J = J_2 - J_0$$

根据平行轴定理 $J = J_c + 2m_z d^2$

$$\Delta J = J - J_c = J_2 - J_1 = J_c + 2m_z d^2$$

再从小钢柱上读出 m_z 值，计算出 $2m_z d^2$ 值，根据测试数据计算 $J_2 - J_1$。如两式计算结果相同，即验证了平行轴定理。

以上步骤重复 3 次，求其平均值。

五、数据记录与处理

1. 测定铝圆环的转动惯量

测定承物台的转动惯量，所测数据填入表 4-4-1。

表 4-4-1

$m_f =$ _____ kg，$g =$ _____ m/s²，$r =$ _____ m，$N_1 =$ _____，$N_2 =$ _____，$m_h =$ _____ kg

转动体系	测次量数	M 作用下			M_μ 作用下		
		t_1/s	t_2/s	β/s^{-2}	t_1/s	t_2/s	β_μ/s^{-2}
承物台 (J_0)	1						
	2						
	3						
	平均						
全系统 (J)	1						
	2						
	3						
	平均						

计算：$J_0 =$ _____ kg·m²，$J =$ _____ kg·m²，$J_x =$ _____ kg·m²，$u_{Jx} =$ _____ kg·m²，$J_x \pm u_{Jx} =$ _____ kg·m²，$R_内 =$ _____ m²，$R_外 =$ _____ m²，$J_理 =$ _____ kg·m²，$E = \dfrac{|J_x - J_理|}{J_理} =$ _____。

2. 验证平行轴定理

实验步骤（5）的相关测量数据记入表 4-4-2。

表 4-4-2

$m_z=$ _____ kg，$d=$ _____ m，$2m_zd^2=$ _____ kg·m²，$N_1=$ _____ ，$N_2=$ _____ 。

摆放位置		M 作用下			M_μ 作用下		
	次数	t_1/s	t_2/s	β/s^{-2}	$t_{\mu1}/\mathrm{s}$	$t_{\mu2}/\mathrm{s}$	$\beta_\mu/\mathrm{s}^{-2}$
2，2′ （J_1）	1						
	2						
	3						
	平均						
1，3′ 或 1′，3 （J_2）	1						
	2						
	3						
	平均						

计算：$J_1=$ _____ kg·m²，$J_2=$ _____ kg·m²，$J-J_c=$ _____ kg·m²，$J_2-J_1=$ _____ kg·m²。

检查 $J-J_c=2m_zd^2$ 关系式是否成立。

六、思考题

（1）本实验中为什么设置 $N_1=3$，$N_2=7$，预置数的多少对测量结果误差有无影响？

（2）本实验中如何检验转动定理和平行轴定理？

（3）用作图法验证转动定理，并写出其实验步骤及方法。

附录Ⅲ：实验仪器介绍

1. ZKY-ZS 转动惯量实验仪

转动惯量实验仪如附录图Ⅲ-1、附录图Ⅲ-2 所示，绕线塔轮通过特制的轴承安装在主轴上，使转动时的摩擦力矩很小。塔轮半径为 15mm，20mm，25mm，30mm，35mm 共 5 挡，可与 5g 砝码托及 1 个 5g 的砝码、3 个 10g 的砝码组合，产生大小不同的力矩。载物台用螺钉与塔轮连接在一起，随塔轮转动。被测试样有 1 个圆盘、1 个圆环、2 个圆柱；试样上标有几何尺寸及质量，便于将转动惯量的测试值与理论计算值比较。圆柱试样可插入载物台上的不同孔，这些孔离中心的距离分别为 45mm，60mm，75mm，90mm，105mm，便于验证平行轴定理。铝制小滑轮的转动惯量与实验台相比可忽略不计。2 只光电门 1 只作测量，1 只作备用，可通过电脑计时器上的按钮方便地切换。

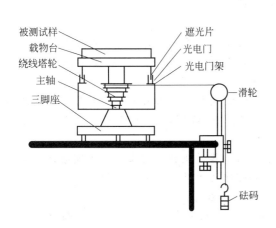

附录图Ⅲ-1 转动惯量实验仪结构

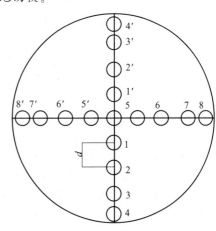

附录图Ⅲ-2 承物台俯视图

2. ZKY-TD 智能计时计数器

本实验中，采用 ZKY-TD 智能计时计数器中的"计时"模块中"多脉冲"功能进行计时。ZKY-TD 智能计时计数器的时间分辨率（最小显示位）为 0.0001s，误差为 0.004%，最大功耗 0.3W。

[外形结构]

一个 +9V 直流电源输入段端；一个 122×32 点阵图形 LCD；三个操作按钮——"模式选择/查询下翻"、"项目选择/查询上翻"、"确定/开始/停止"；四个信号源输入端，两个 4 孔输入端是一组，两个 3 孔输入端是另一组，4 孔的 A 通道同 3 孔的 A 通道同属同一通道，不管接哪个效果都一样，同样 4 孔的 B 通道和 3 孔的 B 通道统属同一通道（附录图Ⅲ-3）。

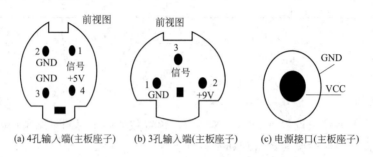

(a) 4孔输入端(主板座子)　　(b) 3孔输入端(主板座子)　　(c) 电源接口(主板座子)

附录图Ⅲ-3　ZKY-TD 智能计时计数器接口示意图

[操作]

上电开机后显示"智能计数计时器　成都世纪中科"画面延时一段时间后，显示操作界面：上行为测试模式名称和序号，如"1 计时　<－"，"<－"表示为左按钮为选择测试模式。下行为测试项目名称和序号，如"1－1 单电门　－>"，"－>"表示为右按钮为在该模式下选择测试项目。如无"－>"表示该模式下无其他的测试项目。

选择好测试项目后，按下确定键，若该测试项目中只支持单通道测量，将显示通道选择"选 A 通道测量<－>"，表示通过按左按钮或右按钮进行 A、B 通道的选择，选择好后再次按下确认键即可开始测量，一般测量过程中将显示"测量中＊＊＊＊＊"，测量完成后自动显示测量值，若该项目有几组数据，可按左向按钮或右向按钮进行查询，再次按下确定键退回到项目选择界面。如未测量完成就按下确定键，则测量停止，将根据已测量到的内容进行显示，再次按下确定键将退回到测量项目选择界面。

[注意]

A、B 两通道，每通道都各有两个不同的插件（分别为电源 +5V 的光电门 4 芯和电源 +9V 的光电门 3 芯），同一通道不同插件的关系是互斥的，禁止同时接插同一通道不同插件。

A、B 通道可以互换，如为单电门时，使用 A 通道或 B 通道都可以，但是尽量避免同时插 A、B 两通道，以免互相干扰。如为双电门，则产生前脉冲的光电门可接 A 通道也可接 B 通道，后脉冲的当然也可随便插在另一通道。

如果光电门被遮挡时输出的信号端是高电平，则仪器是测脉冲的上升前沿间时间；如光电门被遮挡时输出的信号端是低电平，则仪器是测脉冲的上升后沿间时间的。

ZKY-TD 智能计时计数器的模式种类及功能如附录图Ⅲ-4 所示。

ZKY-TD 智能计时计数器在各模式下的测量信号输入分别如附录图Ⅲ-5～附录图Ⅲ-9 所示。

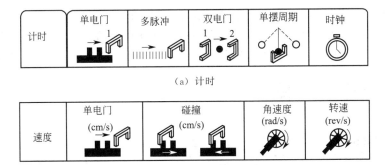

（a）计时

（b）平均速度

（c）加速度

| 计数 | 30s | 60s | 3min | 手动 |

（d）计数

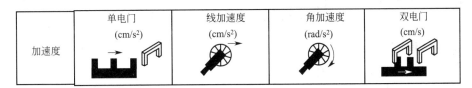

| 自检 | 光电门自检 |

（e）自检

附录图Ⅲ-4　ZKY-TD智能计时计数器的模式种类及功能

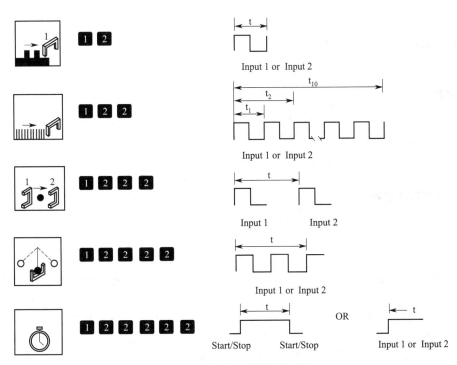

附录图Ⅲ-5　计时功能测量信号输入

1－1单电门，测试单电门连续两脉冲间隔时间。

1－2多脉冲，测量单电门连续脉冲间隔时间，可测量99个脉冲间隔时间。

1—3 双电门，测量两个电门各自发出单脉冲之间的间隔时间。

1—4 单摆周期，测量单电门第三脉冲到第一脉冲间隔时间。

1—5 时钟，类似跑表，按下确定则开始计时。

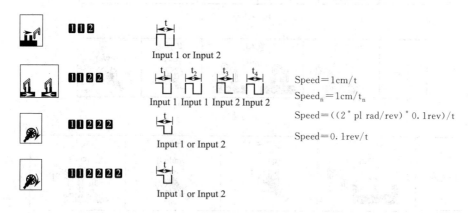

2—1 单电门，测得单电门连续两脉冲间距时间 t，然后根据公式计算速度。

2—2 碰撞，分别测得各个光电门在去和回时遮光片通过光电门的时间 t_1、t_2、t_3、t_4，然后根据公式计算速度。

2—3 角速度，测得圆盘两遮光片通过光电门产生的两个脉冲间时间 t，然后根据公式计算速度。

2—4 转速，测得圆盘两遮光片通过光电门产生的两个脉冲间时间 t，然后根据公式计算速度。

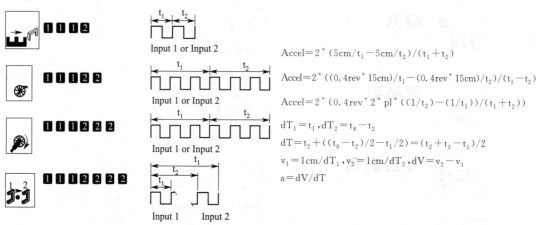

附录图Ⅲ-7　加速度功能测量信号输入

3—1 单电门，测得单电门连续三脉冲各个脉冲与相邻脉冲间隔时间 t_1、t_2，然后根据公式计算速度。

3—2 线加速度，测得单电门连续七个脉冲的第一个脉冲与第脉四个脉冲间隔时间 t_1、第七个脉冲与第四个脉冲间隔时间 t_2，然后根据公式计算速度。

3—3 角加速度，测得单电门连续七个脉冲的第一个脉冲与第脉四个脉冲间隔时间 t_1、第七个脉冲与第四个脉冲间距时间 t_2，然后根据公式计算速度。

3—4 双电门，测得 A 通道第二脉冲与第一脉冲间距时间 t_1，B 通道第一脉冲与 A 通道第一脉冲间距时间 t_2，B 通道第二脉冲与 A 通道第一脉冲间距时间 t_3。

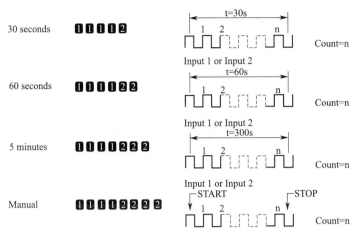

附录图Ⅲ-8　计数功能测量信号输入

4—1　30s，第一个脉冲开始计时，共计 30s，记录累计脉冲个数。

4—2　60s，第一个脉冲开始计时，共计 60s，记录累计脉冲个数。

4—3　3min，第一个脉冲开始计时，共计 3min，记录累计脉冲个数。

4—4　手动第一个脉冲开始计时，手动按下确定键停止，记录累计脉冲个数。

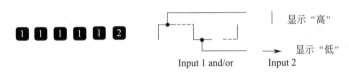

附录图Ⅲ-9　自检功能测量信号输入

检测信号输入端电平。特别注意：如某一通道无任何线缆连接将显示"高"。自检时正确的方法应该是通过遮断光电门及不遮断来查看显示是否有变化。

第五节　液体表面张力的测量

表面张力是指液体表面相邻两部分间的相互吸引力，它是分子力的一种表现，由于表面张力的作用，液体表面都有收缩的趋势。表面张力在自然界很常见，早晨青草上的露珠；小虫子可以在水面上行走跳跃，而不沉下去；将细管插在水中，管中液面高于水面（毛细现象）等。表面张力在造船、水利、凝聚态物理、化工中都有应用。

测量液体的表面张力系数有多种方法，这里介绍最常用的方法：焦利秤法。

一、实验目的

（1）掌握用焦利氏秤测量微小力的原理和方法；

（2）了解液体表面的性质，测定液体的表面张力系数。

二、主要实验仪器

焦利秤、砝码、金属薄圆盘、玻璃碗、游标卡尺。

三、实验原理

液体表面层（约 10^{-8} cm）内的分子，由于受液体内、外分子力的合力不为零，此合力垂直于面并指向液体内部。所以液面分子有从液面挤入液体内部的趋势，从而使液体表面自然收缩。这样就产生了沿液体表面切线方向收缩的作用力——表面张力。假如用一根被液体浸润

53

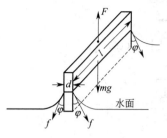

图 4-5-1　液体表面张力示意图

的细金属丝浸入液体中后再水平地从液面缓缓拉起，则由于液体的表面张力作用，就会在金属丝下面形成两面液膜（图 4-5-1）。随着金属丝逐渐提高，接触角 φ 逐渐减小而趋向于零。因此表面张力 f 的方向垂直向下，在水膜破裂前，诸力的平衡条件为：

$$F = mg_0 + f \tag{4-5-1}$$

式（4-5-1）中 F 为将金属丝拉出液面的外力，mg_0 为金属丝自身和它所沾附的液体的总重量，f 为作用在金属丝上的表面张力。表面张力与接触面的周长 L 成正比。若细金属丝长为 l，直径为 d，则可近似地认为被拉起的水膜周长为 $L = 2(l+d)$，若 $l \gg d$，则：$L \approx 2l$，故液体表面张力 f 与 l 的关系可写为：

$$f = 2\sigma l \tag{4-5-2}$$

其中，σ 称为表面张力系数，单位为 N/m。

将式（4-5-2）代入式（4-5-1），解出 σ，得：

$$\sigma = \frac{F - m_0 g}{2l} \tag{4-5-3}$$

只要设法测得金属丝脱离液面时，$F - m_0 g$ 的值和金属丝的长度 l，就可求得 σ。

四、实验内容和步骤

（1）如附录图 Ⅳ-1 所示，挂好弹簧 S，小镜子 D 和砝码盘，再调节三脚底座上的螺丝，并适当调节弹簧 S 与玻璃管 E 的位置，使小镜子垂直地位于玻璃管 E 中间，四周不能与玻璃管有接触。转动升降旋钮 G，使指标杆上的水平线、镜子上的水平线及水平线在镜子中的像（线）三者对齐（以下简称三线对齐），读出游标零线所指示的主尺上的读数 L_0。

（2）依次将质量为 m（此处 m 取 0.500g）的砝码加在弹簧下方的砝码盘内，转动升降旋钮 G，重新调到三线对齐，分别记下在 0.500g，1.000g，…，4.500g 时游标零线所指示的主尺刻度 L_1，L_2，…，L_9，用逐差法求出弹簧的劲度系数（g 取 9.79m/s²，L 的单位为 m）：

$$K_i = \frac{5mg}{L_{i+5} - L_i} \quad (i = 0, 1, 2, 3, 4)。$$

再算出劲度系数的平均值及其标准偏差 $S(K)$：

$$\bar{K} = \frac{K_0 + K_1 + K_2 + K_3 + K_4}{5}$$

$$S(K) = \sqrt{\frac{\sum\limits_{i=0}^{4}(K_i - \bar{K})^2}{5 - 1}}$$

（3）用游标卡尺测量金属丝的长度 l 三次，再求出其平均值 $\bar{l}$ 和 $\bar{l}$ 的合成不确定度。

（4）将金属丝用酒精仔细擦洗，然后挂在小镜子下端的小钩上，转动旋钮 G，使三线对齐，记下游标零线所指示的刻度 S_0。

（5）将盛液体的烧杯放在平台 C 上，旋转平台 C 下的螺旋，使平台和烧杯上升、金属丝浸入液体中。然后再缓慢地下降平台。因表面张力作用在金属丝上，使小镜子 D 上的水平刻线也随之下降，重新调节升降旋钮 G，使三线对齐。再使平台下降一点，重复上述调节，直到平台只要下降一点，金属丝就脱出液面为止。记下此时游标零线所指示的主尺读数 S，可以得出弹簧的伸长量 $S - S_0$。

（6）重复步骤（4）和（5），共做 5 次，测出弹簧的平均伸长 $\overline{S - S_0}$ 及其不确定度。由于在测弹簧的伸长量时的 A 类不确定度分量远大于其 B 类分量，故计算 $\overline{S - S_0}$ 的不确定度时只需考虑 A 类分量即可。根据式(4-5-1)应有关系：

$$F - m_0 g = \bar{K}(\overline{S - S_0}) \tag{4-5-4}$$

将式(4-5-4)代入式(4-5-3)，得

$$\bar{\sigma} = \frac{\bar{K}(\overline{S - S_0})}{2l} \tag{4-5-5}$$

（7）注意事项。

① 焦利秤是一种精细的弹簧秤，取放砝码或升降金属杆 A 时都必须动作缓慢、轻巧。不能在弹簧下悬挂过重的砝码，以免超过弹簧的弹性限度，造成弹簧的损坏。

② 实验过程中，小镜子始终都不能与外面的玻璃管相碰，否则将会因为小镜子与玻璃管的摩擦而造成较大误差。

③ 实验中要注意避免被测液体受到污染，若液体中混入了其他杂质后会使表面张力系数 σ 发生改变，不能反映原来的真实情况。

五、数据记录和处理

（1）用逐差法测定弹簧的平均劲度系数 $\bar{K}$ 并计算 $\bar{K}$ 的不确定度（仅考虑其 A 类分量）。数据表格自行设计。

（2）测定弹簧的伸长量 $S - S_0$ 共 5 次，并计算平均伸长 $\overline{S - S_0}$ 和 $\overline{S - S_0}$ 的不确定度（仅考虑其 A 类分量）。数据表格自行设计。

（3）记录实验时液体的温度。测出金属丝的长度 l（用游标卡尺测三次），并计算 $\bar{l}$ 和 $\bar{l}$ 的合成不确定度 $u_c(\bar{l})$。数据表格自行设计。

（4）按式(4-5-5)～式(4-5-7)计算 $\bar{\sigma}$ 和 $u_c(\bar{\sigma})$，得出最后结果 $\sigma = \bar{\sigma} \pm u_c(\bar{\sigma})$。

六、思考与讨论

按照分子运动论的理论，随着液体温度的升高或降低，液体的表面张力系数会如何改变？液体中混入了其他杂质后，表面张力系数会如何改变？

附录Ⅳ：实验仪器介绍

本实验使用的焦利秤（附录图Ⅳ-1）实际上是一个精细的弹簧秤，常用来测量微小的力。在直立的可上下移动的金属杆 A 的横梁上悬一根细弹簧 S，弹簧下端挂一有水平刻线的小镜子 D，在 D 的下端有一小钩可以用来悬拉砝码盘或金属丝等。带毫米刻度的金属杆 A 被套在金属空管内，空管上附有游标 B 和可移动的平台 C 及套在小镜子外用于指示小镜子上下位置的玻璃管 E。旋转旋钮 G 可使金属杆 A 上下移动，因而也就可调节弹簧的升降。弹簧上升或下降的距离由主尺（金属杆 A）和游杆 B 来确定。

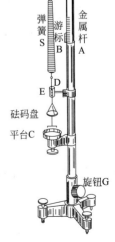

附录图Ⅳ-1 焦利秤

使用时，应将小镜子 D 的水平线与外面玻璃管上的水平线及水平线在小镜子中的像同时对齐重合，简称"三线对齐"。用这种方法可保证弹簧下端的位置是固定的，而弹簧的伸长量 ΔL 便可由主尺和游标定出（即伸长前后两次读数之差值）。

根据胡克定律，在弹性限度内，弹簧的伸长量 ΔL 和所加外力 F 成正比，即 $F = k\Delta L$，式中 k 是弹簧的劲度系数。对于一个特定的弹簧，k 的值是一定的。如果我们将已知重量的砝码加在砝码盘中，测出弹簧的伸长量，即可计算出该弹簧的 k 值。这一步骤称为焦利秤的校准。焦利秤校准后，只要测出弹簧的伸长量，就可算出作用于弹簧上的外力 F。

第六节　用落球法测量液体黏度

关于液体中物体运动的问题，19世纪物理学家斯托克斯建立了著名的流体力学方程组，系统地反映了流体在运动过程中质量、动量、能量之间的关系：一个在流体中运动的物体所受力的大小与物体的几何形状、速度以及液体的黏度有关。

在稳定流动的液体中，由于各层液体的流速不同，在互相接触的两层液体之间就会产生内摩擦力，方向平行于接触面，且与液体的相对运动方向向反。液体的这一性质称为黏滞性，这种内摩擦力就叫做黏滞力。实验证明，黏滞力 f 的大小与所取液层的面积 s 和液层的速度空间变化率（常称为速度的梯度）的乘积成正比，即 $f = \eta s \dfrac{\mathrm{d}v}{\mathrm{d}z}$。式中比例系数 η 称为液体的内摩擦系数或黏度系数，单位是 Pa·s。它由液体的性质和温度所决定，并且随着温度的升高而减小，表征液体黏滞性的强弱。

液体的黏度系数的测定在实际工作中有重大的意义，水利、热力工程中涉及水、石油、蒸气、大气等流体在管道中长距离输送时的能量损耗；在机械工业中，各种润滑油的选择；化学上测定高分子物质的分子量；医学上分析血液的黏度等，都需要测定相应液体的黏度。

测定液体的黏度系数的常用方法有：落球法（又称斯托克斯法）、毛细管法、转筒法、干板法和振动法等，其中落球法适用于测量黏度较高的液体。这里只介绍落球法。

黏度的大小取决于液体的性质与温度，温度升高，黏度将迅速减小。例如对于蓖麻油，在室温附近温度改变 1℃，黏度值改变约 10%。因此，测定液体在不同温度的黏度有很大的实际意义，欲准确测量液体的黏度，必须精确控制液体温度。

一、实验目的

（1）观察液体的内摩擦现象。

（2）学会用落球法测液体的黏度系数。

（3）掌握基本测量仪器（游标卡尺、螺旋测微器、米尺、秒表等）的用法。

二、主要实验仪器

黏度测量仪，停表，螺旋测微器，钢球若干。

三、实验原理

（1）用落球法测量液体黏度与斯托克斯公式。一个在静止液体中下落的小球受到重力、浮力和黏滞阻力三个力的作用，如果小球的速度 v 很小，且液体可以看成在各方向上都是无限广阔的，则从流体力学的基本方程可以导出表示黏滞阻力的斯托克斯公式：

$$F = 3\pi\eta vd \tag{4-6-1}$$

① 式中 d 为小球直径。由于黏滞阻力与小球速度 v 成正比，小球在下落很短一段距离后（参见附录的推导），所受三力达到平衡，小球将以 v_0 匀速下落，此时有：

$$\frac{1}{6}\pi d^3(\rho - \rho_0)g = 3\pi\eta v_0 d \tag{4-6-2}$$

② 式中 ρ 为小球密度，ρ_0 为液体密度。由式(4-6-2)可解出黏度 η 的表达式：

$$\eta = \frac{(\rho - \rho_0)gd^2}{18v_0} \tag{4-6-3}$$

本实验中，小球在直径为 D 的玻璃管中下落，液体在各方向无限广阔的条件不满足，此时黏滞阻力的表达式可加修正系数 $(1 + 2.4d/D)$，而式(4-6-3)可修正为：

$$\eta = \frac{(\rho - \rho_0)gd^2}{18v_0(1 + 2.4d/D)} \qquad (4\text{-}6\text{-}4)$$

当小球的密度较大，直径不是太小，而液体的黏度值又较小时，小球在液体中的平衡速度 v_0 会达到较大的值，奥西思-果尔斯公式反映出了液体运动状态对斯托克斯公式的影响：

$$F = 3\pi \eta v_0 d \left(1 + \frac{3}{16}Re - \frac{19}{1080}Re^2 + \cdots\right) \qquad (4\text{-}6\text{-}5)$$

其中，Re 称为雷诺数，是表征液体运动状态的无量纲参数。

$$Re = v_0 d\rho_0 / \eta \qquad (4\text{-}6\text{-}6)$$

当 Re 小于 0.1 时，可认为式(4-6-1)、式(4-6-4) 成立。当 $0.1 < Re < 1$ 时，应考虑式(4-6-5)中 1 级修正项的影响，当 Re 大于 1 时，还须考虑高次修正项。

考虑式(4-6-5)中 1 级修正项的影响及玻璃管的影响后，黏度 η_1 可表示为

$$\eta_1 = \frac{(\rho - \rho_0)gd^2}{18v_0(1 + 2.4d/D)(1 + 3Re/16)} = \eta \frac{1}{1 + 3Re/16} \qquad (4\text{-}6\text{-}7)$$

由于 $3Re/16$ 是远小于 1 的数，将 $1/(1 + 3Re/16)$ 按幂级数展开后近似为 $1 - 3Re/16$，式(4-6-7) 又可表示为

$$\eta_1 = \eta - \frac{3}{16}v_0 d\rho_0 \qquad (4\text{-}6\text{-}8)$$

已知或测量得到 ρ、ρ_0、D、d、v 等参数后，由式(4-6-4) 计算黏度 η，再由式(4-6-6) 计算 Re，若需计算 Re 的 1 级修正，则由式(4-6-8) 计算经修正的黏度 η_1。

在国际单位制中，η 的单位是 Pa·s（帕斯卡·秒），且有

$$1\text{Pa·s} = 10\text{P(泊)} = 1000\text{cP(厘泊)} \qquad (4\text{-}6\text{-}9)$$

（2）PID 调节原理。为了保证实验时油的温度保持恒定，需要使用一种自动调节温度的系统。

PID 调节是自动控制系统中应用最为广泛的一种调节规律，自动控制系统的原理可用图 4-6-1 说明。

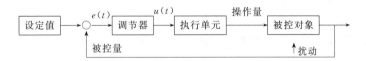

图 4-6-1　自动控制系统框图

假如被控量与设定值之间有偏差 $e(t)$＝设定值－被控量，调节器依据 $e(t)$ 及一定的调节规律输出调节信号 $u(t)$，执行单元按 $u(t)$ 输出操作量至被控对象，使被控量逼近直至最后等于设定值。调节器是自动控制系统的指挥机构。

在我们的温控系统中，调节器采用 PID 调节，执行单元是由可控硅控制加热电流的加热器，操作量是加热功率，被控对象是水箱中的水，被控量是水的温度。

PID 调节器是按偏差的比例（proportional）、积分（integral）、微分（differential）进行调节，其调节规律可表示为

$$u(t) = K_P \left[e(t) + \frac{1}{T_I} \int_0^t e(t)\,\mathrm{d}t + T_D \frac{\mathrm{d}e(t)}{\mathrm{d}t}\right] \qquad (4\text{-}6\text{-}10)$$

式中第一项为比例调节，K_P 为比例系数。第二项为积分调节，T_I 为积分时间常数。第三项为微分调节，T_D 为微分时间常数。

PID 温度控制系统在调节过程中温度随时间的一般变化关系可用图 4-6-2 表示，控制效

果可用稳定性、准确性和快速性评价。

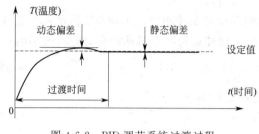

图 4-6-2　PID 调节系统过渡过程

系统重新设定（或受到扰动）后经过一定的过渡过程能够达到新的平衡状态，则为稳定的调节过程；若被控量反复振荡，甚至振幅越来越大，则为不稳定调节过程，不稳定调节过程是有害而不能采用的。准确性可用被调量的动态偏差和静态偏差来衡量，二者越小，准确性越高。快速性可用过渡时间表示，过渡时间越短越好。实际控制系统中，上述三方面指标常常是互相制约、互相矛盾的，应结合具体要求综合考虑。

由图 4-6-2 可见，系统在达到设定值后一般并不能立即稳定在设定值，而是超过设定值后经一定的过渡过程才重新稳定，产生超调的原因可从系统惯性、传感器滞后和调节器特性等方面予以说明。系统在升温过程中，加热器温度总是高于被控对象温度，在达到设定值后，即使减小或切断加热功率，加热器存储的热量在一定时间内仍然会使系统升温，降温有类似的反向过程，这称之为系统的热惯性。传感器滞后是指由于传感器本身热传导特性或是由于传感器安装位置的原因，使传感器测量到的温度比系统实际的温度在时间上滞后，系统达到设定值后调节器无法立即作出反应，产生超调。对于实际的控制系统，必须依据系统特性合理整定 PID 参数，才能取得好的控制效果。

由式（4-6-10）可见，比例调节项输出与偏差成正比，它能迅速对偏差作出反应，并减小偏差，但它不能消除静态偏差。这是因为任何高于室温的稳态都需要一定的输入功率维持，而比例调节项只有偏差存在时才输出调节量。增加比例调节系数 K_p 可减小静态偏差，但在系统有热惯性和传感器滞后时，会使超调加大。

积分调节项输出与偏差对时间的积分成正比，只要系统存在偏差，积分调节作用就不断积累，输出调节量以消除偏差。积分调节作用缓慢，在时间上总是滞后于偏差信号的变化。增加积分作用（减小 T_I）可加快消除静态偏差，但会使系统超调加大，增加动态偏差，积分作用太强甚至会使系统出现不稳定状态。

微分调节项输出与偏差对时间的变化率成正比，它阻碍温度的变化，能减小超调量，克服振荡。在系统受到扰动时，它能迅速作出反应，减小调整时间，提高系统的稳定性。

PID 调节器的应用已有一百多年的历史，理论分析和实践都表明，应用这种调节规律对许多具体过程进行控制时，都能取得满意的结果。

四、实验内容和步骤

（1）检查仪器后面的水位管，将水箱水加到适当值。平常加水从仪器顶部的注水孔注入。若水箱排空后第 1 次加水，应该用软管从出水孔将水经水泵加入水箱，以便排出水泵内的空气，避免水泵空转（无循环水流出）或发出嗡鸣声。

（2）设定 PID 参数。若对 PID 调节原理及方法感兴趣，可在不同的升温区段有意改变 PID 参数组合，观察参数改变对调节过程的影响，探索最佳控制参数。若只是把温控仪作为实验工具使用，则保持仪器设定的初始值，也能达到较好的控制效果。

（3）测定小球直径。由式（4-6-6）及式（4-6-4）可见，当液体黏度及小球密度一定时，雷诺数 $Re \propto d^3$。在测量蓖麻油的黏度时建议采用直径 1～2mm 的小球，这样可不考虑雷诺修正或只考虑 1 级雷诺修正。

用螺旋测微器测定小球的直径 d，将数据记入表 4-6-1 中。

表 4-6-1

次数	1	2	3	4	5	6	7	8	平均值
$d(10^{-3}\text{m})$									

（4）测定小球在液体中下落速度并计算黏度。温控仪温度达到设定值后再等约10分钟，使样品管中的待测液体温度与加热水温完全一致，才能测液体黏度。

用镊子夹住小球沿样品管中心轻轻放入液体，观察小球是否一直沿中心下落，若样品管倾斜，应调节其铅直。测量过程中，尽量避免对液体的扰动。

用停表测量小球落经一段距离的时间 t，并计算小球速度 v_0，用式（4-6-4）或式（4-6-8）计算黏度 η，记入表4-6-2中。

表4-6-2中，列出了部分温度下黏度的标准值，可将这些温度下黏度的测量值与标准值比较，并计算相对误差。

将表4-6-2中 η 的测量值在坐标纸上作图，表明黏度随温度变化的关系。

实验全部完成后，用磁铁将小球吸至样品管口，用镊子夹入蓖麻油中保存，以备下次实验使用。

表 4-6-2

温度 /℃	时间/s						速度 /(m/s)	测量值 η /(Pa·s)	标准值* η /(Pa·s)
	1	2	3	4	5	平均			
10									2.420
15									
20									0.986
25									
30									0.451
35									
40									0.231
45									
50									
55									

$\rho = 7.8 \times 10^3 \text{kg/m}^3$　　$\rho_0 = 0.95 \times 10^3 \text{kg/m}^3$　　$D = 2.0 \times 10^{-2}\text{m}$

附录Ⅴ：小球在达到平衡速度之前所经路程 L 的推导

由牛顿运动定律及黏滞阻力的表达式，可列出小球在达到平衡速度之前的运动方程：

$$\frac{1}{6}\pi d^3 \rho \frac{dv}{dt} = \frac{1}{6}\pi d^3 (\rho - \rho_0)g - 3\pi \eta dv \qquad （Ⅴ-1）$$

经整理后得：

$$\frac{dv}{dt} + \frac{18\eta}{d^2 \rho}v = \left(1 - \frac{\rho_0}{\rho}\right)g \qquad （Ⅴ-2）$$

这是个一阶线性微分方程，其通解为：

$$v = \left(1 - \frac{\rho_0}{\rho}\right)g \cdot \frac{d^2 \rho}{18\eta} + Ce^{-\frac{18\eta}{d^2 \rho}t} \qquad （Ⅴ-3）$$

设小球以零初速放入液体中，代入初始条件（$t=0$，$v=0$），定出常数 C 并整理后得：

$$v = \frac{d^2 g}{18\eta}(\rho - \rho_0) \cdot (1 - e^{-\frac{18\eta}{d^2 \rho}t}) \qquad （Ⅴ-4）$$

随着时间增大，式（Ⅴ-4）中的负指数项迅速趋近于0，由此得平衡速度：

$$v_0 = \frac{d^2 g}{18\eta}(\rho - \rho_0) \qquad （Ⅴ-5）$$

式（Ⅴ-5）与式（Ⅴ-3）是等价的，平衡速度与黏度成反比。设从速度为 0 到速度达到平衡速度的 99.9％ 这段时间为平衡时间 t_0，即令：

$$e^{-\frac{18\eta}{d^2\rho}t_0} = 0.001 \qquad\qquad (Ⅴ\text{-}6)$$

由式（Ⅴ-6）可计算平衡时间。

若钢球直径为 10^{-3} m，代入钢球的密度 ρ，蓖麻油的密度 ρ_0 及 40℃ 时蓖麻油的黏度 $\eta = 0.231$ Pa·s，可得此时的平衡速度约为 $v_0 = 0.016$ m/s，平衡时间约为 $t_0 = 0.013$ s。

平衡距离 L 小于平衡速度与平衡时间的乘积，在我们的实验条件下，小于 1mm，基本可认为小球进入液体后就达到了平衡速度。

附录Ⅵ：实验仪器介绍

1. 变温黏度测量仪

变温黏度测量仪如附录图Ⅵ-1 所示，待测液体装在细长的样品管中，能使液体温度较快的与加热水温达到平衡，样品管壁上有刻度线，便于测量小球下落的距离。样品管外的加热水套连接到温控仪，通过热循环水加热样品。底座下有调节螺钉，用于调节样品管的铅直。

2. 开放式 PID 温控实验仪

温控实验仪包含水箱、水泵、加热器、控制及显示电路等部分。温控试验仪内置微处理器，带有液晶显示屏，可进行菜单化操作，能根据实验对象选择 PID 参数以达到最佳控制，能显示温控过程的温度变化曲线和功率变化曲线及温度和功率的实时值，能存储温度及功率变化曲线，控制精度高。仪器面板如附录图Ⅵ-2 所示。

开机后，水泵开始运转，显示屏显示操作菜单，可选择工作方式，输入序号及室温，设定温度及 PID 参数。使用 ▶◀ 键选择项目，▲▼ 键设置参数，按确认键进入下一屏，按返回键返回上一屏。

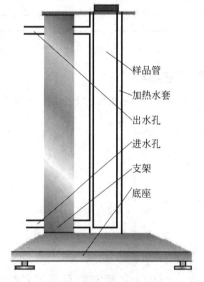

附录图Ⅵ-1　变温黏度仪

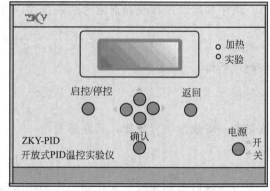

附录图Ⅵ-2　温控实验仪面板

进入测量界面后，屏幕上方的数据栏从左至右依次显示序号、设定温度、初始温度、当前温度、当前功率、调节时间等参数。图形区以横坐标代表时间，纵坐标代表温度（以及功率），并可用 ▲▼ 键改变温度坐标值。仪器每隔 15s 采集 1 次温度及加热功率值，并将数据标示在图上。温度达到设定值并保持两分钟温度波动小于 0.1°时，仪器自动判定达到平衡，并在图形区右边显示过渡时间 t_s、动态偏差 σ 和静态偏差 e。一次实验完成退出时，仪器自动将屏幕按设定的序号存储（共可存储 10 幅），以供必要时查看、分析和比较。

3. 停表

PC396 电子停表具有多种功能。按功能转换键，待显示屏上方出现符号"--------"且第 1 和第 6、7 短横线闪烁时，即进入停表功能。此时按"开始/停止"键可开始或停止计时，多次按"开始/停止"键可以累计计时。一次测量完成后，按"暂停/回零"键使数字回零，准备进行下一次测量。

第七节　杨氏模量的测定（拉伸法）

杨氏模量是表征固体材料抗形变能力大小的重要的物理量，是工程设计上选用材料时常需涉及的重要参数之一，一般只与材料的性质和温度有关，与其几何形状无关。

实验测定杨氏模量的方法很多，如拉伸法、弯曲法和振动法（前两种方法可称为静态法，后一种可称为动态法）。本实验是用静态拉伸法测定金属丝的杨氏模量。本实验提供了一种测量微小长度的方法，即光杠杆法。光杠杆法可以实现非接触式的放大测量，具有直观、简便、精度高的优点，所以常被采用。

一、实验目的

(1) 掌握用光杠杆测量微小长度变化的原理和方法，了解其应用。
(2) 掌握各种长度测量工具的选择和使用。
(3) 学习用逐差法和作图法处理实验数据。

二、主要实验仪器

MYC-1 型金属丝杨氏模量测定仪（图 4-7-1），钢卷尺，米尺，螺旋测微器，重锤。

三、实验原理

设金属丝的原长 L，横截面积为 S，沿长度方向施力 F 后，其长度改变 ΔL，则金属丝单位面积上受到的垂直作用力 F/S 称为应力，金属丝的单位长度伸长量 $\Delta L/L$ 称为应变。实验结果指出，在弹性范围内，由胡克定律可知物体的应力与应变成正比，即：

$$\frac{F}{S} = Y\frac{\Delta L}{L} \qquad (4\text{-}7\text{-}1)$$

则

$$Y = \frac{FL}{S\Delta L} \qquad (4\text{-}7\text{-}2)$$

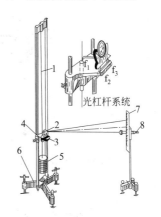

图 4-7-1　杨氏模量仪示意图
1—金属丝；2—光杠杆；3—平台；
4—挂钩；5—砝码；6—三角底座；
7—标尺；8—望远镜

式中比例系数 Y 即为杨氏模量。它的大小表征材料形变能力的强弱，Y 越大的材料，要使它发生一定的相对形变所需要的单位横截面上的作用力也越大。Y 的国际单位制单位为帕斯卡，记为 Pa。

本实验测量的是钢丝的杨氏弹性模量，如果钢丝直径为 d，则可得钢丝横截面积 S 为

$$S = \frac{\pi d^2}{4} \qquad (4\text{-}7\text{-}3)$$

则式(4-7-2)可写为

$$Y = \frac{4FL}{\pi d^2 \Delta L} \tag{4-7-4}$$

可见，只要测出式(4-7-4)中右边各量，就可计算出杨氏模量。式中 L（金属丝原长）可由米尺测量，d（钢丝直径）可用螺旋测微器测量，F（外力）可由实验中钢丝下面悬挂的砝码的重力 $F = mg$ 求出，而 ΔL 是一个微小长度变化（在此实验中，当 $L \approx 1\text{m}$ 时，砝码每变化 1kg 相应的 ΔL 约为 0.3mm）。因此，本实验利用光杠杆的光学放大作用实现对钢丝微小伸长量 ΔL 的间接测量。

尺读望远镜和光杠杆组成如图 4-7-2 所示的测量系统。光杠杆结构见图 4-7-2(b) 所示，它实际上是附有三个尖足的平面镜，三个尖足的边线为等腰三角形。前两足刀口与平面镜在同一平面内（平面镜俯仰方位可调），后足在前两足刀口的中垂线上。尺读望远镜由一把竖立的毫米刻度尺和在尺旁的一个望远镜组成。

将光杠杆和望远镜按图 4-7-2 所示放置好，按仪器调节顺序调好全部装置后，就会在望远镜中看到经由光杠杆平面镜反射的标尺像。设开始时，光杠杆的平面镜竖直，即镜面法线在水平位置，在望远镜中恰能看到望远镜处标尺刻度 S_1 的像。当挂上重物使细钢丝受力伸长后，光杠杆的后脚尖 f_1 随后脚尖 $f_2 f_3$ 下降 ΔL，光杠杆平面镜转过一较小角度 θ。法线也转过同一角度 θ。根据反射定律，从 S_1 处发出的光经过平面镜反射到 S_2（S_2 为标尺某一刻度）。由光路可逆性，从 S_2 发出的光经平面镜反射后将进入望远镜中被观察到。望远镜记 $S_2 - S_1 = \Delta n$

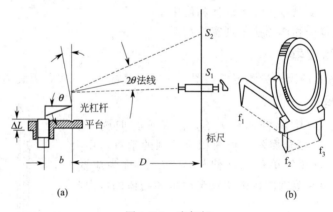

图 4-7-2　光杠杆

由三角函数理论可知，在 θ 很小时，$\tan\theta \approx \theta$，$\tan 2\theta \approx 2\theta$，则由图 4-7-2 可知

$$\Delta L = \frac{b}{2D} \Delta n \tag{4-7-5}$$

式中 b 为光杠杆常数（光杠杆后脚尖至前脚尖连线的垂直距离），D 为光杠杆镜面至尺读望远镜标尺的距离。

由式(4-7-5)可知，微小变化量 ΔL 可通过较易准确测量的 b、D、Δn，间接求得。将式(4-7-5)代入式(4-7-4)得

$$Y = \frac{8mgLD}{\pi d^2 b \Delta n} \tag{4-7-6}$$

通过式(4-7-6)便可算出杨氏模量 Y。

四、实验内容及步骤

（1）将杨氏模量测定仪、光杠杆及望远镜镜尺组按照图 4-7-1 所示调整好。

（2）加减砝码。先逐个加砝码，共八个。每加一个砝码（1kg），记录一次标尺的位置 n_i；然后依次减砝码，每减一个砝码，记下相应的标尺位置 n_i'（所记 n_i 和 n_i' 分别应为偶数个）。

（3）测钢丝原长 L。用钢卷尺或米尺测出钢丝原长（两夹头之间部分）L。

（4）测钢丝直径 d。在钢丝上选不同部位及方向，用螺旋测微计测出其直径 d，重复测量三次，取平均值。

（5）测量并计算 D。从望远镜目镜中观察，记下分划板上的上下叉丝对应的刻度，根据望远镜放大原理，利用下丝读数之差，乘以视距常数 100，即是望远镜的标尺到平面镜的往返距离，即 $2D$。

（6）测量光杠杆常数 b。取下光杠杆在展开的白纸上同时按下三个尖脚的位置，用直尺作出光杠杆后脚尖到两前脚尖连线的垂线，再用米尺测出 b。

（7）注意事项。

① 实验系统调好后，一旦开始测量 n_i，在实验过程中绝对不能对系统的任一部分进行任何调整。否则，所有数据将重新再测。

② 加减砝码时，要轻拿轻放，并使系统稳定后才能读取刻度尺刻度 n_i。

③ 待测钢丝不能扭折，如果严重生锈和不直必须更换。

④ 光杠杆主脚不能接触钢丝，不要靠着圆孔边，也不要放在夹缝中。

五、数据记录及处理

金属丝的原长 $L=$ _____ mm，光杠杆常数 $b=$ _____ mm，$D=$ _____ mm。测钢丝直径的实验数据记入表 4-7-1，加外力后标尺的读数记入表 4-7-2。

表 4-7-1

序　号	1	2	3	4	平均值
直径 d/mm					

表 4-7-2

次数	砝码质量 m /kg	拉力 F/N （$F=mg$）	标尺读数/mm			砝码质量相差 4.000kg 时标尺平均读数差/mm
			加砝码	减砝码	平均值	
1	0.000		n_0	n_0'	$\bar{n}_0$	$\Delta n_1 = \bar{n}_4 - \bar{n}_0 =$
2	1.000		n_1	n_1'	$\bar{n}_1$	$\Delta n_2 = \bar{n}_5 - \bar{n}_1 =$
3	2.000		n_2	n_2'	$\bar{n}_2$	$\Delta n_3 = \bar{n}_6 - \bar{n}_2 =$
4	3.000		n_3	n_3'	$\bar{n}_3$	$\Delta n_4 = \bar{n}_7 - \bar{n}_3 =$
5	4.000		n_4	n_4'	$\bar{n}_4$	$\overline{\Delta n}$
6	5.000		n_5	n_5'	$\bar{n}_5$	$= \dfrac{\Delta n_1 + \Delta n_2 + \Delta n_3 + \Delta n_4}{4}$
7	6.000		n_6	n_6'	$\bar{n}_6$	
8	7.000		n_7	n_7'	$\bar{n}_7$	$=$

其中 n_i 是每次加 1kg 砝码后标尺的读数，$\bar{n}_i = \dfrac{1}{2}(n_i + n_i')$（两者的平均）。

本实验的直接测量量是等间距变化的多次测量，故采用逐差法处理数据。计算出每增加一个 1kg 的变化量，计算公式为：$Y = \dfrac{8mgLD}{\pi d^2 b \Delta n}$。

六、思考题

（1）材料相同、粗细长度不同的两根钢丝，它们的杨氏弹性模量是否相同？

（2）光杠杆镜尺法有何优点？怎样提高测量微小长度变化的灵敏度？

（3）为什么要使钢丝处于伸直状态？如何保证？

第八节　弦振动的实验研究

一切机械波，在有限大小的物体中进行传播时都会形成各式各样的驻波。驻波是常见的一种波的叠加现象，它广泛存在于自然界中，特别是众所周知的音乐。乐器的制造实际上是一件发声的物理仪器的制造，都是利用管、弦、膜、板等的振动形成的。研究音乐性质如音质的好坏等都是利用的物理方法，音乐的测量，包括频率、强度、时间、频谱、动态等都是物理测量；制造乐器的许多材料性能测量也都是物理测量。驻波理论在声学、光学及无线电中都有着重要的应用，如用来测定波长、波速或确定波动频率等。

一般的驻波发生在三维空间较为复杂，为了便于掌握其基本特征，本实验研究最简单的一维空间的情况。

一、实验目的

（1）掌握产生驻波的原理，并观察弦上形成的驻波。
（2）研究线长与共振频率间的关系。
（3）研究波速与弦线所受张力及线密度间的关系。

二、主要实验仪器

电振音叉、低压电源、米尺、分析天平、砝码、弦线（细铜丝）、滑轮。

三、实验原理

1. 驻波

一简谐正弦波在拉紧的金属线上传播，可以由方程式 $y_1 = y_m \cos 2\pi \left(\dfrac{x}{\lambda} - ft \right)$ 来描述，其中，y_m 为振幅，λ 为波长，f 为波的频率，x 为金属丝上某点的坐标。若金属线另一端固定，波到达该端时将被反射回来，反射波为：$y_1 = y_m \cos 2\pi \left(\dfrac{x}{\lambda} + ft \right)$。

假设波幅足够小，未超出金属线的弹性限制，则叠加后的波形即为两波形之和：

$$y = y_1 + y_2 = y_m \cos 2\pi \left(\frac{x}{\lambda} - ft \right) + y_m \cos 2\pi \left(\frac{x}{\lambda} + ft \right) \tag{4-8-1}$$

由三角函数公式 $\cos\alpha + \cos\beta = 2\cos\left(\dfrac{\alpha+\beta}{2} \right) \cos\left(\dfrac{\alpha-\beta}{2} \right)$，式（4-8-1）可改写为：

$$y = 2y_m \cos\left(\frac{2\pi x}{\lambda} \right) \cos(2\pi ft) \tag{4-8-2}$$

该方程具有以下一些特点：（1）当 $t = t_0$ 时刻，则金属线上的波形为一正弦波，最大波幅为 $2y_m \cos(2\pi ft_0)$；（2）金属线上 $x = x_0$ 处的质点，随时间变化做谐振动，最大振幅为 $2y_m \cos\left(\dfrac{2\pi x_0}{\lambda} \right)$。当 $x_0 = \dfrac{(2k+1)\lambda}{4}$（$k = 0$，1，2，…）时，振幅为 0；当 $x_0 = \dfrac{k\lambda}{2}$（$k = 0$，1，2，…）时，振幅最大。该种波形即为驻波，因金属线上波形并没有随时间传播而得名。其表现形式如图 4-8-1 所示。

金属线上每一点上下振动的幅度取决于该点的位置。最大振幅处即为波腹，振幅为 0 处

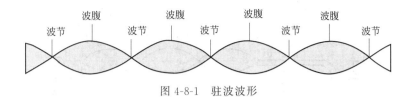

图 4-8-1　驻波波形

即为波节。且相邻波节或相邻波腹之间的距离都是半个波长。

2. 共振

以上只分析了单个原始波与反射波叠加而成的驻波。事实上若金属线两端都固定，每个波在到达固定端时都将被反射，两个方向上都会有多个波在传播。一般情况下，多个反射波相位不同，叠加后其波幅也很小。但在一定条件下，所有反射波都处于同一相位，叠加后可产生一振幅很大的驻波。此时波的频率即为共振频率。共振产生时，通过对波长与线长的分析，很容易得出这样的结论：共振产生时，线长为半波长的整数倍，即：

$$L = \frac{k}{2}\lambda \qquad (k = 1, 2, 3, \cdots) \tag{4-8-3}$$

3. 波的传播速度

对一根柔韧而有弹性的金属线，机械波在金属线上的传播速度 v 取决于两个因素：金属线的线密度 ρ 和金属线所受张力 F_T。可表示为：

$$v = \sqrt{\frac{F_T}{\rho}} \tag{4-8-4}$$

4. 弦振动的规律

由式(4-8-3) 和式(4-8-4) 可知，当驻波共振时，有：

$$\lambda = \frac{v}{f} = \frac{1}{f}\sqrt{\frac{F_T}{\rho}} \tag{4-8-5}$$

$$f = \frac{v}{\lambda} = \frac{k}{2L}\sqrt{\frac{F_T}{\rho}} \qquad (k = 1, 2, 3, \cdots) \tag{4-8-6}$$

由式(4-8-6) 可知，对于弦长 L、张力 F_T、线密度 ρ 都确定的弦，有多个共振频率。弦振动时，往往多个频率的振动同时存在。其中 $k=1$ 的频率称为基频，其余频率称为谐频。基频的振动比其他谐率强的多，因而决定弦振动时的频率。其余谐频的振动则决定弦振动的音色。振动体有一个基频和多个谐频的规律不仅在弦上有，而是普遍存在的。但基频相同的各振动体，其谐频的能量分布却不同，所以音色不同。例如，用二胡和小提琴演奏出同样基频的音乐，听起来音质是不一样的。

四、实验内容

1. 测量弦的线密度

取 2m 的弦线，在分析天平上称其质量，求出其线密度 ρ。

2. 观察弦上的驻波

根据已知音叉的频率 f 和已知线密度 ρ，根据式(4-8-6) 先估算出弦长在 $20\sim30\mathrm{cm}$ 附近时所需要的弦的张力，据此选择总质量为 m 的砝码挂在弦上，使得弦的张力 $F_T = mg$，给电动音叉的线圈通上 50Hz，$1\sim2$V 的交流电，使音叉振动，频率为 f，然后开始实验并观测（图 4-8-2）。

使弦长从 20cm 左右开始逐渐增加，当弦上出现 1、2、3、4 个半波区的情况下，弦共振。测出弦长 L 并算出波长 λ。

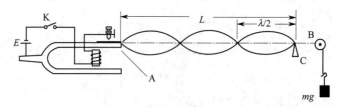

图 4-8-2　实验装置示意图

A—电动音叉；B—弦线；C—波节

3. 弦上横波的波长与张力的关系

增加砝码的质量，再仔细调节弦长使出现共振，测出弦长 L，算出波长 λ。重复测量。

由式（4-8-5）可得 $\lambda = \dfrac{1}{f}\sqrt{\dfrac{F_T}{\rho}} = \dfrac{1}{f}\sqrt{\dfrac{mg}{\rho}}$，根据测量的数据，做出 $\lambda \sim \sqrt{m}$ 图像，求出斜率，并与 $\dfrac{1}{f}\sqrt{\dfrac{g}{\rho}}$ 的值相比较。

4. 比较两种波速计算值

将上面的测量数据，代入公式 $v = \lambda f$ 和式（4-8-4），分别计算出波速，并比较其是否相等。

5. 比较音叉频率

将上面的测量数据，代入式（4-8-6），计算出弦振动的频率，并和已知音叉频率相比较。

五、数据记录与处理

弦长（L）＝_____ m，质量（m）＝_____ kg，线密度（ρ）＝_____ kg/m

实验步骤 2 的弦长测量值填入表 4-8-1。

表 4-8-1

m _____ kg

n	1	2	3	4	$\bar{\lambda}/\mathrm{m}$
L/m					
λ/m					

实验步骤 3 的相关测量数据填入表 4-8-2 中。

表 4-8-2

砝码质量 m /kg	$\sqrt{m}$	波幅数 k	弦长 L /m	波长 λ /m	$v=\sqrt{\dfrac{mg}{\rho}}$ /(m/s)	$f=\dfrac{k}{2L}\sqrt{\dfrac{mg}{\rho}}$ /Hz

比较波速和频率：

$v_1 = \bar{v} =$ _____ m/s，$\bar{\lambda} =$ _____ m，$v_2 = \bar{\lambda} f_0 =$ _____ m/s，$\bar{f} =$ _____ Hz。

第九节 声 速 测 定

声波是一种能在气体、液体和固体中传播的弹性机械波。频率低于20Hz的声波称为次声波，频率在20～20000Hz的声波称为可闻波，而超过20000Hz的机械波称为超声波。超声波波长比光的波长长，比普通电磁波波长短，比X射线容易在物质内部传播。超声波波长短，易于定向发射，它的应用非常广泛，如超声波探伤、超声诊断、超声测厚、超声碎石、超声处理等。

在同一介质中，声速基本与频率无关，而与温度有关。例如在空气中，频率从20Hz变化到80000Hz，声速变化不到万分之二。本实验通过测量超声波的速度来确定声速。

一、实验目的

(1) 了解超声换能器的工作原理和功能；
(2) 学习不同方法测定声速的原理和技术；
(3) 熟悉测量仪和示波器的调节使用；
(4) 测定声波在空气中的传播速度。

二、主要实验仪器

ZKY-SS型声速测定实验仪，示波器。

三、实验原理

1. 声波在空气中的传播速度

在理想气体中声波的传播速度为

$$v = \sqrt{\frac{\gamma R T}{M}} \tag{4-9-1}$$

式中，γ 为比热容比，$\gamma = \dfrac{C_p}{C_V}$，为气体比定压热容与比定容热容的比值，$M$ 是气体的摩尔质量，T 是热力学温度，R 是普适气体常数，$R = 8.31 \text{J} \cdot \text{mol}^{-1} \cdot \text{K}^{-1}$。

由式(4-9-1) 可见，声速与温度有关，又与摩尔质量 M 和比热容 γ 有关，后两个因素与气体成分有关，因此，测定声速可以推算出气体的一些参量。利用式(4-9-1) 的函数关系还可制成声速温度计。

在正常情况下，干燥空气成分的质量比为氮：氧：氩：二氧化碳＝78：21：1：0.033，它的平均摩尔质量 $M = 28.964 \times 10^{-3} \text{kg/mol}$。在标准状态下，干燥空气中的声速为 $V_0 = 331.45 \text{m} \cdot \text{s}^{-1}$。在室温 T 下，干燥空气中声速为

$$v = v_0 \sqrt{\frac{T}{T_0}} \tag{4-9-2}$$

式中 $T_0 = 273.15\text{K}$。由于空气实际上并不是干燥的，总含有一些水蒸气，经过对空气平均摩尔质量 M_a 和比热容比 γ 的修正，在温度为 T，相对湿度为 r 的空气中，声速为：

$$v = 331.45 \sqrt{\frac{T}{T_0} \left(1 + 0.31 \frac{rp}{p_0}\right)} \tag{4-9-3}$$

式(4-9-3) 中，p 是温度为 T 时空气的饱和蒸气压，可从饱和蒸气压和温度的关系表中查出，p_0 为大气压，取 $p_0 = 1.03 \times 10^{-5} \text{Pa}$，$r$ 为相对湿度，可从干湿温度计上读出。

由这些气体参量可以计算出声速，故式(4-9-3) 可作为空气中声速的理论计算公式。如果要简单些，也可用式(4-9-2) 来计算声速。

2. 压电陶瓷换能器

压电陶瓷超声换能器将实验仪器输出的正弦震荡电信号转换成超声振动，其结构示意图

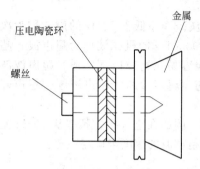

图 4-9-1　压电陶瓷换能器结构示意图

如图 4-9-1 所示。压电陶瓷片是换能器的工作物质，它是用多晶体结构的压电材料（如钛酸钡、锆钛酸铅等）在一定的温度下经极化处理制成的。在压电陶瓷片前后表面粘贴上两块金属组成的夹心型振子，就构成了换能器。由于振子是以纵向长度伸缩直接带动头部金属作同样纵向长度伸缩，这样所发射的声波方向性强、平面性好。每一只换能器都有其固有的谐振频率才能有效地发射（或接收）。实验时用一个换能器作为发射器，另一个作为接收器，两换能器的表面互相平行，且谐振频率匹配。

根据波的公式 $v = \lambda f$，对一定频率的超声波，只要测量出它的波长，就可以计算出声速。这里用共振干涉（驻波）法和相位比较（行波）法测量波长，并计算声速。

3. 共振干涉（驻波）法测波长

声波从发射器传播到接收器，一部分被接收并转换为电压输出，另一部分向发射器方向反射回去。由波的干涉理论可知，两列反向传播的同频率波叠加将形成驻波，其波形变化如图 4-9-2 所示。驻波中振幅最大的点称为波腹，振幅最小的点称为波节，任何两个相邻波腹（或两个相邻波节）之间的距离都等于半个波长。改变两只换能器间的距离，同时用示波器监测接收器上的输出电压（该电压显示为一条竖线）幅度变化，可观察到电压幅度随距离周期性的变化。当接收器在波节位置时振动最强，示波器上输出电压最大。记录下相邻两次出现最大电压数值时游标卡尺的读数，两读数之差的绝对值应等于声波波长的二分之一。已知声波频率并测出波长，即可计算声速。实际测量中为提高测量精度，可连续多次测量并用逐差法处理数据。

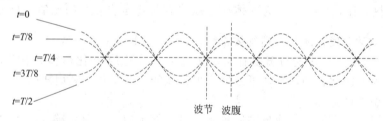

图 4-9-2　驻波示意图

4. 相位比较（行波）法测声速

当发射器与接收器之间距离为 L 时，在发射器驱动正弦信号与接收器接收到的正弦信号之间将有相位差 $\Phi = 2\pi L / \lambda = 2\pi n + \Delta \Phi$。

若将发射器驱动正弦信号与接收器接收到的正弦信号分别接到示波器的 X 和 Y 输入端，则相互垂直的同频率正弦波干涉，其合成轨迹称为李萨如图形，如图 4-9-3 所示。

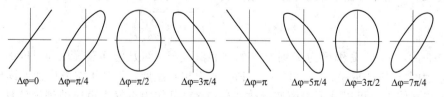

图 4-9-3　相位差不同时的李萨如图形

可以看出，$\Delta\varphi=0$ 或 $\Delta\varphi=\pi$ 时，李萨如图形为一条斜线，此时发射器和接收器之间的距离 $L=n\lambda$ 或 $L=n\lambda+\lambda/2$。此时，可以连续测量多条斜线对应的游标卡尺读数，且相邻两斜线之间的距离为 $\lambda/2$；或者连续测量多条 $\Delta\varphi=0$ 时的斜线，相邻斜线之间的距离为 λ。

5. 时差法测量声速

若以脉冲调制正弦信号输入到发射器，使其发出脉冲声波，经时间 t 后到达距离 L 处的接收器。接收器接收到脉冲信号后，能量逐渐积累，振幅逐渐加大，脉冲信号过后，接收器作衰减振荡，如图 4-9-4 所示。t 可由测量仪自动测量，也可从示波器上读出。实验者测出 L 后，即可由 $V=L/t$ 计算声速。

四、实验内容与步骤

1. 仪器调节

将实验装置与信号源按附录图 VI-1 连接，将接收监测端口连接到示波器的 Y 输入端，开机预热几分钟。将示波器设定在 X-Y 工作状态，此时看到一条竖线，Y 输入调节旋钮约为 1V/格（根据实际情况有所不同，要确保竖线不超过屏幕范围）。

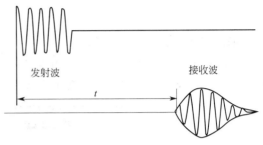

图 4-9-4　时差的测量

信号源选择连续正弦波（Sine-Wave）模式，发射增益为 2 挡、接收增益为 0 挡，在换能器谐振频率（约为 36.5kHz）附近调节信号源频率调节旋钮，当示波器监测到的接收信号振幅最大时换能器谐振，记录下谐振频率 f_0，此后实验中保持频率不变。

2. 共振干涉法测量空气中的声速

仪器调节好后，摇动超声实验装置丝杆摇柄，在发射器与接收器距离为 5cm 附近处，找到共振位置（振幅最大），作为第 1 个测量点。摇动摇柄使接收器远离发射器，每到示波器上竖线最长时（此时接收器在驻波的波腹位置）记录位置读数，共记录 10 组数据。

3. 相位比较法测量空气中的声速

将信号源的发射监测接到示波器的 X 输入端，信号源设置保持不变。

在发射器与接收器距离为 5cm 附近处，找到 $\Delta\Phi=0$ 的点，作为第 1 个测量点。摇动摇柄使接收器远离发射器，每到 $\Delta\Phi=0$ 时记录位置读数，共记录 10 组数据。

*4. 相位比较法测量水中的声速

测量水中的声速时，将实验装置整体放入水槽中，槽中的水应高于换能器顶部 $1\sim2$cm。接收器移动过程中若接收信号振幅变动较大会影响测量，可调节示波器 Y 衰减旋钮。由于水中声波长约为空气中的 5 倍，为缩短行程，可在 $\Delta\Phi=0$、π 处均进行测量，共记录 8 组数据。

*5. 时差法测量水中的声速

信号源选择脉冲波工作模式，发射和接收增益均调节为 3。将发射器与接收器距离为 5cm 附近处作为第 1 个测量点。按数字游标卡尺的归零（ZERO）键，使该点位置为零（对于机械游标卡尺而言，以此时的标尺示值做始点），并记录时差。摇动摇柄使接收器远离发射器，每隔 20mm 记录位置与时差读数，共记录 10 组数据。

五、数据记录与处理

实验数据记录表格参见表 4-9-1。

表 4-9-1

谐振频率 $f_0 =$ _____ kHz，温度 $t =$ _____ ℃。

测量次数 i	1	2	3	4	5	
位置 L_i/mm						$\bar{\lambda}$/mm
测量次数 i	6	7	8	9	10	
位置 L_i/mm						
波长 λ/mm						

$v_{实验} = f_0 \cdot \bar{\lambda} =$ _____ m/s；

$v_{理论} = (331.45 + 0.59t) =$ _____ m/s；

$E = \dfrac{|v_{实验} - v_{理论}|}{v_{理论}} \times 100\% =$ _____ 。

附录Ⅶ：实验仪器介绍

实验仪由超声实验装置和声速测定信号源组成，实验时将实验装置与信号源按附录图Ⅶ-1 连接，将接收监测端口连接到示波器的 Y 输入端。

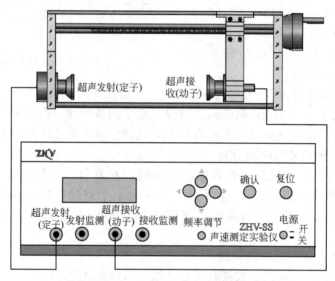

附录图Ⅶ-1　ZKY-SS 型声速测定实验仪

超声实验装置中发射器固定，摇动丝杆摇柄可使接收器前后移动，以改变发射器与接收器的距离。丝杆上方安装有机械游标尺，可准确显示位移量。整个装置可方便的放入或拿出水槽。

声速测定信号源具有选择、调节、输出超声发射器驱动信号；接收处理超声接收器信号；显示相关参数；提供发射监测和接收监测端口连接到示波器等其他仪器等功能。

开机显示欢迎界面后，自动进入按键说明界面。按确认键后进入工作模式选择界面，可选择驱动信号为连续正弦波（共振干涉法与相位比较法）或脉冲波（时差法）。若选择连续正弦波工作模式，按确认键后进入频率与增益调节界面；若选择脉冲波工作模式，按确认键后进入时差显示与增益调节界面。用频率调节旋钮调节频率，直到在示波器上监测到接收信号振幅最大，在连续波工作模式下显示屏将显示当前驱动频率。增益可在 0～3 之间调节，初始值为 2，发射增益调节驱动信号的振幅，接收增益将接收信号放大后由接收监测端口输出。以上调节完成后就可进行测量了。改变测量条件可按确认键，将交替显示模式选择界面或频率（时差显示）与增益调节界面。按复位键将返回欢迎界面。

第五章　热　学　实　验

第一节　混合法测冰的熔化热

温度测量和量热技术是热学实验中最基本的问题。量热学以热力学第一定律为理论基础，它所研究的范围就是如何计量物质系统随温度变化、相变、化学反应等吸收和放出的热量。量热技术的常用实验方法有混合法、稳流法、冷却法、潜热法、电热法等。本实验应用混合法测冰的熔化热，使用的基本仪器为量热器。由于实验过程中量热器不可避免地要参与外界环境的热交换而散失热量，因此，本实验采用牛顿冷却定理克服和消除热量散失对实验的影响，以减小实验系统误差。

一、实验目的

（1）掌握基本的量热方法——混合法；

（2）测定冰的熔化热；

（3）学习消除系统与外界热交换影响的量热方法。

二、主要实验仪器

量热器、温度计、烧杯、电子天平、冰柜、保温桶、小量筒、秒表等。

三、实验原理

1. 热平衡方程式

在一定压强下，固体发生熔化时的温度称为熔化温度或熔点，单位质量的固态物质在熔点时完全熔化为同温度的液态物质所需要吸收的热量称为熔化热，用 L 表示，单位为 J/kg 或 J/g。将质量 m，温度为 0℃ 的冰块置入量热器内，与质量为 m_0，温度为 t_0 的水相混合，设量热器内系统达到热平衡时温度为 t_1。若忽略量热器与外界的热交换，根据热平衡原理可知，冰块融化成水并升温吸热与水和内筒等的降温放热相等，即

$$mL + mC_0t_1 = (m_0C_0 + m_1C_1 + m_2C_2)(t_0 - t_1) \tag{5-1-1}$$

解得冰的熔化热为：

$$L = \frac{1}{m}(m_0C_0 + m_1C_1 + m_2C_2)(t_0 - t_1) - C_0t_1 \tag{5-1-2}$$

式中，m 为冰的质量；m_0 为量热器内筒中所取温水的质量；$C_0 = 4.18\text{J}/(\text{g} \cdot \text{℃})$ 为水的比热容；m_1，C_1 为量热器内筒及搅拌器的质量和比热容（二者同材料）；m_2C_2 是温度计插入水中部分的比热容（对水银温度计 $m_2C_2 = 1.9V$，V 数值上等于温度计插入水中体积的毫升数，单位为 J/℃；对数字温度计的 m_2C_2 可不计），t_0，t_1 为投冰前后系统的平衡温度。实验中可测出 m，m_0，m_1，m_2C_2，t_0，t_1 的值，C_0，C_1 为已知量，故可以求出 L 的值。

2. 初温与末温的修正

上述结论是在假定冰融化过程中，系统与外界没有热交换的条件。实际上，只要有温度差异就必然有热交换的存在。因此必须考虑如何防止或进行修正热散失的影响。

第一，冰块在投入量热器水中之前要吸收热量，这部分热量不容易修正，应尽量缩短投放时间。第二，引起测量误差最大的原因是 t_0，t_1 这两个温度值，这是由于混合过程中量热器与环境有热交换。若 t_0 大于环境温度 θ，t_1 小于 θ，则混合过程中，系统对外先是放热，后是吸热，至使温度计读出的初温 t_0 和混合温度 t_1 都与无热交换时的初温度和混合温

度有差异，因此，必须对 t_0 和 t_1 进行修正。修正方法用图解法进行。考察投冰前、冰融化过程和冰全部融化后持续的三个阶段内的水温随时间的变化情况，作出时间-温度曲线（ABCDE）。

实验时，从投冰前 5 分钟开始，每 30 秒测一次水温，直至冰完全熔化后 5 分钟为止，中间测时、测温不间断。将记录的时间、温度，在二维坐标上先描出点，再将点连成连续的曲线 ABCDE。如图 5-1-1 所示，图中 AB 段为投冰前的放热线（近似为直线），BCD 为熔化时的曲线，DE 为熔化后的吸热线（近似为直线），B、D 两点为温度计实测的投冰前后的系统初、末温度。

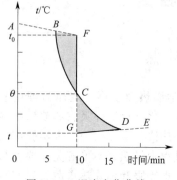

图 5-1-1　温度变化曲线 1

下面讨论对曲线 ABCDE 的处理方法，可以采取两种方法。

方法一，在 BCD 段找出与室温 θ 对应的点 C，过 C 作一条垂直于时间轴的垂线 FG，分别与 AB、ED 的延长线交于 F、G 两点。在冰融化的过程中，当水温高于室温前（BC 段），量热器一直在放热，故混合前的理论初温值应该低于投冰前的测量温度值（B 点值）；同理，水温低于室温后（CD 段），量热器从环境吸热，故熔化完的理论温度要低于温度计显示的最低温度值（D 点值）。如果图中 BCF、CDG 两部分的面积近似相等（一般需要多次实验改变参数，才可以达到较好的近似），根据牛顿冷却定律，可近似认为系统与环境的吸、放热相消，从而达到良好的减小系统误差的效果。此时，可取 F 点和 G 点的温度值表示冰块熔化前和熔化后的系统温度 t_0 和 t。

方法二，若方法一作出的 BCF、CDG 两部分面积相差较大，我们可以采取以下方法。如图 5-1-2，作线段 FG 垂直于时间轴，分别与 AB、ED 的延长线交于 F、G，且使 BCF 与 CDG 两部分面积相等，也可取 F 点和 G 点的温度值表示冰块熔化前和熔化后的系统温度 t_0 和 t_1。新的温度曲线 ABFGDE（折线）与实验温度曲线 ABCDE 是等价的，而表示熔化过程的 FG 段过程极短，故可以认为是绝热的。

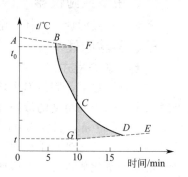

图 5-1-2　温度变化曲线 2

四、实验内容和步骤

（1）用天平称量热器内筒及搅拌器的质量 m_1，并确认其材料性质，若为铜制取 $C_1 = 0.39 \mathrm{J/(g \cdot \text{℃})}$，若为铝制取 $C_1 = 0.90 \mathrm{J/(g \cdot \text{℃})}$。

（2）在内筒中注入高于室温的水，约为内筒容积的 3/5，称量其总质量 $m_1 + m_0$，求出所取水的质量 m_0，安装好仪器装置，并放置三分钟左右。（注：取水温和室温之差，与 $C_0 m_0 + C_1 m_1$、m、环境及仪器装置等有关。）

（3）研究投冰前、冰融化过程和冰全部融化后系统内水温的变化情况。不断地轻轻用搅拌器搅拌内筒中的水，当系统内温度相对稳定时，开始测量筒中水温的变化并计时，即在读出第一个温度值的那一刻作为秒表的计时零点，以后每 30s 记录一次水温，直至测温结束，测量数据记录在表 5-1-1 中。

在秒表显示约 5min 时，快速将擦干水的 0℃的冰放在量热器内，然后将量热器安装好，继续搅拌、测温，直至温度降到最低，再缓慢回升 4～5min 为止，才停止计时、测温。

特别注意，在整个测温过程中：要用量热器不断的缓慢搅拌内筒中的水；从测温开始到测温结束这段时间内，秒表开始计时后，不可回零，也不可暂停。

（4）称量 m_1+m_0+m 总质量，求出冰的质量；找出温度计浸入水中的位置，用小量筒测出其浸入水中部分的体积；交指导教师检查数据后，将仪器擦干水，整理复原。

（5）根据上述第 3 步记录的数据，在二维直角坐标纸上作出类似于原理图的时间-温度曲线，由图读出 F、G 点对应的温度值 t_0、t_1。

（6）求出冰的熔化热及其相对误差（与标准值 334J/g 相比），并分析误差来源，提出改进办法。

五、数据记录与处理

（1）测量 m、V。

$m_1 = $ _____ mg，$m_1+m_0 = $ _____ mg

$m_0 = (m_1+m_0)-m_1 = $ _____ mg，$m_1+m_0+m = $ _____ mg

$m = (m_1+m_0+m)-(m_1+m_0) = $ _____ mg

[做完实验内容（3）以后再测 m] $V = $ _____ J/℃

（2）冰块熔化前后水温随时间的变化（$\theta = $ _____ ）。实验测量数据记入表 5-1-1。

表 5-1-1

时间/min	0	0.5	1.0	1.5	2.0	2.5	3.0	3.5	4.0	4.5	5.0	5.5	6.0	6.5	7.0	7.5
温度/℃																
时间/min	8.0	8.5	9.0	9.5	10.0	10.5	11.0	11.5	12.0	12.5	13.0	13.5	14.0	14.5	15.0	15.5
温度/℃																

由表 5-1-1 数据作图可得：$t_0 = $ _____ s，$t_1 = $ _____ s。（注：要附上实验者所测的原始数据和所作的图。）

（3）计算 L。

六、实验注意事项

（1）量热器中温度计位置要适中，可适当插入水中深一点，因为冰块浮在水面，致使水面局部温度较低。

（2）整个测温过程中，搅拌器都应持续地缓慢搅拌，动作不应过大过快，以防止有水溅出，投冰应迅速且无水溅出。

（3）测温过程的计时是持续的、不间断的。

（4）实验应远离热源，要保持环境温度基本恒定。

七、思考与讨论

（1）分析一下，在本实验中还有哪些具体原因使测量产生误差？

（2）你认为如何实现投冰前使冰处于 0℃？

（3）试设计一个用混合法测定金属块比热容的实验方法。

第二节　用稳态法测定橡胶板热导率

热导率是表征物质导热能力的物理量，其数值的大小与物质本身的性质有关，同时还取决于物质所处的状态，如温度、湿度、压力和密度等。热导率的确定通常需要用实验方法测定，测定的方法一般分为稳态法和动态法两种。本实验采用稳态法测定橡胶板的热导率。

一、实验目的

（1）了解热传导的基本原理和规律，掌握用稳态法测定不良导体热导率的实验方法；

（2）学会用热电偶测量温度的方法；

（3）观察和学习达到稳态导热最佳实验条件的方法。

二、主要实验仪器

TC3 热导率测定仪、加热盘、温差热电偶、直流数字电压表等。

三、实验原理

热传导也称导热，它是指物体各部分之间或不同物体直接接触时由于物质分子、原子及自由电子等微观粒子热运动而产生的热量传递现象。热传导的动力是温差。纯粹的导热只发生在密实的固体内部或紧密接触的固体之间。气体和液体中虽然也有导热现象，但往往伴随着自然对流，甚至受迫对流。

若热传导过程中，物体各部分的温度不随时间而变化，这样的导热称为稳态导热。在稳态导热过程中，对于每一个物质单元，流入和流出的热量均相等，称为热平衡。

与之对应的另一个概念是不稳定导热。它发生在热平衡建立之前或热平衡破坏之后。不稳定导热过程中，对于每一个物质单元，流入和流出的热量是不相等的，因此，物体各部分的温度是随时间变化而变化的。

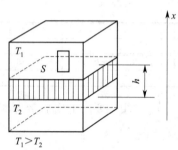

图 5-2-1 一维稳态导热示意图

图 5-2-1 给出了一维稳态导热的示意图。该系统由三块紧密接触的物体所构成最上层和下层为铜盘，中间层为橡胶板。其中，上面一块物体的温度高于下面一块物体的温度，因此，热量自上往下进行传导。由于该物体的横截面积比侧面大得多，可以忽略侧面的热量散失，从而可以认为导热过程仅沿 x 轴反方向进行，为一维导热过程。当达到热平衡状态时，流入截面的热量等于流出截面的热量，达到平衡状态时，物体各部分的温度不再随时间变化。比如，中间那块物体的上表面温度恒定为 T_1，下表面温度恒定为 T_2，一维稳态导热过程的导热量可用下式计算：

$$Q = -\lambda S \frac{\mathrm{d}T}{\mathrm{d}x} \tag{5-2-1}$$

式中，Q 为热流量，单位 $\mathrm{J \cdot s^{-1}}$ 或 W；S 为沿热流方向的横截面积，单位 $\mathrm{m^2}$；T 为温度，单位 K；x 为热流方向距离的坐标，单位 m；λ 为热导率，单位 $\mathrm{W \cdot m^{-1} \cdot K^{-1}}$。式(5-2-1)由法国数学物理学家约瑟夫·傅里叶（Joseph Fourier）研究得出的，为纪念他，该方程称为傅里叶方程。式中的负号表示热量流向温度降低的方向。由式(5-2-1)可写出：

$$\lambda = -Q/(S\mathrm{d}T/\mathrm{d}x) \tag{5-2-2}$$

式(5-2-2)就是本实验中的热导率定义式。它表示物体的热导率就是物体中温度降度为 1K/m 时通过单位横截面积的热流量。物质热导率的大小反映了物质的导热能力。根据热导率的大小，可以将材料分为三种：热的良导体、热的不良导体、隔热材料。

热导率与材料的性质有关，还和环境的温度、湿度等条件有关。在工程计算中，当温度变化范围不是很大时，比如在常温范围内，常将材料的热导率作为常数来处理，由此带来的误差并不大，却大大方便了计算。

当将 λ 视作常数时，式(5-2-1)可写成：

$$Q = -\lambda S \frac{T_2 - T_1}{h} = \lambda S \frac{T_1 - T_2}{h} \tag{5-2-3}$$

式中，T_1 为上铜盘的温度，代表了橡胶板上表面的温度；T_2 为下铜盘的温度，代表了橡胶板下表面的温度。

本实验装置示意图见图 5-2-2。

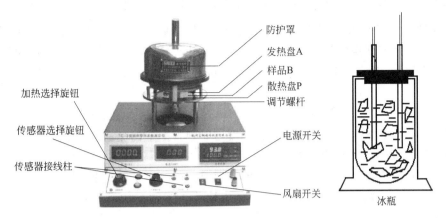

图 5-2-2　热导率测定仪示意图

　　实验测定对象是橡胶板 B，它属于热的不良导体。橡胶板夹在铜盘 A 和 P 之间。紫铜盘 A（也称为上铜盘）固定在加热装置的底部。加热装置上部加有不锈钢罩，一方面防止操作时烫伤操作者，另一方面可使热量集中向下传输。加热功率有三挡选择。黄铜盘 P（也称下铜盘）放置在支架的三个螺旋测微头上。调节测微头，使橡胶板与上下铜盘紧密贴合。上下铜盘侧面各钻有一个深孔，分别插有两对热电偶的热端，热电偶冷端则浸入在保温瓶的冰水混合物中。由于上下铜盘是热的良导体，而橡胶板是热的不良导体，两者的热导率相差很大（约 600 倍），因此，可以认为上铜盘的温度是均匀一致的，其孔内的热电偶测出的温度 T_1 可代表与其紧密贴合的橡胶板的上表面的温度。同理，下铜盘测出的温度 T_2 则代表了橡胶板下表面的温度。热电偶直接测出的是温差电动势，用数字电压表显示。本实验中采用的是镍铬-镍硅热电偶，线性度好，每 100℃ 温差对应 4.20mV 温差电动势。传感器选择旋钮用于选择热电偶的回路：Ⅰ 挡用于测量上铜盘的温度；Ⅱ 挡用于测量下铜盘的温度。

　　打开加热盘，在建立稳态导热过程前，橡胶板和上下铜盘经历的是一个不稳定导热过程。由于实验时间有限，希望能尽量缩短不稳定导热的过程，较快达到热平衡状态，这可以通过实验过程合理调控加热装置功率的方法以求达到最佳实验条件的目的。

　　达到热平衡时，加热盘传递给上铜盘的热量将等于橡胶板的导热量，也等于下铜盘向四周散发的热量。

　　由于黄铜的热导率很大，而下铜盘向四周散热的速率则要慢得多，因此，可以认为下铜盘的温度是均匀一致的。下铜盘每散发一部分热量，其温度就相应地降低一些。由热学知识可知，下铜盘的散热速率为：

$$Q_P = -mC \left. \frac{dT}{dt} \right|_{T=T_2} \qquad (5\text{-}2\text{-}4)$$

式中，m 为下铜盘质量，单位 kg；C 为黄铜的比热容，单位 kJ·kg^{-1}·K^{-1}，$C = 0.380$kJ·kg^{-1}·K^{-1}；T 为下铜盘温度，单位 K；t 为时间，单位 s。$\left. \frac{dT}{dt} \right|_{T=T_2}$ 为下铜盘温度为 T_2 时的冷却速率，可由实验方法测定：把下铜盘加热后，放在支架上自然冷却，每隔 Δt 时间测一次下铜盘的温度，然后将温度随时间变化的数据画到 $T\text{-}t$ 图上（见图 5-2-3），并光滑连续成一条曲线，在纵坐标上找到 $\overline{T_2}$ 的位置，在

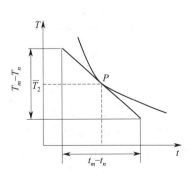

图 5-2-3　铜盘散热曲线

曲线上定出相应的点 P，过 P 点作切线，此切线的斜率为 $\dfrac{T_m-T_n}{t_m-t_n}$，亦即为 $\dfrac{dT}{dt}\bigg|_{T=T_2}$。

由于在做下铜盘冷却实验时，铜盘上下表面和侧面均向周围空气散热，散热面积为 $2\pi R_P^2+2\pi R_P h_P$，而在做橡胶板导热实验时，下铜盘的散热面积不包括上表面，散热面积仅为 $\pi R_P^2+2\pi R_P h_P$，因此，在进行热平衡计算时要对式（5-2-4）进行修正：

$$Q_P=-mC\frac{dT}{dt}\bigg|_{T=T_2}\frac{\pi R_P^2+2\pi R_P h_P}{2\pi R_P^2+2\pi R_P h_P} \tag{5-2-5}$$

在做橡胶板导热实验的过程中，我们需要定时观察上下铜盘的温度变化，当 T_1、T_2 经过一段剧变后，变化趋于缓和，最后在一个很小的范围内上下波动，此时，可以认为系统达到了热平衡，已建立起稳态导热过程。每隔一段时间测一次 T_1、T_2，获得一组数据，得出平均温度 $\overline{T_1}$、$\overline{T_2}$，热平衡时，橡胶板的导热量等于下铜盘的散热量，即式（5-2-3）和式（5-2-5）相等，于是求出：

$$\lambda=-mC\frac{h_B}{\pi R_B^2}\frac{1}{T_1-T_2}\frac{dT}{dt}\bigg|_{T=T_2}\frac{R_P+2h_P}{2R_P+2h_P} \tag{5-2-6}$$

这就是本实验的热导率的测量计算式。其中 C 为已知值，m、h_B、h_P、R_B、R_P 为质量和长度测量值，本实验需要测量的是达到稳态导热时的 $\overline{T_1}$、$\overline{T_2}$ 和冷却速率 $\dfrac{dT}{dt}\bigg|_{T=T_2}$。

由于采用的是线性度好的热电偶，故 $T=k\varepsilon$，ε 为热电偶温差电动势值，k 为比例系数，是个常数，$k=(1/0.042)\mathrm{KmV}^{-1}$。为减少热电偶温差电动势与温度之间转换的麻烦，本实验直接采用温差电动势值替代温度值，式（5-2-6）改为：

$$\lambda=-mC\frac{h_B}{\pi R_B^2}\frac{1}{\varepsilon_1-\varepsilon_2}\frac{d\varepsilon}{dt}\bigg|_{\varepsilon=\varepsilon_2}\frac{R_P+2h_P}{2R_P+2h_P} \tag{5-2-7}$$

四、实验内容与步骤

1. 安装与调试实验装置

（1）先熟悉实验装置。试操作加热盘，做到正确无误掌握要领后才开始正式安装与调试。

（2）测量散热盘 P 和橡胶板 B 的半径和厚度，记录在表 5-2-1 中，并称出黄铜盘的质量，记录在表 5-2-2 中。

表 5-2-1

半径 $R_B=$	cm	厚度 $h_B=$	cm

表 5-2-2

质量 $m=$	kg	半径 $R_P=$	cm	厚度 $h_P=$	cm

（3）将散热盘 P 和橡胶板 B 置于支架的三个螺旋测微头上，注意使上下两个铜盘的测温孔处于同一侧以方便热电偶连接，上下铜盘和橡胶板应同轴并紧密贴合，如有明显缝隙，可调节螺旋测微头予以消除。

（4）按图 5-2-2 连接热电偶线路，将两组热电偶的热端分别插入上下铜盘的测温孔中，注意要插到底并与铜盘保持良好的接触，冷端则插入装有硅油的试管内，试管置于保温筒的冰水混合物中，使参考温度保持零度。

（5）打开加热选择旋钮，检查加热盘是否完好，使加热盘保持中等强度。

（6）试测热电偶温差电动势值（温度值），电动势值若出现负值，表示极性反了，可通过调换电偶接头加以解决；若传感器选择旋钮选择Ⅰ挡电动势值反而比选择Ⅱ挡时小，说明上下热电偶接反了，也可通过调换相应接头获得解决。

2. 测量 ε_1（或 T_1）、ε_2（或 T_2）值

调节加热选择旋钮，观察不稳定导热演变至稳态导热的过程，测量 ε_1（或 T_1）、ε_2（或 T_2）值。由不稳定导热过程至系统达到热平衡，出现稳态导热，需要较长时间。因实验时间有限，需要适当调节加热选择旋钮，尽快达到稳态导热。建议的做法是：在开始阶段选择较高的加热挡位，这样可迅速提高系统的整体温度。当上铜盘电动势值达到 3.10mV 左右时（相当于 73.8℃），可降低加热挡位。以后可视热电动势（温度）变化再适当调低或调高加热挡位，其间，每隔 5min 记录一次 ε_1（或 T_1）、ε_2（或 T_2）值。初次实验，加热选择旋钮调节次数不宜过频，1～3 次即可。当发现连续 10min，ε_1（或 T_1）、ε_2（或 T_2）无明显变化或在小范围内上下波动，就可认为系统达到了热平衡，出现稳态导热过程。此后，每隔 3min 记录一组 ε_1、ε_2 数据，测量数据记录在表 5-2-3 中，连续记录几组数据后，计算出它们的平均值 $\overline{\varepsilon_1}$、$\overline{\varepsilon_2}$。

表 5-2-3

次数	1	2	3	4	5	6	平均值
ε_1/mV							
ε_2/mV							

3. 测下铜盘冷却曲线及在 $\overline{T_2}$ 温度时的冷却速度 $\Delta\varepsilon/\Delta t$（或 $\Delta T/\Delta t$）

将加热选择旋钮关闭，松开螺丝，并将加热盘轻轻向上移。抽出橡胶板再将加热盘轻轻放下，使加热盘 A 与散热盘 P 直接接触，打开加热选择旋钮，观察下铜盘温差电动势（温度）值，当电动势值超过 $\overline{\varepsilon_2}$ 约 0.5mV（11.9℃）时，将加热选择旋钮关闭，移开加热盘 A 并固定。此时，散热盘 P 做自然冷却，每隔 15～30s 记录一次散热盘温差电动势（温度）值，当读到 $\overline{\varepsilon_2}$ 时，再继续读 10 个数据，测量数据记录在表 5-2-4 中。以时间 t 为横坐标，以温差电动势（温度）ε 为纵坐标，作冷却曲线，并在 $\overline{\varepsilon_2}$ 处作切线求出 $\overline{\varepsilon_2}$ 处的 $\Delta\varepsilon/\Delta t$。

表 5-2-4

$t/20\text{s}$	1	2	3	4	5	6	7	8
ε/mV								
$t/20\text{s}$	9	10	11	12	13	14	15	16
ε/mV								

五、数据记录与处理

（1）以时间 t 为横坐标，以温差热电势 ε（或温度 T）为纵坐标，作出散热曲线。在曲线 $\varepsilon = \varepsilon_2$ 处作切线，求出切线的斜率，此斜率即为黄铜盘的散热速率 $\dfrac{\Delta\varepsilon}{\Delta t}\bigg|_{\varepsilon = \varepsilon_2}$。

（2）用式(5-2-6)计算橡胶板的 λ 值，并将实验值与参考值作比较，求相对误差。橡胶板热导率参考值：在室温 298K 时，$\lambda = 0.16\text{W} \cdot \text{m}^{-1} \cdot \text{K}^{-1}$。

六、思考与讨论

（1）本实验的基本原理是什么？你觉得在测量装置方面以及操作方法上有哪些不足？如何改进？

（2）本实验的系统误差是什么？它将使测量结果偏大还是偏小？

第三节　线膨胀系数的测量

因物质内部的分子都处于不停地运动状态中，而分子热运动强弱的不同，使得绝大多数物质都具有"热胀冷缩"的特性。这种特性在工程结构的设计、机械和仪器的制造、材料的加工（如焊接）等方面都应考虑到，因此必须对这种特性进行研究。

材料受热后膨胀引起的在一维方向上的长度变化称之为材料的线膨胀系数（简称线胀系数）。线膨胀系数的测定在工程技术中是非常重要的，是衡量材料的热稳定性好坏的一个重要指标。本实验的目的主要是测定金属杆的线膨胀系数，并学习一种测量微小长度的方法。

一、实验目的

（1）了解研究和测量线膨胀系数的意义及其应用，测量金属杆的线膨胀系数。

（2）掌握用光杠杆法、光学干涉法等测量微小长度变化的原理与操作。

二、主要实验仪器

线膨胀系数测定装置、光杠杆系统、光干涉光路系统、游标卡尺、温度计、待测金属杆一根（铜棒、铁棒或铝棒）。

三、实验原理

1. 固体的线膨胀系数

在一定的温度范围内，原长为 L_0 的物体，受热后其伸长量 ΔL 与原长 L_0、温度的增加量 Δt 的关系是

$$\Delta L = \alpha L_0 \Delta t \tag{5-3-1}$$

式中的比例系数 α 称为固体的线膨胀系数。为测量线膨胀系数，一般将材料做成条状或棒状。

设 ΔL 表示温度从 t_0 升到 t 时物体由 L_0 伸长到 L 的伸长量，Δt 表示温度的增加量，则线膨胀系数 α 为

$$\alpha = \frac{L - L_0}{(t - t_0)} = \frac{\Delta L}{L_0(t - t_0)} \tag{5-3-2}$$

其物理意义是固体材料在 (t_0, t) 温区内，温度每升高一度时材料的相对伸长量，其单位为 $℃^{-1}$。对于材料的线膨胀系数，有以下特点。

（1）线膨胀系数随材料的不同而不同，塑料的线膨胀系数最大，金属次之。殷钢、熔凝石英的线膨胀系数很小，由于这一特性，殷钢、石英多被用在精密测量仪器中。表 5-3-1 给出了几种材料的线膨胀系数。

表 5-3-1　几种材料的线膨胀系数

材　料	铜、铁、铝	普通玻璃、陶瓷	殷　钢	熔凝石英
α 数量级/$℃^{-1}$	约 10^{-5}	约 10^{-6}	$< 2 \times 10^{-6}$	约 10^{-7}

（2）线膨胀系数在温度变化不大的范围内，可认为是一常量，但如果温度变化范围比较大，则线膨胀系数不能视为常量。例如某些合金，在金相组织发生变化的温度附近，同时会出现线胀量的突变。

因此，线膨胀系数的测量是人们了解材料特性的一种重要手段。在设计任何要经受温度变化的工程结构（如桥梁、铁路等）时，都必须要采取措施防止热胀冷缩的影响。

2. 微小伸长量 ΔL 的测定

由式(5-3-2)可知，要想测出线膨胀系数 α，必须先测量出 L_0、Δt 和 ΔL。L_0 和 Δt 在实验中分别可用游标卡尺和温度计进行测量，而 ΔL 是一个微小变化量，不能用普通量具直接进行测量，所以测线膨胀系数的主要问题是如何测伸长量 ΔL。如当 $L \approx 200\text{mm}$，温度变化 $\Delta t \approx 100℃$，金属的 α 数量级为 $10^{-5}℃^{-1}$ 时，可估算出 $\Delta L \approx 0.20\text{mm}$。可见对于这么微

小的伸长量，用普通量具如钢尺或游标卡尺是测不准的，应采用千分表（分度值为0.001mm）、读数显微镜、光学干涉法、光杠杆放大法等进行测量。本实验重点介绍光学干涉法和光杠杆放大法。

（1）光学干涉法。这里所说的光学干涉法，主要是利用迈克尔逊干涉仪的等倾干涉图样来进行测量的，其原理图如图 5-3-1 所示。设原长度为 L_0 的待测金属杆被电热炉加热，当温度从 t_0 上升至 t 时，试件因线膨胀，伸长到 L，同时推动迈克尔逊干涉仪的动镜，使干涉条纹发生 N 个环的变化，则

$$L - L_0 = \Delta L = N \frac{\lambda}{2} \tag{5-3-3}$$

式中，λ 为所用激光器的波长。

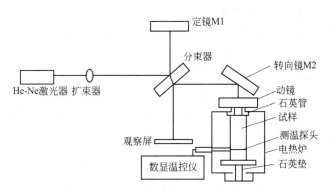

图 5-3-1　迈克逊干涉仪工作原理示意图

将式（5-3-3）代入式（5-3-2），得到用光学干涉法测量固体的线膨胀系数的公式为

$$\alpha = \frac{N}{L_0(t - t_0)} \frac{\lambda}{2} \tag{5-3-4}$$

（2）光杠杆放大法。光杠杆系统是由光杠杆反射镜 M、水平放置的望远镜 T 和竖直标尺 S 组成的。当待测金属杆受热伸长时，光杠杆反射镜底座的测量足被顶起微小量 ΔL，相应地光杠杆反射镜也转过角度 θ，从望远镜中可读出待测金属杆伸长前后叉丝所对标尺的读数 n_0、n_1，这时有

$$\Delta L = \frac{b}{2D}(n_1 - n_0) \tag{5-3-5}$$

其放大倍数为 $\beta = \dfrac{\Delta n}{\Delta L} = \dfrac{2D}{b}$，$D$ 为光杠杆反射镜至标尺的距离，b 为光杠杆的臂长，n_0 和 n_1 分别是温度为 t_0 和 t 时望远镜中标尺的读数。

将式（5-3-5）代入式（5-3-2），可得用光杠杆法测量固体的线膨胀系数的公式为

$$\alpha = \frac{1}{L_0(t - t_0)} \frac{b}{2D}(n_1 - n_0) \tag{5-3-6}$$

四、实验内容和步骤

1. 用干涉法测量金属杆的线膨胀系数

（1）取出待测金属杆，测量其未加热前的长度 L_0，然后将其按要求放入电热炉。

（2）调节迈克尔逊干涉光路。接好激光器的线路（正负不可颠倒），再接通仪器的总电源，按"激光"开关，拔开扩束器之后，调节 M1 和 M2 两个平面镜背后的螺丝，使观察屏

上的两组光点中的两个最强的重合，然后把扩束器转到光路中，屏上即出现干涉条纹，这时微调平面镜的方位，可将椭圆干涉环的环心调到视场的适中位置。对扩束器作二维调节，可纠正观察屏上光照的不均匀。

（3）测量。

① 测量前，先将温控仪选择开关置于"设定"，转动设定旋钮，按"温度＝基础温度＋温升＋2.8℃"对数显温控仪进行温度预设，设定温度后，将选择开关置于"测量"，记录试件初始温度 t_0。

② 认准干涉图样中心的形态，按"加热"键，同时仔细默数环的变化量。每隔30环，记下此时温度显示值 t（或每隔3度，记下对应的环变化量），至少连续测量6组数据。

2. 用光杠杆测量金属杆的线膨胀系数（选做）

（1）取出待测金属杆，测量其未加热前的长度 L_0，然后将其按要求放入加热管。

（2）测量前对光杠杆系统的调整。

（3）细调光杠杆系统的光路。

① 调整标尺，使其竖直，其零刻度线尽量与望远镜光轴等高；

② 调节望远镜，使望远镜垂直对准光杠杆反射镜，并通过望远镜的"缺口"和"准星"观察光杠杆反射镜面标尺的像，使其与光杠杆反射镜三点成一线。

③ 配合调节望远镜的位置倾斜度和光杠杆反射镜的倾斜度，使沿望远镜上方对光杠杆反射镜能观察到标尺像。

④ 调目镜看到清楚的叉丝，调物镜看到清晰的标尺像，并使两者无视差（调节时注意叉丝水平线对准标尺像的0刻度线或其附近）。

（4）测量。

① 测量待测金属杆未加热前的长度 L_0（前面已测量），记下此时的温度 t_0，并记下此时望远镜目镜中叉丝所对准的标尺刻度 n。

② 对待测金属杆进行加热，每升高10℃测量一组标尺读数 n 和对应温度 t，至少测量6组数据，要求在温度稳定后读取相应的标尺读数 n 和对应温度 t。

③ 测光杠杆反射镜面至标尺的距离 D，光杠杆的臂长 b。

五、数据记录与处理

（1）自拟表格记录所测数据；

（2）利用逐差法或最小二乘法处理数据，计算出待测金属杆的线膨胀系数 α；

（3）计算线膨胀系数 α 的不确定度并写出结果表达式。

六、注意事项

（1）在安装待测金属杆时，要注意安装到位；

（2）实验前不要按"加热"开关，以免为恢复加热前温度而延误实验时间，或因短时间内温度忽升忽降而影响实验测量的准确度。

（3）为了避免体温传热对炉内外热平衡的影响，不要用手抓握待测试件。

（4）使用 He-Ne 激光器做实验，须注意保护眼睛，不要直接注视激光光束，以防止视网膜受到损伤。

（5）在使用光杠杆法时，要注意在测量过程中，保持光杠杆及望远镜位置的稳定。

七、思考与讨论

（1）该实验的误差来源主要有哪些？

（2）试分析两根材料相同，粗细、长度不同的金属棒，在同样的温度变化范围内，它们的线膨胀系数是否相同？膨胀量是否相同，为什么？

（3）试分析哪一个量是影响实验结果的主要因素？在操作时应注意什么？

（4）若实验中加热时间过长，使仪器支架受热膨胀，对实验结果将产生怎样影响？

附录：实验仪器介绍

1. 用干涉法测量金属杆的线膨胀系数实验装置

用干涉法测量金属杆的线膨胀系数实验装置主要由加热系统与干涉测量系统组成。

加热系统部分主要由数显温控仪、测温探头（在加热管内）以及给待测金属杆加热的电热炉组成。数显温控仪的测温探头通过铂热电阻，取得代表温度的信号，而温度设定值使用"设定旋钮"调节，两个信号经选择开关和 A/D 转换器，可在数码管上分别显示测量温度和设定温度。仪器加热接近设定温度，通过继电器自动断开加热电路；在测量状态，显示当前探测到的温度。

2. 用光杠杆测量金属杆的线膨胀系数实验装置

用光杠杆测量金属杆的线膨胀系数实验装置如附录图-1 所示，整个装置主要由加热系统和光杠杆测量系统组成。

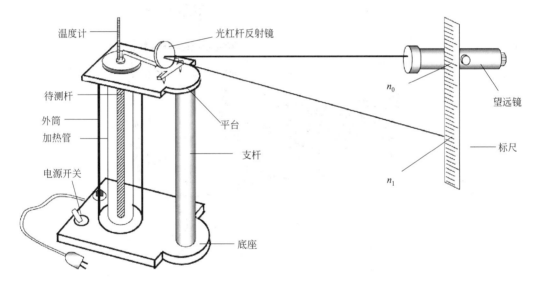

附录图-1　光杠杆测量金属杆线膨胀系数实验装置示意图

加热系统由底座、外筒、支杆以及给待测金属杆加热的加热管组成。支杆、平台与底座牢固地连接在一起，加热管中可放置待测金属杆和插入温度计。

光杠杆测量系统由光杠杆反射镜 M（使用时，前面两足放在平台上，后足放在待测金属杆的柱面上）、水平放置的望远镜 T 和竖直标尺 S 组成的，它们用支架进行支撑和固定。

第四节　空气比热容比的测定

气体的定压比热容 C_P 与定容比热容 C_V 之比 $\gamma = C_P/C_V$ 称为气体的绝热指数。在热力学过程特别是绝热过程中是一个很重要的参数，测定的方法有好多种。本实验用新型扩散硅压力传感器测空气的压强，用电流型集成温度传感器测空气的温度变化，从而得到空气的绝热指数。

一、实验目的

（1）用绝热膨胀法测定空气的比热容比。

（2）观测热力学过程中空气状态变化及基本物理规律。

（3）了解压力传感器和电流型集成温度传感器的使用方法及特性。

二、主要实验仪器

FD-NCD-Ⅱ型空气比热容比测定仪（由扩散硅压力传感器、AD590 集成温度传感器、电源、容积为 1000ml 左右玻璃瓶、打气球及导线等组成），实验装置如图 5-4-1、图 5-4-2 所示。

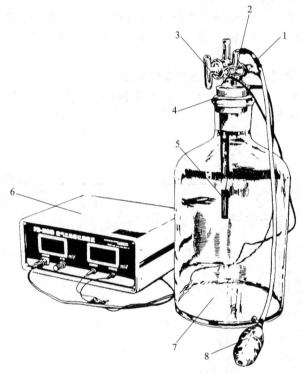

图 5-4-1　FD-NCD-Ⅱ空气比热容比测定仪

1—充气阀 B；2—扩散硅压力传感器；3—放气阀 A；4—瓶塞；

5—AD590 集成温度传感器；6—电源；7—储气玻璃瓶；8—打气球

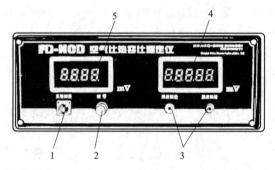

图 5-4-2　测定仪电源面板示意图（Ⅱ型面板与该图示相同）

1—压力传感器接线端口；2—调零电位器旋钮；3—温度传感器接线插孔；

4—四位半数字电压表面板（对应温度）；5—三位半数字电压表面板（对应压强）

三、实验原理

理想气体的压强 P、体积 V 和温度 T 在准静态绝热过程中，遵守绝热过程方程：PV^γ 等于恒量，其中 γ 是气体的定压比热容 C_P 和定容比热容 C_V 之比，通常称 γ 为该气体的比热容比（亦称绝热指数）。

如图 5-4-3 所示，我们以贮气瓶内空气（近似为理想气体）作为研究的热学系统，试进行如下实验过程。

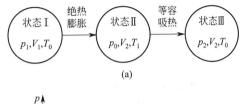

(a)

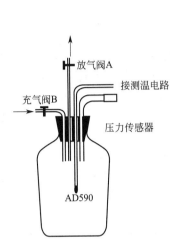

图 5-4-3　实验装置简图

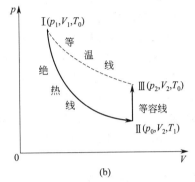

(b)

图 5-4-4　气体状态变化及 P-V 图

（1）首先打开放气阀 A，贮气瓶与大气相通，再关闭 A，瓶内充满与周围空气同温（设为 T_0）同压（设为 P_0）的气体。

（2）打开充气阀 B，用充气球向瓶内打气，充入一定量的气体，然后关闭充气阀 B。此时瓶内空气被压缩，压强增大，温度升高。等待内部气体温度稳定，即达到与周围温度平衡，此时的气体处于状态 I（P_1，V_1，T_0）。

（3）迅速打开放气阀 A，使瓶内气体与大气相通，当瓶内压强降至 P_0 时，立刻关闭放气阀 A，将有体积为 ΔV 的气体喷泻出贮气瓶。由于放气过程较快，瓶内保留的气体来不及与外界进行热交换，可以认为是一个绝热膨胀的过程。在此过程后瓶中的气体由状态 I（P_1，V_1，T_0）转变为状态 II（P_0，V_2，T_1）。V_2 为贮气瓶容积，V_1 为保留在瓶中这部分气体在状态 I（P_1，T_0）时的体积。

（4）由于瓶内气体温度 T_1 低于室温 T_0，所以瓶内气体慢慢从外界吸热，直至达到室温 T_0 为止，此时瓶内气体压强也随之增大为 P_2。则稳定后的气体状态为 III（P_2，V_2，T_0）。从状态 II 到状态 III 的过程可以看作是一个等容吸热的过程。状态 I→II→III 的过程如图 5-4-4 所示。

I→II 是绝热过程，由绝热过程方程得

$$P_1 V_1^\gamma = P_0 V_2^\gamma \tag{5-4-1}$$

状态 I 和状态 III 的温度均为 T_0，由气体状态方程得

$$P_1 V_1 = P_2 V_2 \tag{5-4-2}$$

合并式(5-4-1)、式(5-4-2)，消去 V_1，V_2 得

$$\gamma = \frac{\ln P_1 - \ln P_0}{\ln P_1 - \ln P_2} = \frac{\ln(P_1/P_0)}{\ln(P_1/P_2)} \tag{5-4-3}$$

由式（5-4-3）可以看出，只要测得 P_0、P_1、P_2 就可求得空气的绝热指数 γ。

四、实验内容和步骤

（1）打开放气阀 A，按图 5-4-1 连接电路，集成温度传感器的正负极请勿接错，电源机箱后面的开关拨向内。用气压计测定大气压强 P_0，用水银温度计测环境室温 T_0。开启电源，让电子仪器部件预热 20 分钟，然后旋转调零电位器旋钮，把用于测量空气压强的三位半数字电压表指示值调到"0"，并记录此时四位半数字电压表指示值 U_{T_0}。

（2）关闭放气阀 A，打开充气阀 B，用充气球向瓶内打气，使三位半数字电压表示值升高到 100mV～150mV。然后关闭充气阀 B，观察 U_T、U_{P_1} 的变化，经历一段时间后，U_T、U_{P_1} 指示值不变时，记下（U_{P_1}，U_T），此时瓶内气体近似为状态 I（P_1，T_0）。注意，U_T 对应的温度值为 T。

（3）迅速打开放气阀 A，使瓶内气体与大气相通，由于瓶内气压高于大气压，瓶内 ΔV 体积的气体将突然喷出，发出"嘶"的声音。当瓶内空气压强降至环境大气压强 P_0 时（放气的声音刚结束），立刻关闭放气阀 A，这时瓶内气体温度降低，状态变为 II。

（4）当瓶内空气的温度上升至温度 T 时，且压强稳定后，记下（U_{P_2}，U_T）此时瓶内气体近似为状态 III（P_2，T_0）。

（5）打开放气阀 A，使贮气瓶与大气相通，以便于下一次测量。

（6）重复步骤（2）～（4），重复 3 次测量，数据记录在表 5-4-1 中，比较多次测量中气体的状态变化有何异同，并计算 $\bar{\gamma}$。

表 5-4-1

测量值/mV				计算值				
状态 I		状态 III		$P/10^5\text{Pa}$			γ	$\bar{\gamma}$
U_{P_1}	U_T	U_{P_2}	U_T	P_0	P_1	P_2		

五、注意事项

（1）实验中贮气玻璃瓶及各仪器应放于合适位置，最好不要将贮气玻璃瓶放于靠桌沿处，以免打破。

（2）转动充气阀和放气阀的活塞时，一定要一手扶住活塞，另一只手转动活塞，避免损坏活塞。

（3）实验前应检查系统是否漏气，方法是关闭放气阀 A，打开充气阀 B，用充气球向瓶内打气，使瓶内压强升高 1000～2000Pa（对应电压值为 20～40mV），关闭充气阀 B，观察压强是否稳定，若始终下降则说明系统有漏气之处，需找出原因。

（4）做好本实验的关键是放气要进行得十分迅速，即打开放气阀后又关上放气阀的动作要快捷，使瓶内气体与大气相通要充分且尽量快地完成。注意记录电压值。

六、思考与讨论

（1）本实验研究的热力学系统，是指哪部分气体？在室温下，该部分气体体积与贮气瓶容积相比如何？为什么？

（2）实验步骤（2）中的 T 值一定与初始时室温 T_0 相等吗？为什么？若不相等，对 γ 有何影响？

（3）实验时若放气不充分，则所得 γ 值是偏大还是偏小？为什么？若放气时间过长呢？

第五节　真空获得与测量

在真空实用技术中，真空的获得和测量是两个最重要的方面，在一个真空系统中，真空获得的设备和测量仪器是必不可少的。目前常用的真空获得设备主要有旋片式机械真空泵、油扩散泵、涡轮分子泵、低温泵等。真空测量仪器主要有 U 型真空计、热传导真空计、电离真空计等。随着电子技术和计算机技术的发展，各种真空获得设备向高抽速、高极限真空、无污染方向发展。各种真空测量设备与微型计算机相结合，具有数字显示、数据打印、自动监控和自动切换量程等功能。真空的应用主要涉及真空输送、真空过滤、真空成型、真空装卸、真空干燥及真空浓缩等，在纺织、粮食加工、矿山、铸造、医药等行业有着广泛的应用。

一、实验目的

（1）掌握高真空的获得和测量的基本原理及方法；
（2）了解真空系统的结构，熟悉真空泵、真空计的原理。

二、主要实验仪器

DH2010 型多功能真空实验仪。

三、实验原理

1. 真空的获得

真空的获得是由真空泵来完成的。一般真空实验室经常使用的是机械泵和扩散泵，用于超高真空的是钛升华泵和低温泵。

真空泵的基本原理（图 5-5-1），当泵工作后，形成压差，$P_1 > P_2$，实现了抽气。

真空泵按其工作机理可分为排气型和吸气型两大类。排气型真空泵是利用内部的各种压缩机构，将被抽容器中的气体压缩到排气口，而将气体排出泵体之外，如机械泵、扩散泵和分子泵等。吸气型真空泵则是在封闭的真空系统中，利用各种表面（吸气剂）吸气的办法将被抽空间的气体分子长期吸着在吸气剂表面上，使被抽容器保持真空，如吸附泵、离子泵和低温泵等。

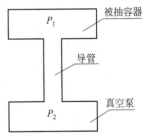

图 5-5-1　真空泵原理图

真空泵的主要性能可由下列指标衡量。

① 极限真空度，无负载（无被抽容器）时泵入口处可达到的最低压强（最高真空度）。

② 抽气速率，在一定的温度与压力下，单位时间内泵从被抽容器抽出气体的体积，单位是 L/s。

③ 启动压强，泵能够开始正常工作的最高压强。

（1）机械泵。机械泵是运用机械方法不断地改变泵内吸气空腔的容积，使被抽容器内气体的体积不断膨胀从而获得真空的泵。机械泵的种类很多，目前常用的是旋片式机械泵。

旋片式机械泵的结构如图 5-5-2，它由一个定子、一个偏心转子、旋片、弹簧组成。定子为一圆柱形空腔，空腔上装着进气管和排气阀，转子顶端保持与空腔壁相接触，转子上开有槽，槽内安放了由弹簧连接的两个刮板。当转子旋转时，两刮板的顶端始终沿着空腔的内壁滑动。为了保证机械泵的良好密封和润滑，排气阀浸在密封油里以防止大气流入泵中。油通过泵体上的缝隙、油孔及排气阀进入泵腔，使泵腔内所有的运动表面被油覆盖，形成了吸气腔与排气腔之间的密封。同时，油还充满了泵腔内的一切有害空间，以消除它们对极限真空的影响。工作时，转子沿着箭头所示方向旋转时，进气口方面容积逐渐扩大而吸入气体，同时逐渐缩小排气口方面容积将已吸入气体压缩从排气口排出。

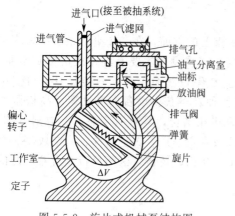

图 5-5-2　旋片式机械泵结构图

进气口(接至被抽系统)
进气滤网
进气管
排气孔
油气分离室
油标
放油阀
排气阀
偏心转子
弹簧
工作室
旋片
ΔV
定子

当机械泵对体积为 V 的容器抽气时，因泵旋转一周所抽出气体体积为泵的工作体积 ΔV，使被抽体积 V 增大了 ΔV，设抽气前 V 中压强为 P，转子旋转一周后 V 中压强为 P_1，则有：

$$PV = P_1(V + \Delta V)$$

所以，$P_1 = P\left(\dfrac{V}{V + \Delta V}\right)$。

同理，设转子旋转二周后，容器 V 中压强为 P_2，则：$P_2 = P_1\left(\dfrac{V}{V+\Delta V}\right) = P\left(\dfrac{V}{V+\Delta V}\right)^2$

第 N 周后，则有：$P_N = P\left(\dfrac{V}{V+\Delta V}\right)^N$。

若机械泵每分钟转 n 转，则经 t 分钟后，$N = nt$，容器中的压强 P_t 为：

$$P_t = P\left(\frac{V}{V+\Delta V}\right)^{nt} \tag{5-5-1}$$

从式(5-5-1)可以看出，随着时间的延长，被抽容器中的压强逐渐减少，但实际工作中，由于机械泵油的饱和蒸气压（室温时）约为 10^{-1}Pa，以及泵的结构和泵的加工精度的限制，机械泵只能抽到一定的压强，此最低压强即为机械泵的极限压强，一般为 10^{-1}Pa。

机械泵的抽气速率主要取决于泵的工作体积，在抽气过程中，随着机械泵进气口处压强的降低，抽气速率也逐渐减小，当抽到系统的极限压强时，系统的漏放气与抽出气体达到动态平衡，此时抽率为零。目前生产的机械泵多是两个泵腔串联起来的，称为双级旋片机械泵，它比单级泵具有极限真空度高和在低气压下具有较大的抽气速率等优点（图 5-5-3）。

机械泵能否在大气压下启动正常工作，其极限真空度是否理想，取决于：①定子空间中两空腔间的密封性，因为其中一空间为大气压，另一空间为极限压强，密封不好将直接影响极限压强；②排气口附近"死角"空间的大小，在旋片移动时它不可能趋于无限小，因此不能有足够的压力去顶开排气阀门；③泵腔内密封油的蒸汽压（室温时约为 10^{-1}Pa）。

（2）油扩散泵。油扩散泵是用来获得高真空的主要设备，工作压强范围：$10^{-5} \sim 10^{-7}$Pa。其结构如图 5-5-4 所示。扩散泵是利用气体扩散现象来抽气的。它的工作原理是通过电炉加热处于泵体下部的专用油，沸腾的油蒸汽沿着伞形喷口高速向上喷射，在喷嘴出口处蒸汽流造成低压，因而使进气口附近被

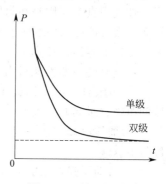

图 5-5-3　单双级泵的
P-t 曲线对比

P
单级
双级
t
0

抽气体的压强高于蒸汽流中该气体的压强，所以被抽气体分子就沿蒸汽流束的方向高速运动，即不断向泵体下部运动，经三级喷嘴连续作用将被抽气体压缩到低真空端由机械泵抽走。而油蒸汽通过冷却水降温，运动到下部与冷的泵壁接触，又凝结为液体，循环蒸发。

扩散泵不能单独使用，一般采用机械泵为前级泵，以满足出口压强（最大 40Pa），如果出口压强高于规定值，抽气作用就会停止。因为在这一压强下，可以保证绝大部分气体分子以定向扩散形式进入高速蒸汽流。此外若扩散泵在较高空气压强下加热，会导致具有大分子

结构的扩散泵油分子的氧化或裂解。油扩散泵的极限真空度主要取决于油蒸气压和反扩散两部分。

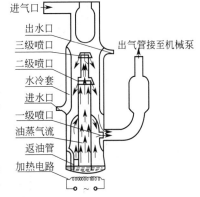

图 5-5-4　油扩散泵示意图

在使用扩散泵时要注意的是：开扩散泵前必须先用机械泵将系统包括扩散泵本身抽至几帕数量级的预备真空，再通冷却水，后通电加热泵油；停机时，应先断开扩散泵加热电源，待泵油降到室温后，再断开冷却水源，最后断开机械泵电源。这样操作可防止泵油氧化变质，提高真空的清洁程度，延长使用寿命，保证系统的极限真空。

通常的真空系统不是只有一种真空泵在工作，而是由至少两级真空泵组成的。本实验中真空系统由两级构成，前级泵是旋片式机械泵构成，二级泵是油扩散泵。

2. 真空的测量

一般实验室常用由热偶真空计和电离真空计合在一起的复合真空计。它是由热偶规管、电离规管和电测系统构成的。

（1）热偶真空计。也叫热偶规，通常用来测量低真空，可测范围为 $10 \sim 10^{-1}$ Pa。它是利用热电偶的电势与加热元件的温度有关，元件的温度又与气体的热传导有关，而低压下气体的热传导与压强成正比的原理测量真空的。它由热偶规管和电测系统构成。如图 5-5-5 所示，它由一根钨或铂制成的加热丝，另由 AB、AB′ 两根不同金属组成的一对热电偶。热电偶一端（热端）与加热丝在 A 点焊接，另两头 B、B′ 分别焊于芯柱引线，再接到毫伏表上。在铂丝上加一定的电流，铂丝温度升高，热电偶出现温差电动势，它的大小可以通过毫伏表测量。如果加热电流是一定的，那么铂丝的平衡温度在一定的气压范围内取决于气体的压强，所以温差电动势也就取决于气体的压强。热电动势与压强的关系很难通过计算得出，需要绝对真空计校准。然后通过校准曲线对热偶真空计进行定标。经过校准定标后，就可以通过测量热偶丝的电动势来指示真空度了。热偶规热丝由于长期处于较高的温度，受到环境气体的作用，故容易老化，所以存在显著的零点漂移和灵敏度变化，需要经常校准。

本设备中热偶规有两个 V_1 和 V_2，其中 V_1 置于两级真空泵中间，它用来测量的是油扩散泵排气口气压，V_2 置于真空室下部，用来测量真空室压力。

（2）电离真空计。也叫电离规，它由电离真空规管和测量电路两部分组成（如图 5-5-6）。电离真空规管直接联于被测系统或容器。它由发射电子的阴极，加速并收集电子的螺旋状的栅状阳极，以及收集正离子的圆筒状的板状收集极组成，其结构类似于三极管。热阴极灯丝加热后发射热电子，栅状阳极具有较高的正电压。热电子在栅状阳极作用下加速并被阳极吸收。由于栅状阳极的特殊形状，除了一部分电子被吸收外，其他的电子流向带有负电的板状收集极，再返回阳极。也就是说部分电子要来回往返几次才能最终被阳极吸收。可以想象，在电子运动的过程中，一定会与气体分子碰撞并电离，电离的阳离子被收集极吸收并形成电流。电子电流 I_e、阳离子电流 I_+ 与气体压强之间满足如下关系：

$$I_+ = I_e K P$$

式中的 K 为称为电离计的灵敏度。通常将电子电流 I_e 保持一定值，然后用绝对真空计杰校准。绘出 I_+-P 关系曲线，就可确定出 K 来。由上述公式可以确定出气压。

对于很高真空度的情况，气体分子很稀薄，所以被电离的气体分子数目很小，因此需要配置微电流放大装置和灯丝稳流装置。电离规的线性指示区域是 $10^{-3} \sim 10^{-7}$ Torr。电离规是中高真空范围应用最广的真空计。低真空范围内，电离规的灯丝和阳极很容易被烧掉，所以一定要避免在低真空情况下使用电离规。

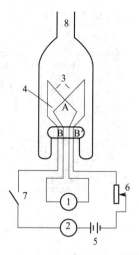

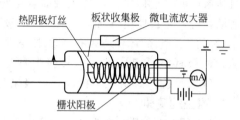

图 5-5-5　热偶真空计结构

1—毫伏表；2—毫安表；3—加热丝；

4—热偶；5—热丝电源；6—电位器；

7—开关；8—接真空系统

图 5-5-6　DL-2 型热阴极电离真空规示意图

四、实验内容和步骤

测量抽气全过程中系统真空度与时间的变化关系。同时测量分别用机械泵和扩散泵抽气时系统的极限压强。

（1）熟悉真空管路，了解真空系统的结构。

（2）开启总电源，面板上的电源指示灯点亮，将控制面板上的工作选择打向机械泵，机械泵开始工作。此时已同时打开了高真空电磁阀，机械泵直接抽真空室。开启 FZH-2B 型复合真空计电源，先将测量开关打向 V_1 测量管路（同时真空测量转换开关打向了管路），再将 FZH-2B 型复合真空计测量转换开关打向 V_2 测量真空室内的真空度。

（3）当机械泵抽至极限值时，先打开水龙头，再将工作选择打到扩散泵预热，此时关闭了 B 阀打开了 C 阀（机械泵对扩散泵抽取真空）。此时将 FZH-2B 型复合真空计开关打向 V_1。接通电源后，通过 PID 温控器设置加热温度，依次提高设定的加热温度为 50℃、100℃、180℃、250℃。注意：扩散泵工作前必须先接通水源！

（4）当温度达到 250℃后，将工作选择打向扩散泵工作。

（5）当真空度达到 1Pa 以下时，打开电离规灯丝开关，测量开关打向"断"，电离真空计的挡位随真空度的大小改变。

以上过程从打开机械泵开始计时，记下真空计表中各整数值时的时间（当抽速很大时，可适当减少计时点）。记录机械泵和扩散泵的极限真空度，对测得的 $\ln P$-t 曲线进行定性说明。

（6）关机步骤。

① 将工作选择开关打向扩散泵预工作状态，D 阀处于关闭状态；机械泵继续工作，冷却水继续接通，对扩散泵内的泵油进行冷却。同时关闭电离规的灯丝电压，测量开关打向 V_1。

② 通过 PID 温控器设置加热温度为 50℃，机械泵继续工作，直到泵油的温度低于 50℃，同时管路真空度在 1 帕数量级时，将工作选择打在"机械泵"。

③ 切断水源，关闭真空计电源。

④ 将工作选择打向"断"，将总电源开关打向"断"，切断总电源。

（1）热偶真空计的测量下限为 10^{-1} Pa，原因是什么？

（2）扩散泵启动前必须要有机械泵提供的前级真空度几帕以上，否则造成什么后果？

（3）机械泵的极限真空度是如何产生的？能否克服？油扩散泵的启动压强应为多少？为什么？

第六节　半导体热敏电阻特性的研究

金属与半导体在温度变化时电阻都会发生变化，但由于两者导电机理不同，其电阻温度特性也大不一样。热敏电阻是利用半导体电阻温度特性制成的一种热敏元件，它通常是由某种金属氧化物按不同的配比烧结而成。由于配比不同，不同的热敏电阻具有不同的电阻温度特性，大致可分为负温度系数热敏电阻（NTC）、临界温度电阻（CTR）和正温度系数热敏电阻（PTC）三类。热敏电阻主要用作温度测量、温度控制、温度补偿、限流保护等，在工业、农业、医学、通信、家电等众多领域得到了广泛应用。

一、实验目的

（1）研究热敏电阻的电阻与温度的关系；

（2）了解半导体温度计的原理；

（3）进一步掌握惠斯通电桥的原理和应用。

二、主要实验仪器

箱式惠斯通电桥，半导体热敏电阻，加热器，直流稳压电源，温度计，温度控制仪，水槽等。

三、实验原理

热敏电阻可以把温度的变化转化为电阻的变化，利用这一特性，可以制成温度计。热敏电阻作为温度传感器具有固态化、性能稳定和性价比高等优点，因此研究它的温度特性很有意义，热敏电阻根据电阻-温度特性可以分为两大类。

① 负电阻温度系数热敏电阻器（简称 NTC），在工作温度范围内，其电阻值随温度增加而显著减小。

② 正电阻温度系数热敏电阻器（简称 PTC），当在居里点温度以下时，热敏电阻温度的电阻大体保持不变，当超过居里点温度时，电阻急剧增大，其电阻温度系数很大。

1. 热敏电阻的电阻-温度特性

研究证明，在不太大的温度变化范围内（低于 450℃），负电阻温度系数的半导体热敏电阻的电阻值 R_T 与温度 T 成指数关系，其表达式为：

$$R_T = A \mathrm{e}^{\frac{\beta}{T}} \tag{5-6-1}$$

式中 A 和 β 均为常数，其中 A 不仅与半导体材料的性质有关，而且与它的尺寸均有关系；常数 β 仅与材料的性质有关。

描述热敏电阻有很多特性参数，其中电阻与温度的关系系数 α 是最基本最重要的参数。α 称为电阻温度系数，定义为：当温度变化为 1K 时，热敏电阻的阻值变化率，记作 α_T，可表示为：

$$\alpha_T = \frac{\mathrm{d}R_T}{\mathrm{d}T} \cdot \frac{1}{R_T} \tag{5-6-2}$$

式中，T 为温度，单位为 K，R_T 为温度 T 相对应的阻值。

热敏电阻的电阻温度系数 α_T 不是一个常数，温度不同时，α_T 值也不同，所以涉及电阻温度系数这个概念时，一定要说明在什么温度下，否则就失去了意义。通常给出半导体热敏电阻技术指标时，都以确定标称电阻值的那个温度为准，给出该温度下的电阻温度系数。不同的材料、不同工艺的热敏电阻的电阻温度系数值也不一样，一般半导体热敏电阻的电阻温度系数值在 $2.4\times10^{-2}\sim6.0\times10^{-2}K^{-1}$ 范围内。半导体热敏电阻的电阻温度系数越大，则说明它的灵敏度越高，这是它的突出优点。

下面以负电阻温度系数的半导体热敏电阻为例，求解电阻温度系数 α 和 β 的关系。

令 $T=T_0$（T_0 为热敏电阻标称阻值的温度，例如 $T_0=293K$）代入式(5-6-1)可得

$$R_0=A\mathrm{e}^{\frac{\beta}{T_0}} \tag{5-6-3}$$

式(5-6-1)除以式(5-6-3)，整理后得

$$R_T=R\mathrm{e}^{\frac{\beta}{T}-\frac{\beta}{T_0}} \tag{5-6-4}$$

将式(5-6-4)代入式(5-6-2)，得

$$\alpha_T=\frac{\mathrm{d}R_T}{\mathrm{d}T}\cdot\frac{1}{R_T}=\frac{\mathrm{d}(R_0\mathrm{e}^{\frac{\beta}{T}-\frac{\beta}{T_0}})}{\mathrm{d}T}\cdot\frac{1}{R_0\mathrm{e}^{\frac{\beta}{T}-\frac{\beta}{T_0}}}$$

整理后得

$$\alpha_T=-\frac{\beta}{T^2} \tag{5-6-5}$$

如果知道了温度 T，β 值也可以用实验的方法求得。令 $T=T_1$，代入式(5-6-2)得

$$R_{T_1}=A\mathrm{e}^{\frac{\beta}{T_1}}$$

又

$$R_0=A\mathrm{e}^{\frac{\beta}{T_0}}$$

两式相除得

$$\frac{R_{T_1}}{R_0}=\frac{\mathrm{e}^{\frac{\beta}{T_1}}}{\mathrm{e}^{\frac{\beta}{T_0}}}$$

两边取对数，整理后得

$$\beta=\frac{T_0T_1}{T_0-T_1}\ln\frac{R_{T_0}}{R_0} \tag{5-6-6}$$

由此可见，只要用实验方法测得 T_1、R_{T_1}、T_0、R_0，从式(5-6-5)和式(5-6-6)就可以算出 α 和 β 值来。从式(5-6-2)可以看出，负热敏电阻的电阻值随着温度的增加呈指数减小，在不同的温度下，测定了热敏电阻的阻值，就可以得到电阻随温度变化的曲线。

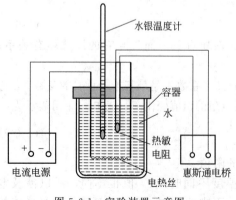

图 5-6-1　实验装置示意图

2. 热敏电阻内热效应对实验的影响

用直流电桥或其他方法测量负电阻温度系数热敏电阻阻值时，必须适当限制通过热敏电阻的电流，否则电流超过限值，热敏电阻内热效应会引起较大的实验误差。至于用热敏电阻作探测器的非平衡电桥也都是在热敏电阻内热影响可以忽略的条件下而设计出来的，因此，用热敏电阻作传感器的非平衡电桥实验设计中，也应该注意内热效应的影响。

四、实验内容和步骤

用电桥法测量半导体热敏电阻的温度特性。

（1）按图 5-6-1 实验装置接好电路，安置好仪器。

（2）在容器内盛入水，开启直流电源开关，在电热丝中通以 2.5～3.0A 的电流，对水加热，使水温逐渐上升，温度由水银温度计读出。热敏电阻的两条引出线连接到惠斯通电桥的待测电阻接线柱上。

（3）测试的温度从 20℃ 开始，每增加 5℃，做一次测量，直到 60℃ 为止。

五、数据记录与处理

（1）把实验测量数据填入表 5-6-1 中。

表 5-6-1

$t/℃$	20.0	25.0	30.0	35.0	40.0	45.0	50.0	55.0	60.0
R_T/Ω									

（2）作 $R_T \sim t$ 曲线。

（3）作 $\ln R_T \sim 1/T$（$T = 273 + t$）直线，求此直线的斜率 B 和截距 A，有条件者，最好用回归法代替作图法求常数 A 和 B 值。

（4）求出 α 和 β 的值。

六、思考与讨论

（1）半导体热敏电阻具有怎样的温度特性？

（2）利用半导体热敏电阻的温度特性，能否制作一只温度计？

第六章 电磁学实验

第一节 密立根油滴实验

密立根（R. A. Millikan）是著名的实验物理学家，1907 年开始，他在总结前人实验的基础上，着手电子电荷量的测量研究，之后改为以微小的油滴作为带电体，进行基本电荷量的测量，并于 1911 年宣布了实验的结果，证实了电荷的量子化。此后，密立根又继续改进实验，在前后十余年的时间里，做了几千次实验，取得了可靠的结果，最早完成了基本电荷量的测量工作。密立根的油滴实验设备简单而有效，构思和方法巧妙而简洁，他采用了宏观的力学模式来研究微观世界的量子特性，所得数据精确且结果稳定，无论在实验的构思还是在实验的技巧上都堪称是第一流的，是一个著名的有启发性的实验，被誉为实验物理的典范。由于密立根在测量电子电荷量以及在研究光电效应等方面的杰出成就，而荣获 1923 年诺贝尔物理学奖。

一、实验目的

（1）理解密立根油滴实验的设计思想和实验方法。

（2）通过对带电油滴在重力场和静电场中运动的测量，验证电荷的不连续性，并测定基本电荷值 e。

（3）了解 CCD 图像传感器的原理与应用，学习电视显微测量方法。

二、主要实验仪器

实验仪器主要有密立根油滴实验仪、喷雾器、钟油、停表等。

1. 密立根油滴实验仪

密立根油滴实验仪主要由油滴盒、CCD 电视显微镜、电路箱和监视器等组成。

油滴盒是个重要的部件，加工精度要求高，结构如图 6-1-1 所示，上下极板是精密加工的平行极板，垫在胶木圆环上，板间的不平行度、间距误差控制在 0.01mm 以下。喷雾器的喷嘴伸入喷雾口，喷出的油雾分布在油雾室中，有少部分油滴从下部油雾孔垂直下落，并经过上电极中心小孔进入油滴盒，CCD 电视显微镜从摄像孔将其摄下，并输入显示器，供我们观察测量。

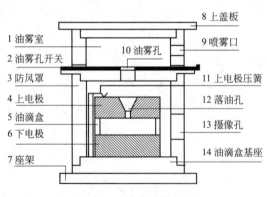

1 油雾室
2 油雾孔开关
3 防风罩
4 上电极
5 油滴盒
6 下电极
7 座架
8 上盖板
9 喷雾口
10 油雾孔
11 上电极压簧
12 落油孔
13 摄像孔
14 油滴盒基座

图 6-1-1　油滴盒结构图

在油滴盒外套有防风罩，罩上放置一个可取下的油雾杯，杯底中心有一个落油孔及一个金属挡片，用来开关落油孔，成为油雾孔开关。

电路箱面板结构如图 6-1-2 所示，电路箱内装有高压电源以及测量显示等电路，底部的三个调平螺丝用以调节箱体的水平，水平状态由面板上的水准仪显示。极板间电压调节开关 K_2 分"提升"、"平衡"、"0V"三挡。当 K_2 置于"平衡"挡时，可由旋钮 W 调节平衡电压；当 K_2 置于"提升"挡时，板间电压自动在平衡电压基础上增加 $200 \sim 300V$ 的提升电压；当 K_2 置于"0V"挡时，板间电压为 0V。为了提高测量精度，油滴仪将 K_2 的"平衡"、"0V"挡与"计时/停"开关联动，在计时停止情况下，当 K_2 由 "平衡" 扳向 "0V" 时，油滴开始匀速下落，计时也同时开始；待油滴落到预定位置时，迅速将 K_2 由 "0V" 扳向 "平衡"，油滴停止下落，计时也随之停止。

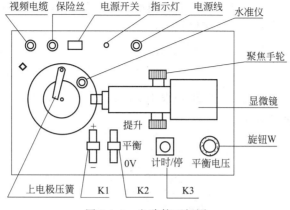

图 6-1-2　电路箱面板图

CCD 是电荷耦合器件的英文缩写（即 Charge Coupled Device），它是固体图像传感器的核心器件。由它制成的摄像头，可把光学图像变成视频电信号，CCD 电视显微镜由 CCD 摄像镜头和显微镜组成，微调显微镜的聚焦手轮可以在监视器屏幕上得到清晰的油滴像。

监视器是一个电视显示器，用于接收电路输出的视频信号，将 CCD 成像系统观测到的图像显示出来。屏幕上有网格，由此可以知道油滴运动的距离。

2. 喷雾器

储油腔内的实验用油经皮囊挤压出的高速气流吹过，形成由大量油滴组成的高速油雾。油滴与空气发生摩擦使部分油滴带电，某油滴是否带电可以通过油滴在电场中的运动情况来判断。

三、实验原理

用喷雾器将油滴喷入平行板电容器内部，油滴被喷出后一般都会因为摩擦而带电。通过分析油滴的受力和运动情况，测量后经过计算可以得出油滴的带电量。

1. 油滴在静电场中受力平衡

一带电油滴在水平的平行板电场中平衡时，如图 6-1-3，受到的重力 mg 和电场力 qE 相等（忽略空气浮力），即有：

$$mg = qE = q\frac{U}{d} \tag{6-1-1}$$

可见，要求得电量，除了要知道极板电压 U 和极板间距 d 之外，必须测出油滴质量。由于油滴质量很小，无法直接测量，需要通过测量油滴的匀速运动来计算出油滴质量。

2. 无电场时油滴匀速下落

在平行板中，若没有电场，油滴受重力作用而加速下降，此时空气会对油滴产生黏滞力 f，当二力平衡时，油滴做匀速运动，由斯托克斯定律可知：

$$f = 6\pi r \eta v_g = mg \tag{6-1-2}$$

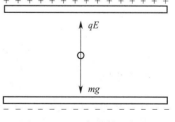

图 6-1-3　油滴在静电场中
受力平衡

式中，η 为空气的黏滞系数，r 为油滴的半径，v_g 为油滴匀速运动的速度。

如已知油滴的密度 ρ，则可知油滴的质量为 $m = \frac{4}{3}\pi r^3 \rho$，所以有

$$r = \sqrt{\frac{9\eta v_g}{2\rho g}} \qquad\qquad (6\text{-}1\text{-}3)$$

由于油滴半径小，与空气分子的平均自由程相近，油滴在空气中的运动不能看成是在连续介质中的运动，所以其黏滞系数应修正为：

$$\eta' = \frac{\eta}{1 + \dfrac{b}{pr}}$$

式中 b 为修正常数，p 为大气压。由于 b 很小，r 不需要十分精确。

因而油滴的半径应表示为

$$r' = \sqrt{\frac{9\eta v_g}{2\rho g\left(1 + \dfrac{b}{pr}\right)}} \qquad\qquad (6\text{-}1\text{-}4)$$

油滴的质量为

$$m = \frac{4}{3}\pi\left[\frac{9\eta v_g}{2\rho g\left(1 + \dfrac{b}{pr}\right)}\right]^{\frac{3}{2}}\rho \qquad\qquad (6\text{-}1\text{-}5)$$

实验中测出油滴匀速下落的距离 l 和时间 t_g，即可得出油滴匀速下落的速度 v，再将式 (6-1-5) 与式 (6-1-1) 合并，最终可以得到：

$$q = \frac{18\pi}{\sqrt{2\rho g}}\left[\frac{\eta l}{t_g\left(1 + \dfrac{b}{pr}\right)}\right]^{\frac{3}{2}}\frac{d}{U} \qquad\qquad (6\text{-}1\text{-}6)$$

式中 $r = \sqrt{\dfrac{9\eta l}{2\rho g t_g}}$。

3. 动态非平衡测量法

为解决静态平衡法中由于气流扰动而产生的非预期的影响以及油滴蒸发引起的误差，可在平行极板上加上电压 U_2，使电场力方向与重力方向相反，调节电压 U_2 使电场力略大于油滴重力，则带电油滴将向上作加速运动。速度增加时，空气对油滴的黏滞力也随之增大，很快油滴就受力平衡，然后将以速度 v_2 匀速上升，此时对油滴受力分析，有：

$$q\frac{U_2}{d} = mg + 6\pi\eta r v_2$$

去掉平行极板上的电压后，油滴受重力作用开始加速下降，当空气阻力与重力平衡时，匀速下降，有：

$$mg = 6\pi\eta r v_g$$

两式相除，得 $\dfrac{v_2}{v_g} = \dfrac{q\dfrac{U_2}{d} - mg}{mg}$。

若实验时取油滴匀速上升和匀速下降的距离都为 l，测出油滴匀速上升和匀速下降的时间分别为 t_2 和 t_g，可得

$$q = mg\frac{d}{U_2}\times\frac{v_g + v_2}{v_g} = \frac{18\pi}{\sqrt{2\rho g t_g}}\left[\frac{\eta l}{1 + \dfrac{b}{pr}}\right]^{\frac{3}{2}}\frac{d}{U_2}\left(\frac{1}{t_g} + \frac{1}{t_2}\right)$$

值得说明的是，油滴从静止开始，先经一段变速运动后再进入匀速运动。但变速运动的时间非常短（小于 0.01s），与仪器计时器精度相当，所以实验中可认为油滴自静止开始运

动就是匀速运动。

四、实验内容与步骤

1. 仪器调整

将仪器放平稳，调节仪器底部左右两只调平螺丝，使水准泡指示水平，这时平行极板处于水平位置。先预热 10 分钟，利用预热时间，从测量显微镜中观察，如果分划板位置不正，则转动目镜头，将分划板放正，目镜头要插到底。调节目镜，使分划板刻线清晰。

将油从油雾室旁的喷雾口喷入（喷口持平喷一次即可），微调测量显微镜的调焦手轮，使视场中出现大量清晰的油滴。如果视场太暗，油滴不够明亮，或视场上下亮度不均匀，可略微转动油滴照明灯的方向，使小灯珠前面的聚光珠正对前方。

2. 测量练习

练习内容包括选择适当油滴，控制油滴运动情况，测量油滴运动时间。

（1）练习选择油滴。要做好本实验，很重要的一点是选择合适的油滴。选的油滴体积不能太大，太大的油滴虽然比较亮，但带的电荷比较多，下降速度也比较快，时间不容易测准确。油滴也不能选的太小，太小则布朗运动明显。通常选择平衡电压在 200V 以上，在 20～30s 时间内匀速下降 2mm 的油滴，其大小和带电量都比较合适。具体选择方法是：

① 喷油后，微调显微镜调焦手轮，使屏幕上显示清晰的油滴图像；

② 将极性开关 K_1 置于任意一极（通常置于"＋"极），调压开关 K_2 扳向"提升"和"0V"时，能够控制其上下运动的油滴，选一颗作为测量对象；

（2）练习控制油滴。用平衡法实验时，在平行极板上加工作（平衡）电压 250V 左右，反向开关放在"＋"或"－"侧均可，驱走不需要的油滴，直到剩下几颗缓慢运动的为止。注视其中的某一颗，仔细调节平衡电压，使这颗油滴静止不动。然后去掉平衡电压，让它匀速下降，下降一段距离后再加上平衡电压和升降电压，使油滴上升。如此反复多次地进行练习，以掌握控制油滴的方法。

（3）练习测量油滴运动的时间。任意选择几颗运动速度快慢不同的油滴，用停表测出它们下降一段距离所需要的时间。或者加上一定的电压，测出它们上升一段距离所需要的时间。如此反复多练几次，以掌握测量油滴运动时间的方法。

3. 正式测量

（1）平衡测量法。从前面的实验原理可知，用静态平衡测量法进行实验时要测量的有两个量，一个是平衡电压 U，另一个是油滴匀速下降一段距离 l 所需要的时间 t_g。测量平衡电压必须经过仔细的调节，使油滴置于分划板上某条横线附近并保持静止，以便准确判断出这颗油滴是否平衡。

测量油滴匀速下降一段距离 l 所需要的时间 t_g 时，应先让油滴下降一段距离后再测量时间。选定测量的一段距离 l，应该在平行板之间的中央部分，即视场中分划板的中央部分。若太靠近上电极板，小孔附近有气流，电场也不均匀，会影响测量结果。若太靠近下电极板，测量完时间 t_g 后，油滴容易丢失，影响测量。一般取 l 为 0.2cm 比较合适。

对同一颗油滴应进行 10～12 次测量，而且每次测量都要重新调整平衡电压。如果油滴逐渐变得模糊，要微调测量显微镜跟踪油滴，勿让油滴丢失。

用同样方法分别对 4～5 颗油滴进行测量。

（2）动态非平衡测量法。（选做）具体方法学生可根据实验原理自拟。

五、数据记录与处理

1. 实验所需参数

油的密度：$\rho = 981\text{kg/m}^3$。

重力加速度：$g = 9.8 \text{m/s}^2$（各地的 g 可能不同，可以查询当地资料以获取准确数据）。

空气的黏滞系数：$\eta = 1.83 \times 10^{-5} \text{kg/(m·s)}$。

油滴匀速下降的距离：$l = 2.00 \times 10^{-3} \text{m}$。

修正常数：$b = 0.0082 \text{N/m}$。

大气压强：$p = 1.01 \times 10^5 \text{Pa}$。

平行极板距离：$d = 5.00 \times 10^{-3} \text{m}$。

2. 计算油滴的电量

自行设计表格记录数据，将以上参数和测量数据带入式（6-1-6），可求出油滴的电量。对同一油滴测出的多组数据，分别计算，求出多个电量，取平均，即得出该油滴电量的最终实验值。

显然，由于油的密度 ρ、空气的黏滞系数 η 都是温度的函数，重力加速度 g 和大气压强 p 又随实验地点和条件的变化而变化，因此，式（6-1-6）的计算是近似的。在一般条件下，这样的计算引起的误差约为 1%，但它带来的好处是使运算方便得多，对于学生的实验，这是可取的。

3. 基本电荷的计算

为了证明电荷的不连续性和所有电荷都是基本电荷 e 的整数倍，并得到基本电荷 e 值，我们应对实验测得的各个电量 q 求最大约数。这个最大公约数就是基本电荷 e 值，也就是电子的电荷值。但是由于实验条件的原因，可能会有较大的偏差，要求出最大公约数比较困难。通常我们用倒过来验证的办法进行数据处理，即用公认的电子电荷值 $e = 1.60 \times 10^{-19} \text{C}$ 去除实验测得的电量 q，得到一个接近于某一个整数的数值。这个数值就是油滴所带的基本电荷的数目 n。再用这个 n 去除实验测得的电量，即得电子的电荷值 e。

六、注意事项

本实验仪器较精密，要求实验者一定要看懂实验原理，明确实验步骤，精心操作。未经指导教师同意，不得擅自拆卸油雾室和拨动电极压簧。现将有关仪器使用和维护的注意事项说明如下。

（1）油雾喷雾器的油壶不可装油太满，否则喷出的是油注，而不是油雾。长期不做实验时应将油液倒出，并将气囊与金属件分离保管好，以延长使用寿命。

（2）若显示屏上看不到油滴（油滴盒中没有油滴），有可能上电极中心小孔堵塞，需进行清理。

（3）如开机后屏幕上的字很乱或重叠，先关闭油滴仪电源，过一会开机即可。如发现刻度线上下抖动，可打开屏幕下边的小盒盖，微调左起第二旋钮可以消除抖动。

（4）实验过程中极性开关 K1 拨向任一极性后一般不要再动，使用最频繁的是电压调节开关 K2、平衡调节旋钮 W 以及"计时/停"开关，操作一定要轻而稳，以保证油滴的正常运动。如在使用过程中发现高压突然消失，只需关闭油滴仪电源半分钟后再开机就可恢复正常。

（5）油的密度与温度有关，实验中应注意根据不同温度选取相应值。其中极板间距 d 值由所用实验仪器决定。在用计算机处理数据时应正确设置软件程序相关参数。

第二节　直流电桥

电桥是一种比较式仪器，将被测量与已知量进行比较从而获得测量结果，所以测量准确度比较高。在电测技术中，电桥被广泛地用来测量电阻、电感、电容等参数；在非电量的电测法中，用来测量温度、湿度、压力、重量以及微小位移等。

直流电桥可以用来测量电阻。直流电桥的种类很多，按准确度级别可分为 0.005 级、0.01 级、0.02 级、0.05 级、0.1 级、0.2 级、0.5 级、1.0 级和 2.0 级等；按测量范围可分为高阻电桥（$10^6\Omega$ 以上）、中阻电桥（$10\sim10^6\Omega$）、低阻电桥（$10\sim10^{-5}\Omega$）；按使用条件可分为实验室型和携带型；按平衡方式可分为平衡电桥和非平衡电桥；按线路结构可分为单臂电桥、双臂电桥、单双臂电桥等。

本实验只研究单臂电桥和双臂电桥。单臂电桥又称惠斯登电桥（Whealston Bridge），双臂电桥又称凯尔文电桥（Kelvin Bridge）。

Ⅰ　惠斯登电桥（Whealston Bridge）

一、实验目的

（1）掌握惠斯登电桥的原理和使用方法；
（2）用惠斯登电桥测量电阻和微安表的内阻 R_g。

二、主要实验仪器

QJ19 型直流单双臂电桥、待测电阻、开关等；

三、实验原理

在用伏安法测电阻时，无论是将电流表内接还是外接，都会给测量带来由于电表内阻的引入而引起的接入误差，故无法精确测量电阻值，为精确测量中等阻值电阻，可采用惠斯登电桥。

惠斯登电桥的原理如图 6-2-1 所示，它是由电阻 R_1、R_2、R 和待测电阻 R_x 组成一个四边形 ABCD，在对角线 A、C 上接电源，在对角线 B、D 上接检流计，所谓"桥"，是指接入检流计的对角线，它的作用是利用检流计将桥的两个端点的电位直接进行比较，当 B、D 两点电位相等时，检流计中无电流通过，这种状态称作电桥平衡。电桥平衡时

$$U_{AD}=U_{AB}, \quad U_{BC}=U_{DC}$$

即
$$I_1R_1=I_xR_x, \quad I_2R_2=IR$$

因为检流计中无电流，所以 $I_1=I_2$，$I_x=I$，上列两式相除，得

$$\frac{R_1}{R_2}=\frac{R_x}{R}$$

即
$$R_x=\frac{R_1}{R_2}R \tag{6-2-1}$$

式（6-2-1）即为电桥平衡条件。由式（6-2-1）可知，只要知道比值 R_1/R_2 和 R 值，便可求得 R_x，式（6-2-1）中，R_1/R_2 叫比率，R 叫比较电阻，四个电阻 R_1，R_2，R，R_x 均为"桥臂"。

实验室常用的惠斯登电桥有板式和箱式两种形式，在板式电桥图 6-2-2 的情形下，R_1 和 R_2 为同一根均匀电阻丝上不同两部分的电阻。电阻丝上有一滑键 D 可来回移动，它把电阻丝划分为 L_1 和 L_2 两部分，对于均匀的电阻丝，其电阻是和长度成正比的，因此，移动滑键就能改变 R_1 和 R_2。它们之间的比值与电阻丝长度之间的比值有如下关系：$R_1/R_2=L_1/L_2$，代入式（6-2-1），得

$$R_x=\frac{L_1}{L_2}R \tag{6-2-2}$$

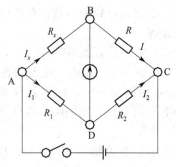

图 6-2-1　惠斯登电桥原理图

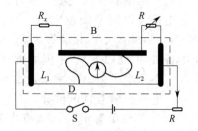

图 6-2-2　板式惠斯登电桥示意图

QJ19 型直流单双臂电桥面板见图 6-2-3，用作单臂电桥时"工作电源"应选择"3V"、"6V"、"15V"这三挡，本实验采用"3V"挡，"标准（双）"的两个接线柱必须短接，面板上"R1"、"R2"为比例臂旋钮，比值 R_1/R_2 与板式电桥中 L_1/L_2 相当，即 $R_1/R_2 = L_1/L_2$。它的取值应与待测电阻的大小配合，待测电阻越大，R_1/R_2 也越大。面板下半部的"Ⅰ"～"Ⅴ"旋钮组成比较臂，它们用于调节 R，中间有一检流计。"检流计灵敏度"选择旋钮用于选择检流计灵敏度，其作用如下：一是保护检流计；二是改变电桥的灵敏度，便于调节。使用时应先选择灵敏度较低的，按下"电源（单）"和"粗"按钮，调节"Ⅰ"～"Ⅴ"旋钮至基本平衡，再选择灵敏度较高的，按下"电源（单）"和"细"按钮，重复调节"Ⅰ"～"Ⅴ"旋钮使电桥平衡。"粗"、"细"按钮在操作时应遵循先"点通"（按钮—按—松），调节比较电阻 R，待接近平衡时再"长通"（按紧按钮），调节比较电阻 R，使电桥平衡。电桥平衡后，$R_x = \dfrac{R_1}{R_2} \cdot R$。

仪器自备电源，工作电压为 3V、6V、15V。必要时，可外接电源，"电源（单）"接线柱为外接电源接线柱。外接电源时，"工作电源"旋钮选择"外接"。

"检流计"接线柱用于外接检流计。在搬动仪器时，必须使检流计短路，以免它的动圈剧烈摇晃。

四、实验内容及步骤

用 QJ19 型直流单双臂电桥作为单臂电桥测量电阻。此时"工作电源"应选择"3V"挡。接线示意图如图 6-2-3 所示。

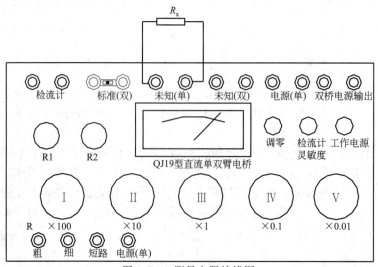

图 6-2-3　测量电阻接线图

五、数据记录与处理

实验测量数据计入表 6-2-1。

表 **6-2-1**

待测电阻	R_1/Ω	R_2/Ω	R/Ω	R_x/Ω
1				
2				
3				

Ⅱ 双臂电桥（Kelvin bridge）

一、实验目的

（1）了解用双臂电桥测低阻值电阻的原理；
（2）学会用双臂电桥测低阻值电阻的方法。

二、主要实验仪器

QJ19 型直流单双臂电桥、转换开关、待测金属杆、SR-1 型双臂电桥四端低值电阻测试夹具、标准电阻 0.01Ω 等。

三、实验原理

通常在用惠斯登电桥测量中等阻值电阻时，电路中接线的电阻和接点的接触电阻（统称附加电阻），可以不加考虑。但在测量 1Ω 以下的电阻时，这些附加电阻的作用就不可忽视了。为了减小测量误差，应采用双臂电桥来测量低阻值电阻，电路见图 6-2-4。电桥各臂电阻用 R_1、R_2、R_3、R_4、R_x、R_0 表示，各接线的电阻和接点的接触电阻用 R_1'、R_2'、R_3'、R_4'、R' 表示。

双臂电桥之所以能消除（或减小）附加电阻的影响，这是由于双臂电桥在设计上采取了以下措施。

（1）设计了相对于附加电阻 R_1'、R_2'、R_3'、R_4' 大得多的桥臂电阻 R_1、R_2、R_3、R_4。同时，因待测电阻 R_x、标准电阻 R_0 及 R' 也都远小于 R_1、R_2、R_3、R_4，故通过 R_x 和 R_0 的电流远大于通过 R_1、R_2、R_3 和 R_4 的电流。于是，R_1'、R_2'、R_3'、和 R_4' 上的电势降不仅远小于 R_1、R_2、R_3 和 R_4 上的电势降，而

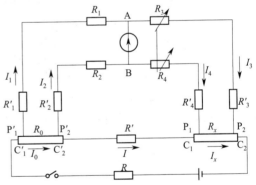

图 6-2-4 双臂电桥电路图

且还远小于 R_x 和 R_0 上的电势降。因此，R_1'、R_2'、R_3'、和 R_4' 电势降可以略去不计，亦即这些附加电阻的影响可以被忽略。而由于增加了一对比例臂，绕过 R' 了，使 R' 的影响被消除。

（2）在连接待测电阻时，采用了四个接头 C_1、P_1、P_2、C_2，电阻的这种接法称为四端钮接法，或四端接法。其中 C_1、C_2 称为电流接头，P_1、P_2 称为电压接头。这样，P_1 和 P_2 处的接触电阻已分别包含在 R_3' 和 R_4' 中，而 C_1 和 C_2 处的接触电阻已被排除在 R_x 之外，因此，在测量 R_x 时，二者都不需要考虑。同样，在连接 R_0 时，亦采用四个接头。

适当选择 R_0、R_1、R_2（本实验 $R_0 = 0.01\Omega$，$R_1 = R_2 = 100\Omega$）仔细调节 R_3（R_3 与 R_4 为共轴可调电阻，$R_3 = R_4$），使检流计中无电流通过，这时，电桥达到平衡，A 与 B 两点电势相等。根据图 6-2-4 中电路有

$$I_1R_1+I_1R_1'=I_0R_0+I_2R_2+I_2R_2'$$

和
$$I_3R_3+I_3R_3'=I_xR_x+I_4R_4+I_4R_4'$$

根据上面分析，由于 I_3R_3' 和 I_4R_4' 远小于 I_3R_3、I_4R_4 和 I_xR_x，I_1R_1' 和 I_2R_2' 远小于 I_1R_1、I_2R_2 和 I_0R_0，又因为在电桥设计中考虑到了足够精度，我们可把这些小项略去不计，故可简化为

$$I_1R_1=I_0R_0+I_2R_2 \tag{6-2-3}$$

和
$$I_3R_3=I_xR_x+I_4R_4 \tag{6-2-4}$$

由于 $I_0=I_2+I$，$I_x=I_4+I$，当电桥达到平衡时有 $I_1=I_3$、$I_2=I_4$，则 $I_x=I_0$。

由式（6-2-3）和式（6-2-4）得

$$\frac{R_x}{R_0}=\frac{I_3R_3-I_4R_4}{I_1R_1-I_2R_2} \tag{6-2-5}$$

如果在设计双臂电桥时适当选择电桥桥臂电阻，令

$$R_1=R_2，R_3=R_4=R$$

则式（6-2-5）可简化为

$$\frac{R_x}{R_0}=\frac{R_3}{R_1}=\frac{R_4}{R_2}$$

或
$$R_x=\frac{R_3}{R_1}R_0=\frac{R}{R_1}R_0 \tag{6-2-6}$$

式（6-2-6）为双臂电桥的平衡条件。由此可见，只要知道 R_3/R_1 和标准电阻 R_0，便可求得 R_x。

四、实验内容和步骤

（1）按图 6-2-5 接好线路，使待测金属杆（铜杆和铝杆）四个接头接触良好。

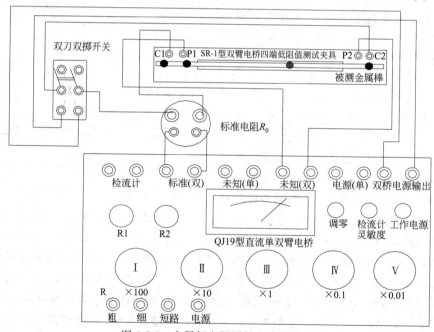

图 6-2-5　金属杆电阻测量电路接线图

（2）选择适当的 R_1、R_2（本实验 $R_1=R_2=100\Omega$），接通电桥的电源（在电桥的上侧面），调节"调零"旋钮使检流计的指针对零。

（3）将双刀双掷开关合向任意一边，调节 R 使电桥平衡，记下 R 并求得此状态下 P1P2 段金属杆的电阻 R_x。

（4）将双刀双掷开关合向另外一边，调节 R 使电桥平衡，记下 R 并求得此状态下 P1P2 段金属杆的电阻 R_x。

（5）适当选择并记下待测金属杆在 P1、P2 间的距离 L_x。金属杆的直径 $d_x = 4\text{mm}$，并计算杆的截面积 S_x。

（6）算出待测电阻 $\bar{R}_x$ 及该材料的电阻率 ρ_x。

（7）改变 P1、P2 间之间的距离重复步骤（1）~（6）。

（8）改变材料（铜和铝）重复步骤（1）~（7）。

五、数据记录与处理

实验测量数据记入表 6-2-2。

表 6-2-2

材料为：_____，直径 $d_x = 4\text{mm}$，截面积 $S_x = $ _____ mm^2，标准电阻 $R_0 = 0.01\Omega$

L_x/mm				
$R_{x\text{正向}} = \dfrac{R}{R_1}R_0/\Omega$				
$R_{x\text{反向}} = \dfrac{R}{R_1}R_0/\Omega$				
$\bar{R}_x = \dfrac{R_{x\text{正向}} + R_{x\text{反向}}}{2}/\Omega$				
$\rho_x = \dfrac{\bar{R}_x \cdot S_x}{L_x}/(\Omega \cdot \text{m})$				
$\bar{\rho}_x/(\Omega \cdot \text{m})$				

六、注意事项

（1）双臂电桥的工作电流较大，应尽量缩短通电时间。

（2）凡是带锁扣的检流计，用毕都应锁上。分流器上的按钮或其他按钮开关用毕都应松开。

七、思考题

（1）双臂电桥和单臂电桥的用途有何不同？前者是如何消除接线电阻和接头处接触电阻对测量结果的影响的？

（2）分流器起何作用？应如何正确使用它？

附录Ⅰ：实验仪器介绍

1. SR-1 型双臂电桥四端低值电阻测试夹具

SR-1 型双臂电桥四端低值电阻测试夹具的面板见附录图Ⅰ-1。C1、P1、C2、P2 为接线端钮，①、②、④为被测金属棒的固定柱，③为测试滑动柱，SR-1 型测试夹具面板上带有标尺可以读出 P1 与 P2 之间的距离。C1 与①之间、P1 与②之间、C2 与④之间、P2 与③之间有导线相连。

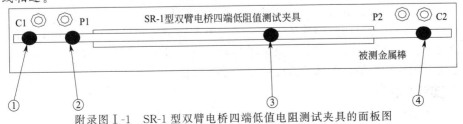

附录图Ⅰ-1　SR-1 型双臂电桥四端低值电阻测试夹具的面板图

2. 箱式单双臂电桥

QJ19 型直流单双臂电桥的面板见图 6-2-3。QJ19 型直流单双臂电桥原理见附录图Ⅰ-2。

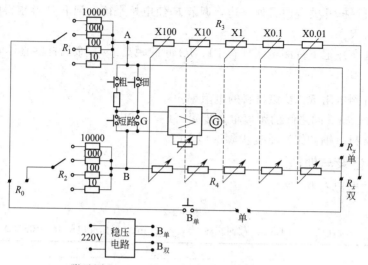

附录图Ⅰ-2　QJ19 型直流单双臂电桥原理图

本仪器的原理与板式双臂电桥相同。仪器的面板有一检流计，它带有晶体管放大器，以保证有足够的灵敏度。检流计灵敏度旋钮用于调节检流计灵敏度，调零旋钮用于调整检流计的零点。双桥测量用电源由电桥内部输出，即"双桥电源输出"两接线柱上有电压输出，此时"工作电源"开关先转至"双桥 1.5V"位置。电桥内部设计有限流和保护电路，所以省略外接限流电阻。检流计灵敏度开关先转至"1×10^{-7}"挡。按下表选取 R_1、R_2 的数值，把正反开关合在任意一方接通电路，接通检流计"粗"按钮，调节测量盘使检流计基本指零，再接通"细"按钮，视灵敏度高低选择合适的灵敏度量程。调节测量盘使电桥平衡。按图 6-2-5 连接电路，不难得出本实验 $R_x = R_0 R_3 / R_1 = R_0 R_4 / R_2$。

R_x/Ω		R_0/Ω	$R_1 = R_2$ /Ω	R_x/Ω		R_0/Ω	$R_1 = R_2$ /Ω
从	到			从	到		
10	100	10	100	0.001	0.01	0.001	100
1	10	1	100	10^{-4}	10^{-3}	0.001	1000
0.1	1	0.1	100	10^{-5}	10^{-4}	0.001	10000
0.01	0.1	0.01	100				

第三节　霍尔效应法测量磁场

霍尔效应（Hall Effect）是由霍尔在 1879 年研究载流导体在磁场中受力性质时所发现的。当电流垂直于外磁场通过导体时，在导体的垂直于磁场和电流方向的两个端之间会出现电势差，这就是霍尔效应。实验中用半导体制成的载流导体元器件，称为霍尔片，具有频率响应宽、小型、无接触、寿命长、成本低等优点，广泛地应用于科研、生产与生活之中。利用它可以测量磁场；可以研究半导体中载流子的类别和特性等；也可以利用它制作传感器，用于磁读出头、隔离器、转速仪等。量子霍尔效应更是当代凝聚态物理领域最重要的发现之一，它在建立国际计量的自然基准方面也起了重要的作用。

一、实验目的

（1）了解霍尔效应法测量磁场的原理和方法；

（2）测定所用霍尔片的霍尔灵敏度；

（3）用霍尔效应法测量通电螺线管轴线上的磁场；

（4）用霍尔效应法测量通电线圈和亥姆霍兹线圈轴线上的磁场，验证磁场叠加原理，验证亥姆霍兹线圈中央存在均匀磁场。

二、主要实验仪器

霍尔效应实验仪（详细见附录）。

三、实验原理

霍尔效应法是利用半导体在磁场中的霍尔效应测量磁感应强度的方法。这种方法应用广泛，各种型号的特斯拉计就是利用霍尔效应法来测量磁场的。

1. 霍尔效应及其测磁原理

把一块半导体薄片（锗片或硅片等）放在磁感应强度大小为 B 的磁场中（B 的方向沿 Z 轴方向），如图 6-3-1 所示。从薄片的四个侧面 A、A′、D、D′ 上，分别引出两对电极。沿纵向（AA′方向，即 X 轴正向）通以电流 I_H，则在薄片的两个横向面 DD′ 之间就会产生电势差，这种现象称为霍尔效应，产生的电势差称为霍尔电势差，根据霍尔效应制成的磁电变换元件称为霍尔元件，即霍尔片。霍尔效应是由洛仑兹力引起的。当放在垂于磁场方向的半导体薄片通以电流后，薄片内定向移动的载流子受到洛仑兹力 f_B 作用。

$$f_B = q\mathbf{V} \times \mathbf{B} \quad \text{或} \quad f_B = qvB \tag{6-3-1}$$

式中，q、v 分别是载流子的电荷和移动速度。载流子受力偏转的结果使电荷在 D、D′ 两端面积聚集而形成电场（图 6-3-1 中设载流子是负电荷，故 f_B 沿 Y 轴负方向），这个电场又给载流子一个与 f_B 反方向的电场力 f_E。设 E 表示电场强度，$U_{DD'}$ 表示 D、D′ 间的电势差，称为霍尔电压，也可用 U_H 表示，b 表示薄片宽度，则

$$f_E = qE = q \cdot \frac{U_{DD'}}{b} \tag{6-3-2}$$

达到稳定状态时，电场力和洛仑兹力平衡，有

$$f_B = f_E$$

即

$$qVB = q\frac{U_{DD'}}{b}$$

载流子的浓度用 n 表示，薄片厚度用 d 表示，则电流 $I_H = nqvbd$，故得

$$U_{DD'} = \frac{I_H B}{nqd} = R_H \frac{I_H B}{d} \tag{6-3-3}$$

式中，$R_H = \frac{1}{nq}$ 称为霍尔系数，它表示材料的霍尔效应的大小。

通常，式(6-3-3) 常写成如下形式：

$$U_{DD'} = K_H I_H B \tag{6-3-4}$$

比例系数 $K_H = \frac{R_H}{d} = \frac{1}{nqd}$ 称为霍尔片的灵敏度，它的大小与材料的性质及薄片的尺寸有关，对一定的霍尔片它是一个常数，可用实验测定。

由式(6-3-4) 可以看出，如果知道了霍尔片灵敏度 K_H，用仪器分别测出流过霍尔片的电流 I_H 及相应的霍尔电压 $U_{DD'}$，就可算出磁感强度 B 的大小。这就是用霍尔效应测量磁场的原理。

半导体材料有 N 型（电子型）和 P 型（空穴型）两种。前者的载流子为电子，带负电；后者的载流子为空穴，相当于带正电的粒子。由图 6-3-1 可以看出，若载流子为 N 型，则

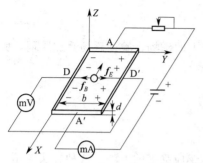

图 6-3-1　霍尔效应原理图

D 点电位低于 D′，$U_{DD'}<0$；若载流子为 P 型，则 D 点电位高于 D′，$U_{DD'}>0$。因此，知道了载流子类型，可以根据 $U_{DD'}$ 正负确定待测磁场的方向；反之，知道了磁场方向亦可以确定载流子的类型。

2. 实验中的副效应及其消除法

伴随着霍尔效应还经常存在着一些其他的副效应，它们都将带来附加的电势差，所以在使用霍尔片时还需设法消除这些附加电势差。这些副效应包括以下几种。

（1）埃廷豪森效应。这是一种温度梯度效应。由于载流子的速度不相等，它们在磁场作用下，速度大的受到洛仑兹力大，绕大圆轨道运动，速度小的则绕小圆轨道运动。这样导致霍尔片的一端（D 端）较另一端（D′端）具有较多的能量从而形成一个横向的温度梯度，该温度梯度引发 D、D′两端出现温差电压 U_t，U_t 的正负与电流 I_H 和磁感应强度 B 的方向有关。

（2）能斯特效应。由于输入电流两端的焊接点处电阻不相等，通电后发热程度不同，并因温度差而产生电流使 D、D′两端附加一个电压 U_N，U_N 的正负只与磁感应强度 B 的方向有关，与电流 I_H 的方向无关。

（3）里纪-勒杜克效应。由能斯特效应产生的电流也有埃廷豪森效应，由此而产生附加电压 U_S，U_S 的正负也只与磁感应强度 B 的方向有关，而与电流 I_H 的方向无关。

（4）不等势电压。由于材料的不均匀或几何尺寸的不对称使 D 和 D′两个面上的电极不在同一等势面上，因此而形成电压 U_0。U_0 的正负仅与电流 I_H 的方向有关，与外磁场的方向无关。

综上所述，在确定的电流 I_H 和磁场 B 的条件下，实测的 D、D′两端的电压并不只是 $U_{DD'}$，还包括以上副效应带来的附加电压，即

$$U=U_{DD'}+U_t+U_N+U_S+U_0$$

这些附加电压会产生系统误差，但它们的正负和电流 I_H 或磁感应强度 B 的方向各有一定的关系，测量时，通过改变 I_H 和 B 的方向，并进行恰当处理，就可以消除这些附加电压的影响。其方法如下：

$$+B、+I_H \text{ 时测量 } U_1=U_{DD'}+U_t+U_N+U_S+U_0 \tag{6-3-5}$$

$$+B、-I_H \text{ 时测量 } U_2=-U_{DD'}-U_t+U_N+U_S-U_0 \tag{6-3-6}$$

$$-B、-I_H \text{ 时测量 } U_3=U_{DD'}+U_t-U_N-U_S-U_0 \tag{6-3-7}$$

$$-B、+I_H \text{ 时测量 } U_4=-U_{DD'}-U_t-U_N-U_S+U_0 \tag{6-3-8}$$

可由以上四式消去 U_0、U_N 和 U_S，得

$$U_1-U_2+U_3-U_4=4(U_{DD'}+U_t)$$

一般 U_t 较 $U_{DD'}$ 小得多，在允许的误差范围内可以略去，则

$$U_{DD'}=\frac{1}{4}(U_1-U_2+U_3-U_4) \tag{6-3-9}$$

3. 长直螺线管

可以证明无限长的直螺线管内存在着一个均匀磁场，其磁感应强度为

$$B=\mu_0 n I_B \tag{6-3-10}$$

实际上的螺线管长度都是有限的，但当其长度远大于其直径时，就可以近似地认为是无限长了。在其轴线上端部处的磁感应强度为

$$B'=\frac{1}{2}\mu_0 n I_B \tag{6-3-11}$$

式中，I_B 是通过螺线管的电流强度，单位为 A，n 是螺线管单位长度上的匝数，单位为 m^{-1}，μ_0 是真空中磁导率，$\mu_0 = 4\pi \times 10^{-7} T \cdot m \cdot A^{-1}$，B 的单位为 T（特斯拉）。

4. 亥姆霍兹线圈

一对半径为 R，平行地同轴放置且距离也为 R，通以相同大小和相同方向电流的线圈，称为亥姆霍兹线圈，如图 6-3-2 所示。它产生的磁场是由两个线圈分别产生的磁场叠加而成的。可以证明，在其中心 O 附近存在着一个均匀磁场。

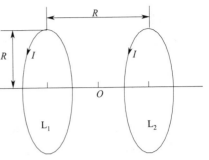

图 6-3-2 亥姆霍兹线圈

单个线圈轴线上的磁感应强度为

$$B = \frac{\mu_0}{2} \frac{R^2 N I_B}{(R^2 + x^2)^{3/2}} \qquad (6-3-12)$$

式中，N 为线圈的匝数；x 为距圆心的距离；R 为线圈半径。

亥姆霍兹线圈中心处的磁感应强度为

$$B = \frac{8\mu_0 N I_B}{5^{3/2} R} \approx 0.716 \frac{\mu_0 N I_B}{R} \qquad (6-3-13)$$

四、实验内容和步骤

（1）霍尔效应实验仪中连接励磁电流和工作电流的两根电缆。一般已经连好，实验完毕后不要拔下，以免多次插拔造成插头损坏。

（2）将 K_1 和 K_2 打向"+"（或"-"），K_3 打向"螺线管通"。打开电源开关，预热 10 分钟。

（3）调节"励磁电流调节"，使励磁电流为 $I_B = 1000mA$ 左右。对于这个电流值，在实验过程中要经常监测，通常不会有大的变化，如果变化量超过 5mA 应随时调节。

（4）调节"工作电流调节"，使霍尔片工作电流为 $I_H = 2.50mA$ 左右（注意区别霍尔片工作电流 I_H 和励磁电流 I_B）。对于这个电流值，在实验过程中也要经常监测。通常不会有大的变化，如果变化量超过 0.02mA，则应随时调节。

（5）测量霍尔片的霍尔灵敏度 K_H。K_3 打向"螺线管通"。通过测试台上的手轮 S，调节移动尺，使得读数窗下刻线所指示的标尺读数为 20.0cm。此时霍尔片处于螺线管中央，该处的磁感应强度 B 可由式(6-3-10)求得。改变 K_1 和 K_2 的方向，从电源上"霍尔电压指示"窗读取相应的 4 个电压值，注意它们有正负之分，应连符号一起读取。由这四个电压值，根据式(6-3-9)计算出相应的霍尔电压（注意，以后测量任一点的霍尔电压都要采用与上面类似的方法，即测得 4 个电压再计算），并结合该处的 B 和 I_H，求出霍尔片的霍尔灵敏度 K_H。

（6）测量通电螺线管轴线上的磁感应强度 B。K_3 打向"螺线管通"，改变霍尔片的位置，测出螺线管轴线上一系列位置的霍尔电压，并结合 K_H 和 I_H 求出 B。在螺线管中部附近，B 随位置变化不明显，相邻测量点间的距离可以适当大些；在螺线管端部附近，B 随位置变化比较明显，相应测量点之间的距离应小一些。测量范围可从 $-5.0 \sim 20.0cm$，例如，可取测量位置为 20.0cm，15.0cm，10.0cm，5.0cm，4.0cm，3.0cm，2.0cm，1.0cm，0.0cm，-1.0cm，-2.0cm，-3.0cm，-4.0cm，-5.0cm 等。

（7）测量左线圈 L_1 单独通电时，其轴线上一系列位置的 B。此时应将 K_3 打向"线圈通"一侧，K_4 打向"左线圈通"一侧，其余测量方法与前面所述类似。测量范围可从 $0.0 \sim 15.0cm$，每隔 1.0cm 测一个霍尔电压。

（8）测量右线圈 L_2 单独通电时，其轴线上一系列位置的 B。此时应将 K_3 打向"线圈通"一侧，K_4 打向"右线圈通"一侧，其余测量方法同步骤（7）所述。

（9）测量亥姆霍兹线圈轴线上一系列位置的 B。此时应将 K_3 打向"线圈通"一侧，K_6

打在中间，与左右都不接触，即"左右线圈同时通"。测量方法基本上与步骤（7）相同，只是在亥姆霍兹线圈中心附近，测量点可以更密些，例如从 5.0～9.0cm 范围内，可以每隔 0.5cm 测一个 B。

五、数据记录与处理

1. 测量 K_H

$n=1400\text{m}^{-1}$，$I_B=\underline{\hspace{2cm}}$ mA，$I_H=\underline{\hspace{2cm}}$ mA

$B=\mu_0 n I_B=\underline{\hspace{2cm}}$ T

$+B$、$+I_H$：$U_1=\underline{\hspace{2cm}}$ mV

$+B$、$-I_H$：$U_2=\underline{\hspace{2cm}}$ mV

$-B$、$-I_H$：$U_3=\underline{\hspace{2cm}}$ mV

$-B$、$+I_H$：$U_4=\underline{\hspace{2cm}}$ mV

$U_H=\dfrac{1}{4}(U_1-U_2+U_3-U_4)=\underline{\hspace{2cm}}$ mV

$K_H=\dfrac{U_H}{I_H B}=\underline{\hspace{2cm}}$ V·A^{-1}·T^{-1}

2. 测量螺线管轴线上的磁场

$I_B=\underline{\hspace{2cm}}$ mA，$I_H=\underline{\hspace{2cm}}$ mA

作 B-x 曲线，并验证 $B_0=\dfrac{1}{2}B_{20}$（B_{20} 为螺线管轴中心处的磁感应强度）。

3. 测量左线圈单独通电时，轴线上的磁场 $B_{左}$

$I_B=\underline{\hspace{2cm}}$ mA，$I_H=\underline{\hspace{2cm}}$ mA

4. 测量右线圈单独通电时，轴线上的磁场 $B_{右}$

数据处理同 3。

5. 测量亥姆霍兹线圈轴线上的磁场（$B_{左+右}$）

数据处理同 3，但 x 值增加 5.5cm、6.5cm、7.5cm、8.5cm 四个点，请实验者自行列表。

用 3、4、5 所测内容在同一图上作①$B_{左}$-x，②$B_{右}$-x，③（$B_{左}+B_{右}$）-x 和④$B_{左+右}$-x 四条曲线。观察曲线③和④是否基本重合，以验证磁场叠加原理。从曲线④中间部分验证在亥姆霍兹线圈中央存在均匀磁场。

附录Ⅱ：实验仪器介绍

本实验所用霍尔效应实验仪分为电源和测试台两大部分。电源为仪器提供励磁电流 I_B 和霍尔片工作电流 I_H，同时检测霍尔片上的电压。测试台装有同轴的可以通电的螺线管和一对线圈，以及处于螺线管和线圈轴线上沿轴线方向位置可调的霍尔片，同时还有四个双刀双掷开关，用以控制通电方式（附录图Ⅱ-1）。电源的面板如附录图Ⅱ-2 所示。励磁电流和霍尔片工作电流均可通过电位器在一定范围内调节，面板右侧的数字表用于显示霍尔片上的电压。CZ$_1$ 和 CZ$_2$ 为两个航空插座，位于电源的背面 CZ$_1$ 通过电缆将励磁电流导向测试台，CZ$_2$ 通过电缆将霍尔片工作电流导向测试台上的霍尔片，同时将霍尔片上的电压引入电源，通过测量后加以显示。

电源的主要技术参数如下。

励磁电流：调节范围 0～1.2A（推荐使用值 1A），电流稳定度±2%。

霍尔片工作电流：调节范围 0～5mA（实际使用时不得超过 3.5mA，否则容易损坏霍尔片），电流稳定度±2%。

以上两项电流值均通过三位半数字表显示，单位为 mA，所显示的是电流的绝对值。

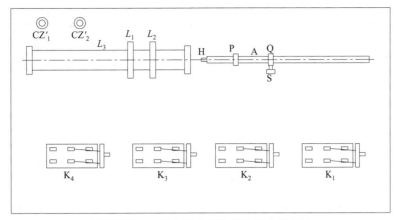

附录图Ⅱ-1　霍尔效应实验仪测试台俯视图

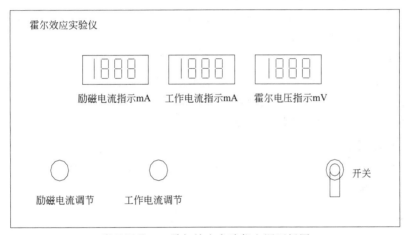

附录图Ⅱ-2　霍尔效应实验仪电源面板图

　　霍尔片上的电压 U 通过三位半数字表显示，单位为 mV，在显示其绝对值的同时，还显示其正负符号。

　　测试台的俯视图如附录图Ⅱ-1所示。CZ_1' 和 CZ_2' 通过电缆分别与电源上 CZ_1 和 CZ_2 相连通。L_3 为螺线管，其直径为 47mm，长度为 400mm，单位长度匝数 $n = 1400m^{-1}$。L_1 和 L_2 为两个相同的线圈，等效半径 $R = 47$mm，匝数 $N = 100$，两线圈相距 $d = R$。如果 L_1 和 L_2 同时通以相同方向、相同大小的电流，就构成了亥姆霍兹线圈。安装时，L_1、L_2 和 L_3 保持同轴。

　　K_1、K_2、K_3、K_4 用于控制通电方式。K_1 是霍尔片工作电流换向开关。K_2 是励磁电流换向开关。K_3 是螺线管接通或线圈接通转换开关，打向"螺线管通"一侧，励磁电流只通过螺线管，而不通过线圈；打向"线圈通"一侧，励磁电流不通过螺线管而只通过线圈。至于通过哪个线圈，要由 K_4 控制，K_4 是线圈通电控制开关，仅 K_3 打向"线圈通"一侧时才起作用。当 K_4 打向左或右时，可

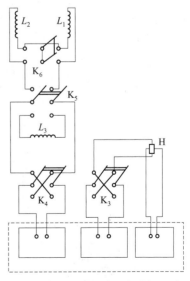

附录图Ⅱ-3　霍尔效应实验仪电路原理框图

分别选择左线圈 L_1 单独通电或右线圈 L_2 单独通电，K_4 处于中间位置，即与闸刀两边都不接触时，L_1 和 L_2 同时通电。

移动尺 A 装于支架 P 与 Q 上，且通过 L_1、L_2、L_3 的轴线。尺的左端贴有霍尔片 H，尺的侧面贴有标尺 B。支架 P 上有读数窗，窗下刻线所指示的标尺读数即为霍尔片到螺线管 L_3 右端的距离，H 在 L_3 内部时读数为正，H 在 L_3 外面时读数为负，支架 Q 上装有手轮 S，转动 S 可以调节移动尺沿左右方向移动。标尺最小分度为 1mm，调节范围为 $-100\sim210$mm。

霍尔效应实验仪电路原理框图见附录图 II-3。

第四节　示波器的使用

1928 年，第一支三极枪式电子射线示波管（CRT）问世，1931 年美国无线电公司（RCA）用这种管子制造了第一台示波器（Oscilloscope）。它是一种用来观察电压、电流波形并能测量其数值的电子仪器。凡能变换为电压的其他电学量以及非电量（如温度、压力等），也都能利用示波器进行观察和测量，通过示波器可把抽象的、肉眼看不见的电过程变换成具体的、看得见的图像，因而它特别有利于研究瞬变、脉冲或变化极其缓慢的过程。示波器是用途十分广泛的测量仪器。

一、实验目的

（1）了解示波器的基本结构，学习示波器的调节和使用；
（2）用示波器观察电压波形并测量其幅度和周期；
（3）用示波器观察李萨如图形和磁滞回线。

二、主要实验仪器

SG4320 示波器、整流滤波电路、动态磁滞回线电路测试仪、低频信号发生器等。

三、实验原理

示波器有各种型号，不同型号的示波器功能稍有不同，但它们的基本原理、主要电路及使用方法大致相同。

示波器由示波管、扫描与整步装置、放大系统及电源四大部分组成。单踪单扫示波器的电路组成如图 6-4-1 所示；电子双踪示波器只要用两套相同的 Y 轴前置部分，再加上一个电子开关就可用单踪示波管同时观察两个待测信号。

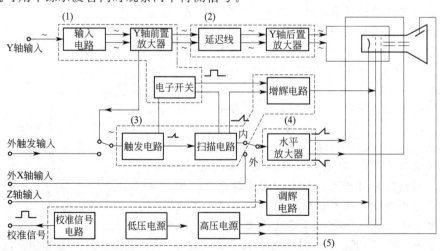

图 6-4-1　单踪单扫示波器电路图

1. 示波管

（1）基本结构。示波管是呈喇叭形的玻璃真空管，如图 6-4-2 所示。内部装有电子枪和两对相互垂直的偏转板，在喇叭口状的曲面壁上涂有荧光物质，构成荧光显示屏。当高速电子撞击在荧光屏上时，电子会使荧光物质发光，在屏上就能看到一个亮点。电子运动随时间而变化的情况，可在荧光屏上显示出来。

（2）聚焦调节。示波管的侧视图如图 6-4-2 所示。电子枪由灯丝 F、阴极 K、控制极 M、第一阳极 A_1 和第二阳极 A_2 组成，K、M、A_1、A_2 都是圆筒状的。灯丝通电后，使阴极发热而发射电子。由于阳极电位高于阴极，所以电子被阳极加速。改变阳极电压，可以使不同发射方向的电子恰好会聚在荧光屏某一点上，这种调节称为聚焦。示波器面板上"FOCUS"聚焦旋钮就是用来改变阳极电位实现聚焦的。

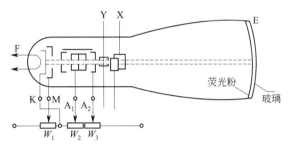

（3）亮度调节。控制极 M 的电位较阴极 K 的电位低，它对阴极发射的电子具有抑制作用，改变控制极电压的高低，可以控制电子枪发射电子的多少，甚至完全不使电子通过。示波器上"INTEN"（亮度）

图 6-4-2　示波管示意图

旋钮就是用来调节控制极电压以控制荧光屏上亮点的亮暗程度的，这称为亮度调节。

（4）X、Y 位移调节。示波器有一对 X 偏转板（垂直放置的两块电极）和一对 Y 偏转板（水平放置的两块电极）。当两对偏转板上都没有电位差时，从电子枪射出的电子束将保持原来行进方向而射向荧光屏。但当偏转板上有电位差时，在板间电场作用下，电子束就偏向一侧，引起屏上光点向一侧移动。因此，只要调节偏转板上的直流电压，就能改变光点的位置。面板上有三个"POSITION"旋钮分别用来调节光迹的上、下和左、右位置。

2. 扫描与整步作用

若在 Y 偏转板上加上被观察的正弦电压信号，$U_Y = U_{Ym}\sin\omega t$（U_{Ym} 为 Y 偏转板上电压最大值），我们在荧光屏上仅能看到一条铅直的亮线，而看不到正弦曲线。只有同时在 X 偏转板上加入一个锯齿形电压（如图 6-4-3 所示，如果以 $U_X = 0$，$t = 0$ 作为起点，则在一个周期内 $U_X = U_{Xm}t$），才能在荧光屏上显示出信号电压 U_Y 和时间 t 的关系曲线，其原理如图 6-4-4 所示。

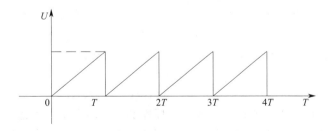

图 6-4-3　锯齿波扫描电压

设在开始时刻 a，电压 U_Y 和 U_X 均为零，荧光屏上亮点在 A 处。时间由 a 到 b，在只有电压 U_Y 作用时，亮点在铅直方向的位移为 B_Y，屏上亮点在 B_Y 处。由于同时加 U_X，电子束既受 U_Y 作用而上下偏转，同时又受 U_X 作用而向右偏转（亮点水平位移为 B_X），因而

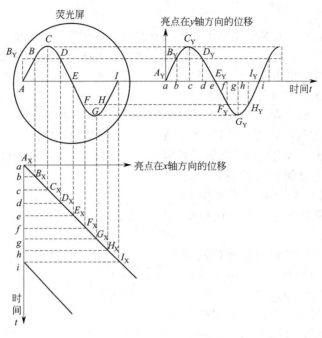

图 6-4-4　扫描原理图

亮点不在 B_Y 处，而在 B 处。随着时间推移，以此类推，便可显示出正弦波形来。所以，在荧光屏上看到的正弦曲线实际上是两个相互垂直的运动（$U_Y = U_{Ym}\sin\omega t$ 和 $U_X = U_{Xm}t$）的合成轨迹。

由上可见，要想观测加在 Y 偏转板上电压 U_Y 的变化规律，必须在 X 偏转板上加上锯齿形电压，把 U_Y 产生的垂直亮线展开。这个展开过程称为扫描，锯齿电压又称为扫描电压。

由图 6-4-4 可见，如果正弦波电压与锯齿形电压的周期相同，正弦波到 I_Y 点时，锯齿波也正好到 I_X 点，从而亮点描完了整个正弦曲线。由于锯齿波这时马上复原，所以亮点又回到 A 点，开始周期性地在同样位置描出同一条曲线。这时我们将看见这条曲线稳定地停在荧光屏上。如果正弦电压与锯齿电压的周期稍有不同，则第二次所描出的曲线将和第一次曲线的位置不相重合，从而在屏上显示的图形是不稳定的，或者图形较为复杂。如果扫描电压的周期 T_X 是正弦电压周期 T_Y 的两倍，在荧光屏上就显示出两个完整的正弦波。同理，$T_X = 3T_Y$，在荧光屏上显示出三个完整波形，以此类推。如果要示波器显示出完整而稳定波形，扫描电压的周期 T_X 须为 Y 偏转板电压周期 T_Y 的整数倍数。即

$$T_X = nT_Y, \quad n = 1, 2, 3, \cdots$$

式中，n 为荧光屏上所显示的完整波形的数目。上式也可表示为

$$f_Y = nf_X, \quad n = 1, 2, 3, \cdots$$

式中，f_Y 为加在 Y 偏转板电压的频率；f_X 为扫描电压的频率。

如前所述，扫描信号周期必须是输入信号周期的严格整数倍。否则示波管荧光屏上出现的信号图像是不断移动的。为了保证扫描信号周期等于输入信号周期的整数倍，示波器中要加入同步或触发电路。在现代示波器中，一般采用触发扫描方式实现同步要求。触发信号来自垂直通道或与被测信号同步的外触发信号源。当触发源中的信号大小达到由"LEVEL"（电平）旋钮所设定的触发电平时，示波器给出触发信号，扫描发生器开始扫描。这样，保证了扫描发生器每次开始扫描时，信号的位相都是相同的，从而保证了所显示波形的稳定。

110

示波器显示波形的过程如图 6-4-5 所示。扫描时间的长短由扫描时基选择开关控制。

3. 放大系统

（1）Y 轴放大系统。待测信号幅度往往很小，直接加到 Y 偏转板上，不足以引起电子束的偏转或偏转太小，故应先经 Y 轴放大器，不失真地放大待测信号，同时满足示波器测量灵敏度这一指标的要求。示波器灵敏度单位为 V/DIV 或 mV/DIV（DIV 即 division，为荧光屏上一格的长度）。但须注意，进行定量读数时"垂直灵敏度微调"电位器（附录图Ⅲ-1）中的应顺时针拧到头，处于校准（"CAL"）位置。

此外，要求示波器显示稳定波形，还要求垂直放大电路有一定的频率响应、足够大的增益调整范围和比较高的输入阻抗。输入阻抗是表示示波器对被测系统影响程度大小的指标，输入阻抗愈高，对被测系统的影响越小。

Y 轴输入端与垂直放大电路之间有一个衰减器，其作用是使过大的输入信号电压减小，以适应放大器的要求。

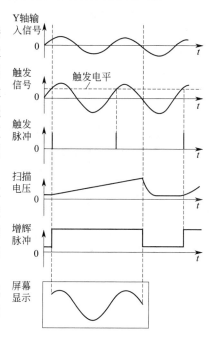

图 6-4-5　示波器显示测量波形过程

（2）X 轴放大系统。扫描发生器产生线性良好、频率连续可调的锯齿波信号，作为波形显示的时间基线。水平放大电路将上述的锯齿波信号放大，输送到 X 偏转板，以保证扫描基线有足够的宽度。SG4320 型示波器"TIME｜DIV"（时基选择）的单位为 s/DIV（即扫描一格长度所用的秒数）或 ms/DIV 或 μs/DIV，但需注意进行定量读数时时基调节电位器应处于"CAL"位置。因此观察波形时还可以读出波形的周期。

另外，水平放大电路也可以直接放大外来信号，这样示波器可使用"X～Y"模式来显示李萨如图形。

4. 电源

电源向示波管和示波器各部分电路提供所需的电压。

四、实验内容及步骤

1. 熟悉 SG4320 型示波器的使用，观察信号发生器输出信号的波形

（1）了解示波器的型号，弄清面板上各旋钮和开关的作用后再开始进行实验，SG4320 型双通道示波器面板如附录图Ⅲ-1 所示。

（2）接通示波器的电源，其余各按键均不要按下。"CH1 信号耦合"开关"15"打在中间"GND"挡，"触发方式"开关"27"打在自动扫描"AUTO"，熟悉一下"亮度"、"聚焦"、"X 轴位移"和"Y 轴位移"各旋钮的作用，使亮度适中、聚焦清晰。荧光屏上出现一条水平横线。由于开关"15"打在"GND"，输入短路，无信号输入，故这条横线是由扫描信号产生的，水平方向的距离与时间成正比，因此是一条时间基线。它可以代表时间轴。

（3）参看有关信号发生器的说明，弄清信号发生器面板上各旋钮、接线柱的作用后，将信号发生器"随时间按正弦规律变化"的电压用"探头"输入 SG4320 示波器"CH1 输入"端，开关"15"打到上方交流（AC）挡。X 轴信号采用示波器本身的扫描电压，触发方式用"自动触发"（开关"27"打到最上面），触发源选择"内触发"（开关"21"打到最上面），根据所要观察信号的频率选择适当的扫描时基，并根据信号的幅度选择合适的电压灵

敏度（V/DIV），再调节触发电平至信号的幅度范围内，使信号波形能稳定显示，并使波形从合适的位置开始扫描。将"CH1 垂直灵敏度选择"旋钮"11"和"时基微调"旋钮"25"顺时针拧到头，使它们处于校准位置"CAL"。调节信号发生器输出信号的频率，使得荧光屏上刚好显示一个完整的波形。测量出信号的幅度和周期。

保持信号频率不变，调节扫描"时基选择"开关"26"和"时基微调"旋钮"25"，改变扫描电压周期，分别调出当扫描电压周期为信号周期 2 倍和 3 倍时的波形，并在方格纸上定量描出观察到的波形。

2. 观察和测量整流滤波电路的电压图形

晶体管整流滤波电路如图 6-4-6 所示，电路装于整流滤波实验盒内。当整流滤波实验盒接上电源后，将整流滤波实验盒输出端输出信号用探头输入"CH2 输入"端，逐次按下实验盒上相应按钮，这时输出端分别与电路中相应接点连通，从而可以将交流、半波整流、全波整流、整流滤波等电信号送入示波器观察。观察整流滤波波形时，因为存在交直流叠加问题，因此，输入耦合方式选用直流耦合"DC"。又由于这些信号总和交流电源同步，触发源选用电源触发"LINE"。观察上述四种波形，测出信号的幅度和周期并定量地绘下所观察到的上述四种波形示意图。

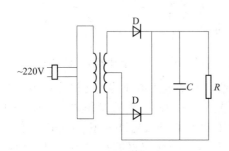

图 6-4-6　整流滤波电路图

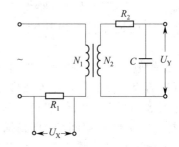

图 6-4-7　磁滞回线显示盒电路图

3. 观察李萨如图形

如果在示波器的 X 和 Y 偏转板上分别输入两个正弦信号，且它们频率的比值为简单整数，这时荧光屏上就显示李萨如图形，它们是两个互相垂直的简谐振动合成的结果。若 f_X 和 f_Y 分别代表 X 轴与 Y 轴输入信号的频率，则频率比与图形间有一个简单关系：

$$\frac{f_X}{f_Y} = \frac{\text{图形与垂直边框的切点数}}{\text{图形与水平边框的切点数}}$$

利用李萨如图形可以测量信号频率比，如果其中一个信号的频率已知，则可以测量另一个信号的频率。还可以测量两个信号之间的位相关系，在超声声速测定实验中，会用到这个关系。

实验时，将信号发生器"随时间按正弦规律变化"的电压用探头输入 SG4320 示波器"CH1 输入"端；将一正弦信号（50Hz），例如实验步骤 2 中整流滤波实验盒中之"交流"信号用探头输入"CH2 输入"端，"时基选择"开关"26"旋至"XY"合成位置，这时CH1 的信号转到 X 轴偏转板上。改变信号发生器频率，分别使 $f_Y : f_X = 1:1$、$f_Y : f_X = 1:2$、$f_Y : f_X = 1:3$，观察并绘下各种情况下的特征示意图。

注意在这种情况下，水平偏转板上不再输入锯齿波扫描信号，因此 X 轴不再代表时间，"时基选择"开关"26"和"时基微调"旋钮"25"等不再起作用。

4. 观察磁滞回线

图 6-4-7 为磁滞回线显示盒的电路图，其中变压器的铁芯是被研究的样品。由电磁理论

可以证明，铁芯中磁场强度 H 与电压降 U_X 成正比，磁感应强度 B 与电压降 U_Y 成正比。实验时将信号发生器产生的约 50Hz 的交流信号输入到显示盒的输入端，用探头将 U_X 输入 SG4320 示波器"CH1 输入"端，U_Y 输入"CH2 输入"端，"时基选择"开关"26"旋至"XY"合成位置适当调节信号发生器输出信号的幅度和频率，以及示波器 CH1 和 CH2 的灵敏度，使荧光屏上显示 U_Y-U_X 曲线，亦即 B-H 曲线，观察并绘下所看到的磁滞回线示意图。

五、注意事项

（1）必须弄清所使用示波器、信号发生器的型号与面板上各旋钮的作用后再开始实验。

（2）荧光屏上的光点亮度不可调得太强（即"亮度"旋钮应调得适中），且不可将光点固定在荧光屏上某一点时间过长，以免损坏荧光屏。

（3）示波器上所有开关与旋钮都有一定强度与调节角度，使用时应轻轻地缓慢旋转，不能用力过猛或随意乱旋，也不要无目的地乱按按键。

附录Ⅲ：SG4320 示波器面板介绍

SG4320 示波器面板示意图如附录图Ⅲ-1 所示。

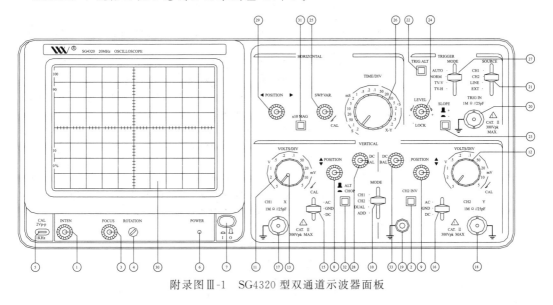

附录图Ⅲ-1　SG4320 型双通道示波器面板

附录表Ⅲ-1 介绍了示波器面板上旋钮开关的作用。

附录表Ⅲ-1

序号	开关名称	说　明
7	电源开关	主电源开关,开启时发光二极管(电源指示灯)6 亮
1	亮度	调节轨迹或亮点的亮度
3	聚焦	调节轨迹或亮点的清晰度
4	扫描旋转	半固定的电位器用来调整水平轨迹与刻度的平行
30	滤色片	使波形看起来更加清晰
6	电源指示灯	发光时说明主电源开
垂直轴信号部分		
17	CH1(X)输入	在 X-Y 模式下,作为 X 轴输入端
18	CH2(Y)输入	在 X-Y 模式下,作为 Y 轴输入端
15	CH1 信号耦合	AC——交流耦合;GND——垂直放大器的输入接地,输入端断开;DC——直流耦合
16	CH2 信号耦合	同上
11	CH1 垂直灵敏度选择	调节垂直偏转灵敏度 5mV/div～5V/div 分,10 挡
12	CH2 垂直灵敏度选择	调节垂直偏转灵敏度 5mV/div～5V/div 分,10 挡

序号	开关名称	说　明
13	CH1 垂直灵敏度微调	微调垂直灵敏度大于或等于 1/2.5 标示值,在校正时,灵敏度校正为标示值
14	CH2 垂直灵敏度微调	微调垂直灵敏度大于或等于 1/2.5 标示值,在校正时,灵敏度校正为标示值
8	CH1 图像 Y 轴位移	调节光迹在屏幕上的垂直位置
9	CH2 图像 Y 轴位移	调节光迹在屏幕上的垂直位置
10	扫描信号选择	CH1——通道 1 单独显示;CH2——通道 2 单独显示;ADD——显示两个通道(CH1、CH2)代数和,按下"35"(CH2 INV)为代数差(CH1-CH2);DUAL——两个通道同时显示
32	ALT/CHOP	在双路显示时,放开此键,CH1 与 CH2 交替显示(通常用于扫描速度较快情况);按下此键,CH1 与 CH2 同时断续显示(通常用于扫描速度较慢情况)
35	CH2 信号反向	按下此键 CH2 的信号以及 CH2 的触发信号同时反向

触发控制部分

序号	开关名称	说　明
20	外触发输入端子	用于外部触发信号;当使用该功能时,开关"21"应设置在"EXT"的位置上
21	触发信号源选择	CH1:当"10"设置在"DUAL"或"ADD"状态下,CH1 作为内部触发信号源 CH2:当"10"设置在"DUAL"或"ADD"状态下,CH2 作为内部触发信号源 LINE:选择交流电源作为触发信号 EXT:外部触发信号接于"20"作为触发信号源
22	TRIG ALT	"10"设置在"DUAL"或"ADD"并且"21"设置在 CH1 或 CH2 状态下按下"22"时,示波器会交替选择 CH1 和 CH2 作为内触发信号源
23	触发方式	触发信号的极性选择"+"上升沿触发,"-"下降沿触发
24	触发电平	向"+"旋转触发电平向上移,向"-"旋转触发电平向下移,逆时针方向转到底听到咔嗒一声后,触发电平锁定在一个固定电平上,这时改变扫描速度或信号幅度时,不再需要调节触发电平,即可获得同步信号
27	触发方式	AUTO:自动,当没有触发信号输入时扫描在自由状态 NORM:常态,当没触发信号时踪迹在待命状态并不显示 TV-V:场频触发 TV-H:行频触发时基
26	时基选择	扫描速度可以分为 20 挡,从 0.2μs/div 到 0.5s/div
25	时基微调	微调水平扫描时间,使扫描时间被校正到与面板上"TIME/DIV"指示的一致;TIME/DIV 扫描速度可连续变化,当顺时针旋转到底为校正位置;整个延时可达 2.5 倍甚至更多
29	水平位移	调节光迹在屏幕上的水平位置
31	扫描扩展开关	按下时扫描速度扩展 10 倍

其他

序号	开关名称	说　明
5	CAL	提供幅度为 2V$_{p-p}$ 频率 1KHz 的方波信号,用于校正 10:1 探头的补偿电容器和检测示波器垂直与水平偏转因数
19	GND	示波器机箱的接地端子

第五节　交流电及整流滤波电路

在现代工农业生产和日常生活中,广泛地使用着交流电。主要原因是与直流电相比,交流电在生产、输送和使用方面具有明显的优点和重大的经济意义。例如在远距离输电时,采用较高的电压可以减少线路上的损失。对于用户来说,采用较低的电压既安全又可降低电气设备的绝缘要求。这种电压的升高和降低,在交流供电系统中可以很方便而又经济地由变压器来实现。此外,异步电动机比起直流电动机来,具有构造简单、价格便宜、运行可靠等优点。在一些非用直流电不可的场合,如工业上的电解和电镀等,也可利用整流设备,将交流电转化为直流电。

交流电的电压(或电流)随时间做周期性变化。实际上,所谓交流电包括各种各样的波形，如正弦波、方波、锯齿波等。本实验中，我们主要讨论正弦交流电。正弦交流电在工业中得到广泛的应用，而且正弦交流电变化平滑且不易产生高次谐波，这有利于保护电气设备的绝缘性能和减少电气设备运行中的能量损耗。另外各种非正弦交流电都可由不同频率的正弦交流电叠加而成（用傅立叶分析法），因此可用正弦交流电的分析方法来分析非正弦交流电。

一、实验目的

（1）研究正弦交流电的基本特性，交流电各参数的测量方法；

（2）了解整流电路的基本结构及基本工作原理，掌握交流电变换为直流电的基本方法。

二、主要实验仪器

数字函数发生器、数字电压表、示波器、整流电路盒。

三、实验原理

1. 交流电路

正弦交流电的表达式如下，其曲线如图 6-5-1 所示。

$$i(t) = I_P \sin(\omega t + \varphi_1)$$

$$u(t) = U_P \sin(\omega t + \varphi_2)$$

由此可见，正弦交流电的特性表现在正弦交流电的大小、变化快慢及初始值方面。而它们分别由幅值（或有效值）、频率（或周期）和初相位来确定，因此幅值、频率和初相位被称为正弦交流电的三要素。

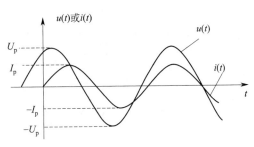

图 6-5-1　正弦交流电电压和电流曲线

（1）幅值、平均值和有效值。

① 幅值。峰值或最大值，记为 U_P 或 I_P，峰点电位之差称为"峰-峰值"，记为 U_{P-P} 和 I_{P-P}。显然 $U_{P-P} = 2U_P$，$I_{P-P} = 2I_P$。

② 平均值。令 $i(t)$、$u(t)$ 分别表示时间变化的交流电流和交流电压，则它们的平均值分别为

$$\bar{i} = \frac{1}{T} \int_0^T i(t) \, dt$$

$$\bar{u} = \frac{1}{T} \int_0^T u(t) \, dt$$

这里 T 是周期，平均值实际上就是交流信号中直流分量的大小，所以图 6-5-1 所示的正弦交流电的平均值为 0。

③ 有效值。在实际应用中，交流电路中的电流或电压往往是用有效值而不是用幅值来表示。许多交流电流或电压测量设备的读数均为有效值。有效值采用如下定义：

$$I = \left[\frac{1}{T} \int_0^T i^2(t) \, dt \right]^{\frac{1}{2}} = \frac{I_P}{\sqrt{2}}$$

$$U = \left[\frac{1}{T} \int_0^T u^2(t) \, dt \right]^{\frac{1}{2}} = \frac{U_P}{\sqrt{2}}$$

（2）周期与频率。正弦交流电通常用周期（T）或频率（f）来表示交变的快慢，也常常用角频率（ω）来表示，这三者之间的关系是

$$f = \frac{1}{T}$$

$$\omega = \frac{2\pi}{T} = 2\pi f$$

需要指出的是：同频率正弦交流电的和或差均为同一频率的正弦交流电。此外，正弦交流电对于时间的导数 $\frac{di(t)}{dt}$ 或积分 $\int i(t)dt$ 也仍为同一频率的正弦交流电。这在技术上具有十分重要的意义。

（3）初相位。交流电 $t=0$ 时的相位（φ）称为交流电的初相位。它反映了正弦交流电的初始值。

2. 整流和滤波

整流电路的作用是把交流电转换成直流电，严格地讲是单方向大脉动直流电，而滤波电路的作用是把大脉动直流电处理成平滑的、脉动小的直流电。

（1）整流。利用二极管的单向导电性可实现整流。

① 半波整流。图 6-5-2 中 D 是二极管，R_L 是负载电阻。若输入交流电为

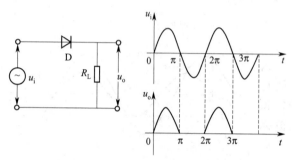

$$u_i(t) = U_P \sin\omega t$$

则经整流后输出电压 $u_o(t)$ 为（一个周期内）

$$u_o(t) = U_P \sin\omega t, \qquad 0 \leqslant \omega t \leqslant \pi$$
$$0, \qquad\qquad\qquad \pi \leqslant \omega t \leqslant 2\pi$$

其相应的平均值（即直流平均值，又称直流分量）

图 6-5-2　半波整流电路及其波形图

$$\overline{u_o} = \frac{1}{T}\int_0^T u_o(t)dt = \frac{1}{\pi}U_P \approx 0.318U_P$$

② 全波桥式整流。前述半波整流只利用了交流电半个周期的正弦信号。为了提高整流效率，使交流电的正负半周信号都被利用，则应采用全波整流，现以全波桥式整流为例，其电路和相应的波形如图 6-5-3 所示。

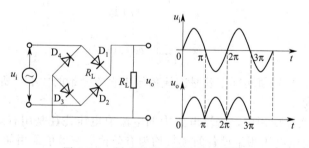

图 6-5-3　桥式整流电路及其波形图

若输入交流电仍为

$$u_i(t) = U_P \sin\omega t$$

则经桥式整流后的输出电压 $u_o(t)$ 为（一个周期）

$$u_o = U_P \sin\omega t, \qquad 0 \leqslant \omega t \leqslant \pi$$

$$u_o = -U_P \sin\omega t, \qquad \pi \leqslant \omega t \leqslant 2\pi$$

其相应直流平均值为

$$\overline{u_o} = \frac{1}{T}\int_0^T u_o(t)\mathrm{d}t = \frac{2}{\pi}U_P \approx 0.637U_P$$

由此可见，桥式整流后的直流电压脉动大大减少，平均电压比半波整流提高了一倍（此时忽略整流内阻）。

（2）滤波。经过整流后的电压（电流）仍然是有"脉动"的直流电，为了减少被波动，通常要加滤波器，常用的滤波电路有电容、电感滤波等。现介绍最简单的滤波电路。

① 电容滤波电路。电容滤波器是利用电容充电和放电来使脉动的直流电变成平稳的直流电。如图 6-5-4 所示为电容滤波器在负载电阻后的工作情况。设在 t_0 时刻接通电源，整流元件的正向电阻很小，可略去不计，在 $t=t_1$ 时，u_C 达到峰值为 $\sqrt{2}\,u_i$。此后 u_i 以正弦规律下降直到 t_2 时刻，二极管 D 不再导电，电容开始放电，u_C 缓慢下降，一直到下一个周期。电压 u_i 上升到和 u_C 相等时，时间为 t_3，此后二极管 D 又开始导通，电容充电，直到 t_4。在这以后，二极管 D 又不再导电，u_C 又按上述规律下降，如此周而复始，形成了周期性的电容器充电放电过程。在这个过程中，二极管 D 并不是在整个半周内都导通的，从图 6-5-4、图 6-5-5 中可以看到二极管 D 只在 $t_3 \sim t_4$ 段内导通并向电容器充电。由于电容器的电压不能突变，故在这一小段时间内，它可以被看成是一个反电动势（类似蓄电池）。

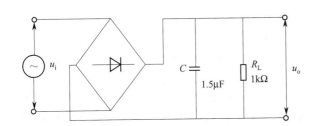

图 6-5-4　全波整流电容滤波器

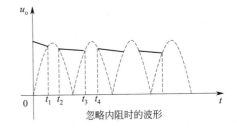

图 6-5-5　全波整流电容滤波电路的输出波形

根据电容两端的电压不能突变的特点，达到输出波形趋于平滑的目的。经滤波后的输出波形如图 6-5-5 所示。

② π 型 RC 滤波。前述电容滤波的输出波形脉动系统仍较大，尤其是负载电阻 R_L 较小时。除非将电容容量增加（实际应用时难以实现）。在这种情况下，要想减少脉动可利用多级滤波方法，此时再加一级 RC 低通滤波电路，如图 6-5-6 所示，这种电路也称 π 型 RC 滤波电路。

π 型 RC 滤波是在电容滤波之后又加了一级 RC 滤波，使得输出电压更平滑（但输出电压平均值要减少）。

3. 整流器特性

如果整流器具有前面所描述的理想特性，那么无论在什么电压下，整流平均电压都应同交流电压的幅度成正比。

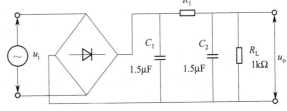

图 6-5-6　π 型 RC 滤波电路

也就是说，直流电压表上的直流刻度和交流电压表上的交流刻度将只相差一个常数转换因子。但实际上，常常只是在电压足够高时直流电压才与交流电压近似成正比，而在小电压下，则更接近于与交流电压的平方成正比。

四、实验内容和步骤

1. 测量交流电压（或电流）

选择信号发生器（XD-8）的频率为 $500\mathrm{Hz}$，测出信号发生器从 $1\sim15\mathrm{V}$ 的输出电压。

（1）用数字多用表测量电压的有效值，计算"峰-峰值"。

（2）用示波器观察及测量其电压"峰-峰值"，计算有效值，画出波形图。

在坐标纸上画出上面两组数据曲线（示波器读数作 x 轴坐标，数字多用表读数作 y 轴坐标），计算相对误差。

2. 测量整流波形

测量整流波形，实验电路如图 6-5-7 所示。

（1）用数字多用表分别测量半波整流和全波整流的输入电压 u_i、输出电压 u_o，计算平均值 $\overline{u_o}$。

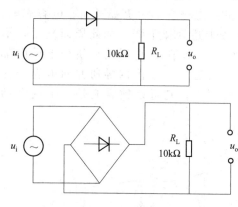

（2）用示波器观察半波整流和全波整流的输入信号 u_i 和输出信号 u_o，分别画出 u_i、u_o 的图形。

（3）用示波器测量半波整流和全波整流的输入信号 u_i 和输出信号 u_o，计算平均值 $\overline{u_o}$、有效值 u_o。

3. 滤波电路

（1）实验电路图按图 6-5-4 接线。

① 不加滤波电容 C，调节信号发生器输出电压，使 $u_i=5\mathrm{V}$，测 u_o。

② 加滤波电容 C，调节信号发生器输出电压，使 $u_i=5\mathrm{V}$，测 u_o。

图 6-5-7　半波和全波整流电路

（2）实验按图 6-5-6 电路接线。调节信号发生器输出电压，使 $u_i=5\mathrm{V}$，测 u_o。用示波器观察两个滤波电路的输入、输出波形，画出波形图。

4. 测交流电路的频率响应和相位

让图 6-5-8 所示的两电路分别通过 $1\mathrm{kHz}$、$10\mathrm{kHz}$、$100\mathrm{kHz}$ 的交流信号，观察其输出信号的幅度随频率变化的情况，以及输出信号相位变化的情况。

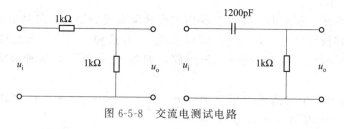

图 6-5-8　交流电测试电路

五、数据记录与处理

自行设计表格记录测量数据，并根据实验要求及自身掌握的数据处理方法进行数据处理，得到相应的实验结果。

六、思考与讨论

（1）整流、滤波的主要目的是什么？

（2）要将 $220\mathrm{V}$、$50\mathrm{Hz}$ 的电网电压变成脉动较小的 $6\mathrm{V}$ 直流电压，需要什么元件？

（3）输入信号的频率加大，对整流滤波电路的输出电压的影响如何？

第六节 变压器性能的研究

变压器是利用电磁感应原理将电能从一个电路传递到另一个电路的一种电器。广泛应用于电子、电气、电力行业，它可以改变电路的电压、电流、相位、阻抗等。最常用的是电力变压器，用于电力系统的输配电，具有功率大、电压高的特点，因而要考虑到绝缘和散热等问题，结构非常复杂。在电子仪器设备和自动控制中，变压器用于传送能量和信号，应用十分广泛。

一、实验目的

（1）了解变压器的基本构造和工作原理；
（2）研究变压器的电压、电流、阻抗变换等特性，并总结规律；
（3）研究变压器的运行特性，了解其转换效率及损耗。

二、主要实验仪器

低压可调电源、铁芯变压器、数字万用表、变阻器、双刀双掷开关、导线等。

三、实验原理

变压器的基本构成为铁芯、线圈和绝缘材料。铁芯一般用硅钢片叠成，以减少损耗。线圈用铜线或铝线绕在铁芯上，绝缘材料用在线圈之间、线圈与铁芯之间，使它们彼此绝缘，保证变压器安全运行。

变压器的工作原理如图 6-6-1 所示，在铁芯上面绕着两个线圈，与电源相连的为初级线圈，与负载相连的线圈为次级线圈。铁芯中的磁通量，大部分同时穿过初级和次级线圈（Φ_1 和 Φ_2），称为主磁通，只穿过一个线圈或部分线圈的磁通量（$\Phi_{1\sigma}$ 和 $\Phi_{2\sigma}$），称为磁漏。

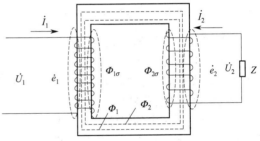

图 6-6-1 变压器工作原理图

1. 磁路

如图 6-6-1，根据安培环路定律，闭合曲线上磁场强度 $\boldsymbol{H}$ 沿整个回路的线积分等于穿过该闭合曲线所谓曲面内的电流的代数和。用公式表示为

$$\oint \boldsymbol{H} \cdot \mathrm{d}l = \sum I = N_1 I_1 - N_2 I_2 \tag{6-6-1}$$

由于有铁芯的存在，绝大部分磁感线都在铁芯内，铁芯外的磁漏很少，相对主磁通可忽略。设铁芯中的磁通量为 Φ，磁感应强度为 $\boldsymbol{B}$，铁心的磁导率为 μ，铁芯一周的长度为 l，横截面积 S，则有

$$\mu H = B , \ \boldsymbol{B} \cdot \boldsymbol{S} = \Phi$$

$$\oint \boldsymbol{H} \cdot \mathrm{d}l = Hl = B \frac{l}{\mu} = \frac{\Phi l}{\mu S} = \Phi R_{\mathrm{m}} \tag{6-6-2}$$

其中，$R_{\mathrm{m}} = \dfrac{l}{\mu S}$，称为磁阻，将式（6-6-2）代入式（6-6-1），得

$$\Phi = \frac{I_1 N_1 - I_2 N_2}{R_{\mathrm{m}}} \tag{6-6-3}$$

式中，$I_1 N_1 - I_2 N_2$ 称为磁动势，它激励出了磁通量 Φ。如果输入正弦交流电，则磁通量

随着电流的变化规律也可写成正弦函数的变化形式 $\Phi = \Phi_m \sin\omega t$ （Φ_m 为磁通量最大值），在初级线圈产生感应电动势 e_1，e_1 产生的磁通量与 Φ 的变化是相反的，有

$$e_1 = -N_1 \frac{d\Phi}{dt} = -N_1 \frac{d\Phi_m \sin\omega t}{dt} = -N_1 \Phi_m \sin\left(\omega t - \frac{\pi}{2}\right) = E_{m1} \sin\left(\omega t - \frac{\pi}{2}\right) \quad (6\text{-}6\text{-}4)$$

式中，E_{m1} 为感应电动势的极大值。

2. 空载特性

所谓空载，就是次级线圈上没有接任何负载，电路是开路的。此时在初级线圈上加载额

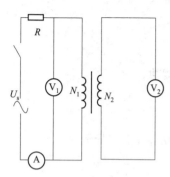

图 6-6-2　测量电路图

定电压时测到的变压器的各项参数包括：空载电压即为次级线圈开路时在次级线圈上测得的电压；空载电流即为次级线圈开路时在初级线圈上测得的电流；空载损耗即为次级线圈开路时在初级线圈上测得的输入功率。空载损耗取决于空载电流，空载电流取决于铁芯的电磁性能，也与线圈匝数、是否短路、磁路中的非磁性间隙有关。变压器的空载损耗包括：铁芯损耗、励磁线圈中的铜损和介质损耗。

测量电路如图 6-6-2，V_1、V_2 为交流电压表，测量两边交流电压的有效值，A 为交流电流表，测量初级线圈的电流的有效值。两边线圈匝数比为 $k = \dfrac{N_1}{N_2}$。

（1）电压变比。由式（6-6-4）可知：$e \propto N$，因而有 $\dfrac{U_1}{U_2} = \dfrac{N_1}{N_2} = k$。说明初、次级线圈两端的电压等比于线圈的匝数比。

（2）空载电流。即使是空载时，电源的交流电也会在铁芯中产生交变的磁通量，进而产生感应电动势，从而在铁芯中产生自成回路的涡旋电流，会使得铁芯发热而消耗功率，成为涡流损耗，它与磁滞损失合称铁损。在磁饱和状态下，铁损的大小与铁芯中的磁感应强度的平方成正比。

为了减少铁芯中的涡流，铁芯通常采用硅钢片叠成，硅钢片之间涂有绝缘层。由于硅钢片电阻较大且剩磁较小，可以较少铁损。

（3）空载功率。交流电的功率可表示为 $P = UI\cos\varphi$，其中 φ 为 U 和 I 的相位差，变压器空载时，初级线圈近似为一个纯电感电路，电流较电压滞后 90°，$\cos\varphi = 0$，所以损耗的功率很小。

3. 负载特性

负载时，变压器初级线圈的电阻很小，可以忽略。

（1）电压变比。与空载时相同：$\dfrac{U_1}{U_2} = \dfrac{N_1}{N_2} = k$。

（2）电流变化。忽略初级线圈的电阻和磁漏，由式（6-6-4）可知，空载和负载时的最大磁通量是一样的，则磁动势也相同：$I_1 N_1 - I_2 N_2 = I_0 N_1 = 0$，则有

$$\frac{I_1}{I_2} = \frac{N_2}{N_1} = \frac{1}{k}$$

4. 变压器的效率

变压器的输入输出功率分别为 $P_1 = U_1 I_1 \cos\varphi_1$ 和 $P_2 = U_2 I_2 \cos\varphi_2$，输入功率与输出功率的差值（$P_1 - P_2$）就是变压器的损耗，其包含铜损和铁损。铁损包含涡流损耗和磁滞损耗，与铁芯的磁通量有关，基本上由输入电压决定，因而相对比较固定。铜损是初级、次级线圈电阻上的热损耗，与两个线圈上电流有关，而电流又随着负载变化而变化，所以，铜损是随着负载而变的。铜损可以写成

$$P_{\text{Cu}} = R_1 I_1^2 + R_2 I_2^2$$

因此，变压器的效率可以表示为

$$\eta = \frac{P_2}{P_1} \times 100\% = \frac{P_2}{P_2 + P_{\text{Cu}} + P_{\text{Fe}}} \times 100\%$$

变压器空载时，电流很小，铜损可以忽略。输入功率约等于铁损。

5. 变压器电压变化率

变压器在实际运行时，次级电压 U_2 会随着电流而变，也就是随着负载而变。我们用 U_2 相对于空载时的次级电压 U_{20} 的百分偏差来表示变压器的电压变化率：

$$\Delta U = \frac{U_{20} - U_2}{U_{20}} \times 100\%$$

产生电压变化率的原因是变压器的初级、次级线圈存在电阻和漏阻抗。变压器上的电流越大，在电阻和漏阻抗上损失的电压也越大，而且初级线圈上的电压损失还会进一步影响次级线圈上的电压，使得次级线圈的电压进一步下降。

四、实验内容和步骤

1. 研究变压器匝数改变时的空载特性

设置电源电压 $U_s = 10\text{V}$，改变变压器的初次级线圈的匝数，但保持变压器匝数比 $N_1/N_2 = 2$，电流表用数字万用表的 10A 挡，电压表用数字万用表的 20V 挡。因为是测交流电，"直流/交流"（AC/DC）切换开关应按下。变阻器起限流作用。

测量次级线圈开路时，初级、次级线圈两端的电压 U_{10}、U_{20} 和初级线圈电流 I_0，测量数据记入表 6-6-1。计算电压变比 U_1/U_2 和输入损耗的功率 P_0。

2. 研究变压器匝数不变时的负载特性和外特性

（1）保持变压器初级、次级线圈的匝数不变，保持负载电阻 $R = 10\Omega$ 不变，调节电源的输出电压 U_s，测量不同输入电压下的初级、次级线圈两端电压 U_1 和 U_2 和电流 I_1、I_2，测量数据记入表 6-6-2。计算输入功率 P_1、输出功率 P_2、电压变比 U_1/U_2、转换效率 η。

（2）保持电源的输出电压 $U_s = 10\text{V}$ 不变，调解负载电阻。以负载电阻最大时的次级电流 I_2 为基准，次级电流 I_2 每改变 0.2A，就测量一次次级线圈两端电压 U_1、U_2 和电流 I_1、I_2，测量数据记入表 6-6-3。计算输入功率 P_1、输出功率 P_2、电压变化率 ΔU 和转换效率 η。

表 6-6-1

$U_s = $ _____ V，$N_1/N_2 = $ _____

N_1	N_2	U_{10}/V	U_{20}/V	I_0/A	U_{10}/U_{20}	P_0/W

表 6-6-2

$N_1 = $ _____，$N_2 = $ _____，$R = $ _____ Ω

U_s/V	U_1/V	U_2/V	I_1/A	I_2/A	P_1/W	P_2/W	U_1/U_2	η

表 6-6-3

$U_s=10\text{V}, N_1=\underline{\quad\quad}, N_2=\underline{\quad\quad}$							
I_2/A	U_1/V	U_2/V	I_1/A	P_1/W	P_2/W	$\Delta U/\text{V}$	η

第七节　RC、RL 和 RLC 串联电路的暂态过程的研究

由电阻 R、电感 L、电容 C 与直流电源组成的各种组合电路中，当电源由一个电平的稳定状态变为另一个不同电平的稳定状态时（如接通或断开直流电源），由于电路中电容上的电压不会瞬间突变并且电感上的电流不会瞬间突变，这样，电路由一个稳定状态变到另一个稳定状态时，中间要经历一个变化过程，这个变化过程称为暂态过程。利用暂态过程的规律可以测量 R、L、C 元件的量值，也可用于产生脉冲信号（如锯齿波、微分脉冲信号等）。暂态过程的规律在电磁学、电子技术等领域中的应用非常广泛。

一、实验目的

（1）研究 RC、RL、RLC 串联电路的暂态特性；
（2）加深对电容、电感特性和阻尼振荡规律的理解；
（3）进一步学习使用示波器。

二、主要实验仪器

示波器、方波信号发生器、标准电容（$0.1\mu\text{F}$，0.2 级）、标准电感（0.1H，0.1 级）、电阻箱。

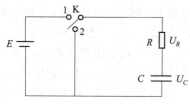

图 6-7-1　RC 串联电路
暂态过程示意图

三、实验原理

1. RC 串联电路的暂态过程

在如图 6-7-1 所示的 RC 电路中，暂态过程即为电容的充放电过程。当 K 打向位置 1 时，电源对电容 C 充电，方程为：$R\dfrac{dq}{dt}+\dfrac{q}{C}=E$

考虑到初始条件 $t=0$，$q=0$，得到方程解为：

$$\left.\begin{array}{l} q=Q(1-e^{-t/RC}) \\ U_C=E(1-e^{-t/RC}) \\ U_R=Ee^{-t/RC} \end{array}\right\}$$

当 K 打向位置 2 时，电容 C 通过电阻 R 放电，

$$\left.\begin{array}{l} q=Qe^{-t/RC} \\ U_C=Ee^{-t/RC} \\ U_R=-Ee^{-t/RC} \end{array}\right\}$$

RC 串联电路的充放电曲线如图 6-7-2 所示。
RC 串联电路在充放电过程中有如下特点。
（1）q 不能突变，U_C 也是不能突变的，而电阻两端的电压能突变。
（2）电容两端的电压 U_C 和电阻两端的电压 U_R 以及电流都按指数规律变化。充电和放

电过程的快慢与参数 RC 有关。$\tau = RC$ 叫时间常数，具有时间量纲，是表征暂态过程进行得快慢的一个重要物理量。τ 值大，变化缓慢，过渡时间长。

与时间常数 τ 有关的另一个在实验中较容易测定的特征值，称为半衰期 $T_{1/2}$，即当 $U_C(t)$ 下降到初值（或上升至终值）一半时所需要的时间，它同样反映了暂态过程的快慢程度，与 τ 的关系为

$$T_{1/2} = \tau \ln2 = 0.693\tau \text{（或 } \tau = 1.443 T_{1/2}\text{）}$$

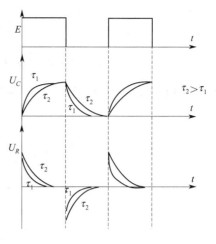

图 6-7-2　RC 电路充放电过程中 U_C 和 U_R 波形

2. RL 串联电路的暂态过程

在如图 6-7-3 所示的 RL 电路中，当 K 打向位置 1 时，电路方程为：

$$L \frac{\mathrm{d}i}{\mathrm{d}t} + Ri = E$$

考虑到初始条件 $t=0$，$i=0$，得到方程解为：

$$\left.\begin{array}{l} i = I(1 - \mathrm{e}^{-t/RC}) \\ U_L = E\mathrm{e}^{-t/RC} \\ U_R = E(1 - \mathrm{e}^{-t/RC}) \end{array}\right\}$$

当 K 打向位置 2 时，

$$\left.\begin{array}{l} i = I\mathrm{e}^{-t/RC} \\ U_L = -E\mathrm{e}^{-t/RC} \\ U_R = E\mathrm{e}^{-t/RC} \end{array}\right\}$$

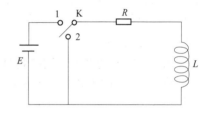

RL 串联电路有如下特点：

（1）电路中的电流不能突变，而线圈两端的电压能突变；

图 6-7-3　RL 串联电路暂态过程示意图

（2）线圈两端的电压 U_C 和电阻两端的电压 U_R 以及电流都按指数规律变化，变化过程的快慢与时间常数有关。

3. RLC 串联电路的暂态过程

在如图 6-7-4 所示的 RLC 电路中，当电容器放电时：

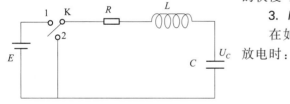

图 6-7-4　RLC 串联电路暂态过程示意图

$$L \frac{\mathrm{d}^2 q}{\mathrm{d}t^2} + R \frac{\mathrm{d}q}{\mathrm{d}t} + \frac{q}{C} = 0$$

$$LC \frac{\mathrm{d}^2 U_C}{\mathrm{d}t^2} + RC \frac{\mathrm{d}U_C}{\mathrm{d}t} + U_C = 0$$

这是一个二阶齐次常系数线性微分方程，其解的形式取决于系数的取值，即 R、L、C 的取值。

① 当 $R^2 < \dfrac{4L}{C}$ 时，为欠阻尼振荡，该线性微分方程解为：

$$U_C = A\mathrm{e}^{-\frac{t}{\tau}}\sin(\omega t + \varphi), \quad \tau = \frac{2L}{R}, \quad \omega = \frac{1}{\sqrt{LC}}\sqrt{1 - \frac{R^2 C}{4L}}$$

式中，A 为初始时的振幅。U_C 的变化如图 6-7-5 中 a 曲线所示。

② 当 $R^2 = \dfrac{4L}{C}$ 时，为临界阻尼：

$$U_C = U\left(1 + \frac{t}{\tau}\right)\mathrm{e}^{-\frac{t}{\tau}}$$

123

U_C 的变化不再有周期性，趋近于平衡值的速度最快，历时最短，如图 6-7-5 中 c 曲线所示。

③ 当 $R^2 > \dfrac{4L}{C}$ 时，为过阻尼振荡，U_C 不再有周期性变化的规律，不发生振荡，而是缓慢地趋向稳定值，如图 6-7-5 中 b 曲线所示。

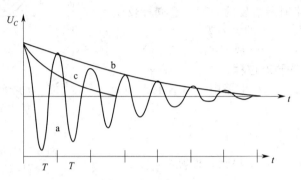

图 6-7-5　RLC 电路三态时 U_C 变化波形

通过上述分析可知，RLC 电路放电的暂态过程有三种情况，究竟属于哪一种情况取决于电路中元件的参数。放电过程以临界阻尼状态方式趋于平衡位置最快。

对于充电过程，与放电过程类似，只是初始条件和最后平衡的位置不同。

四、实验内容

1. RC 串联电路暂态过程的观测

参照图 6-7-6 的电路图，S 为示波器，F 为方波信号发生器，用来代替图 6-7-1 中的直流电源和开关 K。如图 6-7-7 所示，方波信号在 0 到 t_1 时间内，以恒定电压 U 加在 RC 电路两端，这时电容在充电，而在 t_1 到 t_2 时间内，输出电压降到零，相当于放电过程。在此实验中，用示波器观测电容器的周期性充放电过程，显示出电容两端的电压变化规律。

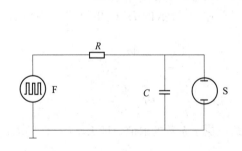

图 6-7-6　RC 串联暂态过程电路图

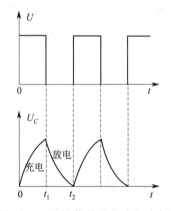

图 6-7-7　方波信号和充放电示意图

（1）选择合适的 R 和 C 值，根据时间常数 τ 选择合适的方波频率，一般要求方波的周期 $T > 10\tau$，这样能够完整地反映暂态过程，同时也要选用合适的示波器扫描速度，保证完整地显示暂态过程。

（2）改变 R 和 C 值，观测 U_C 的变化情况，记录下不同 RC 值的波形情况，并分别测量时间常数 τ。

（3）改变方波频率，观察波形的变化情况，分析相同的 τ 值在不同频率时的波形变化

124

情况。

2. RL 串联电路暂态过程的观测

实验步骤同 RC 串联电路。

3. RLC 串联电路暂态过程的观测

(1) 观测三种阻尼状态。如图 6-7-8 所示电路，方波信号取 500Hz，电容取 $0.005\mu\text{F}$，改变电阻 R 值，在示波器上观测三种阻尼状态的波形。

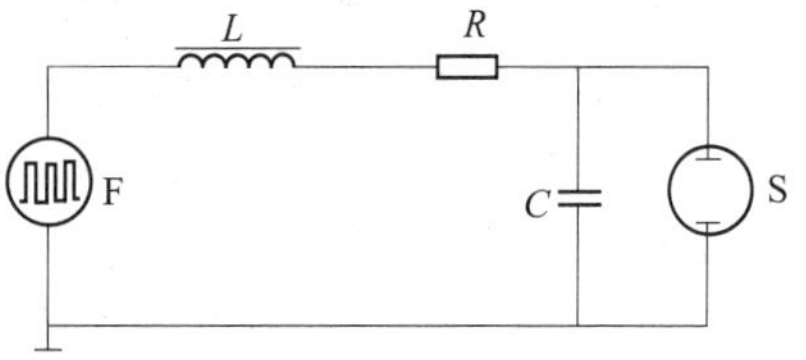

图 6-7-8 RLC 串联暂态过程电路图

实验时电阻 R 由小到大逐渐增大，最初出现欠阻尼状态，当数值增大到某一数值 (R_0)，波形刚好不出现振荡，电路处于临界阻尼状态，记下临界电阻 R_0，继续增大电阻，便出现过阻尼状态。绘出三种状态波形。

(2) 测量欠阻尼状态振荡周期 T 和时间常数 τ。选一欠阻尼状态波形，测量其 n 个周期的时间 t，求出周期 T，记下 R、L 和 C 的值。对于 τ 值的测量，从最大幅度衰减到 0.368 倍的最大幅度处的时间即为 τ 值。

五、数据记录与处理

根据实验内容，绘制相关曲线及计算相关物理量。

六、思考与讨论

(1) τ 的物理意义是什么？写出 RC 串联电路中的 τ 的表示式及其使用的单位。

(2) 怎么样用作图法求出 RC 串联电路中的 τ 值？

第八节 铁磁材料磁滞回线和磁化曲线的测量

在交通、通信、航天、自动化仪表等领域中，大量应用了各种特性的铁磁材料。常用的铁磁材料多数是铁和其他金属元素或非金属元素组成的合金以及某些包含铁的氧化物（铁氧体）。铁磁材料的主要特性是磁导率 μ 非常高，在同样的磁场强度下铁磁材料中磁感应强度要比真空或弱磁材料中的大几百甚至上万倍。

磁滞回线和磁化曲线表征了磁性材料的基本磁化规律，反映了磁性材料的基本磁参数，对铁磁材料的应用和研制具有重要意义。本实验利用交变励磁电流产生磁化场对不同性能的铁磁材料进行磁化，通过单片机采集实验数据，测绘磁滞回线和磁化曲线，研究铁磁材料的磁化性质。

一、实验目的

(1) 了解用示波器显示和观察动态磁滞回线的原理和方法。

(2) 掌握测绘铁磁材料动态磁滞回线和基本磁化曲线的原理和方法，加深对铁磁材料磁化规律的理解。

(3) 学会根据磁滞回线确定矫顽力 H_c、剩余磁感应强度 B_r、饱和磁感应强度 B_m、磁滞损耗 [BH] 等磁化参数。

(4) 学习测量磁性材料磁导率的一种方法，并测绘铁磁材料的 μ-H 曲线，了解铁磁材料的主要特性。

二、主要实验仪器

TH-MHC 型磁滞回线实验仪、智能磁滞回线测试仪、双踪示波器。

三、实验原理

1. 铁磁材料的磁化特性及磁导率

(1) 初始磁化曲线和磁滞回线。研究铁磁材料的磁化规律，一般是通过测量磁化场的磁

场强度 H 与磁感应强度 B 之间的关系来进行的。铁磁材料的磁化过程非常复杂，B 与 H 之间的关系如图 6-8-1 所示。当铁磁材料从未磁化状态（$H=0$ 且 $B=0$）开始磁化时，B 随 H 的增加而非线性增加。当 H 增大到一定值 H_m 后，B 增加十分缓慢或基本不再增加，这时磁化达到饱和状态，称为磁饱和。达到磁饱和时的 H_m 和 B_m 分别称为饱和磁场强度和饱和磁感应强度（对应图 6-8-1 中 Q 点）。B-H 曲线 $0abQ$ 称为初始磁化曲线。当使 H 从 Q 点减小时，B 也随之减小，但不沿原曲线返回，而是沿另一曲线 QRD 下降。当 H 逐步较小至 0 时，B 不为 0，而是 B_r，说明铁磁材料中仍然保留一定的磁性，这种现象称为磁滞效应；B_r 称为剩余磁感应强度，简称剩磁。要消除剩磁，必须加一反向的磁场，直到反向磁场强度 $H=-H_c$，B 才恢复为 0，H_c 称为矫顽力。继续反向增加 H，曲线达到反向饱和（Q'点），对应的饱和磁场强度为 $-H_m$，饱和磁感应强度为 $-B_m$。再正向增大 H，曲线回到起点 Q。从铁磁材料的磁化过程可知，当磁化场 H 按 $H_m \rightarrow 0 \rightarrow -H_c \rightarrow -H_m \rightarrow 0 \rightarrow H_c \rightarrow H_m$ 依次变化时，B 所经历的相应变化依次为 $B_m \rightarrow B_r \rightarrow 0 \rightarrow -B_m \rightarrow -B_r \rightarrow 0 \rightarrow B_m$，这一过程形成的闭合 B-H 曲线称为磁滞回线。采用直流励磁电流产生磁化场对材料样品反复磁化测出的磁滞回线称为静态（直流）磁滞回线；采用交变励磁电流产生磁化场对材料样品反复磁化测出的磁滞回线称为动态（交流）磁滞回线。

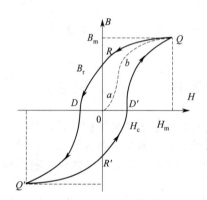

图 6-8-1　初始磁化曲线和磁滞回线

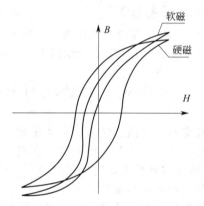

图 6-8-2　不同铁磁材料的磁滞回线

（2）磁滞损耗。当铁磁材料沿着磁滞回线经历磁化→去磁→反向磁化→反向去磁的循环过程中，由于磁滞效应，要消耗额外的能量，并且以热量的形式耗散掉。这部分因磁滞效应而消耗的能量，叫做磁滞损耗 $[BH]$。一个循环过程中单位体积磁性材料的磁滞损耗正比于磁滞回线所围的面积。在交流电路中磁滞损耗是十分有害的，必须尽量减小。要减小磁滞损耗就应选择磁滞回线狭长、包围面积小的铁磁材料。如图 6-8-2 所示，工程上把磁滞回线细而窄、矫顽力很小 $[H_c$ 约 $1A/m$（$10^{-2}Oe$）$]$ 的铁磁材料称为软磁材料；把磁滞回线宽、矫顽力大 $[H_c$ 为 $10^4 \sim 10^6 A/m$（$10^2 \sim 10^4 Oe$）$]$ 的铁磁材料称为硬磁材料。软磁材料适合做继电器、变压器、镇流器、电动机和发电机的铁芯；硬磁材料则适合于制造许多电器设备（如电表、扬声器、电话机、录音机）中的永磁体。

（3）基本磁化曲线和磁导率。未磁化状态的铁磁材料，在交变磁化场作用下由弱到强依次进行磁化的过程中，可以测出面积由小到大的一簇磁滞回线，如图 6-8-3 所示。这些磁滞回线顶点的连线叫做铁磁材料的基本磁化曲线。

根据基本磁化曲线可以近似确定铁磁材料的磁导率 μ。从基本磁化曲线上一点到原点 0 连线的斜率定义为该磁化状态下的磁导率 $\mu = \dfrac{B}{H}$。由于磁化曲线不是线性的，当 H 由 0 开始增加时，μ 也逐步增加，然后达到一最大值。当 H 再增加时，由于磁感应强度达到饱和，μ 开始急剧减小。μ 随 H 的变化曲线如图 6-8-4 所示。磁导率 μ 非常高是铁磁材料的主要特性，也是铁磁材料用途广泛的主要原因之一。

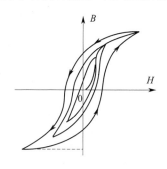

图 6-8-3　一簇磁滞回线

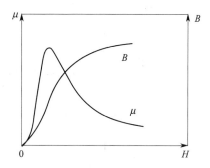

图 6-8-4　基本磁化曲线与 μ-H 曲线

2. 动态磁滞回线的测量方法

实验中用交变励磁电流产生磁化场对不同性能的铁磁材料进行磁化，测绘动态磁滞回线和基本磁化曲线。如图 6-8-5 所示，待测铁磁材料样品做成"曰"型，N 为励磁线圈，n 是为测量磁感应强度 B 而设置的探测线圈。动态磁滞回线测量电路原理图如图 6-8-6 所示，R_1 为测量励磁电流的取样电阻，R_2、C_2 组成测量磁感应强度 B 的积分电路。

（1）磁场强度 H 的测量。设通过 N 匝励磁线圈的交流励磁电流为 i，L 为样品的平均磁路长度，根据安培环路定律，样品中的磁场强度 $H = N \cdot \dfrac{i}{L}$。因为

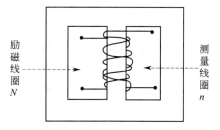

图 6-8-5　待测铁磁材料样品示意图

$i = \dfrac{U_1}{R_1}$，U_1 为 R_1 的端电压，所以有

$$H = \frac{N}{L \cdot R_1} U_1 \tag{6-8-1}$$

式（6-8-1）说明，根据已知的 N、L、R_1，只要测出 U_1，即可确定 H。

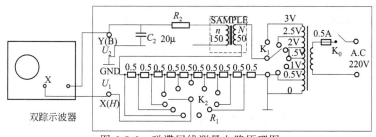

图 6-8-6　磁滞回线测量电路原理图

如果 U_1 接入示波器的 X 输入，则示波器荧光屏上电子束水平偏转的大小与样品中的磁场强度 H 成正比。

（2）磁感应强度 B 的测量。在交变磁场作用下样品中磁感应强度 B 的测量是通过探测线圈 n 和 R_2、C_2 组成的积分电路实现的。根据法拉第电磁感应定律，由于样品中磁通量 Φ 的变化在匝数为 n 的探测线圈中产生的感生电动势的大小为 $\varepsilon_2 = n \dfrac{\mathrm{d}\Phi}{\mathrm{d}t}$，即 $\Phi = \dfrac{1}{n} \displaystyle\int \varepsilon_2 \mathrm{d}t$。因

$\Phi = BS$，S 为样品的截面积，于是

$$B = \frac{1}{nS} \int \varepsilon_2 \, dt \tag{6-8-2}$$

忽略自感电动势和电路损耗，回路方程为 $\varepsilon_2 = i_2 R_2 + U_2$，式中 i_2 是感生电流，U_2 为积分电容 C_2 两端的电压。设在 Δt 时间内，i_2 向电容 C_2 充电电量为 Q，则 $U_2 = \dfrac{Q}{C_2}$，所以有 $\varepsilon_2 = i_2 R_2 + \dfrac{Q}{C_2}$。如果选取足够大的 C_2 和 R_2，使 $i_2 R_2 \gg \dfrac{Q}{C_2}$，则有 $\varepsilon_2 = i_2 R_2$。又因为 $i_2 = \dfrac{dQ}{dt} = C_2 \cdot \dfrac{dU_2}{dt}$，所以

$$\varepsilon_2 = C_2 R_2 \frac{dU_2}{dt} \tag{6-8-3}$$

由式(6-8-2)、式(6-8-3) 可得

$$B = \frac{C_2 R_2}{nS} U_2 \tag{6-8-4}$$

式(6-8-4) 说明，已知 C_2、R_2、n、S 后，测量 U_2 即可确定 B。

如果 U_2 接入示波器的 Y 输入，则示波器荧光屏上电子束垂直偏转的大小与样品中的磁感应强度 B 成正比。

（3）B-H 曲线的示波器显示。根据上述 H 和 B 的测量原理可知，当 U_1 接入示波器的 X 输入、U_2 接入示波器的 Y 输入时，在励磁电流变化的一个周期内，示波器的光点描绘出一个完整的磁滞回线。每个周期都重复这一过程，这样在示波器的荧光屏上就会观察到一个稳定的磁滞回线图形。

四、实验内容与步骤

1. 连接测量线路

选择测试样品 1，按照图 6-8-6 正确连接实验线路，调整好双踪示波器。

2. 测绘磁滞回线

（1）样品退磁。打开实验仪电源，对样品退磁。顺时针方向转动励磁电压"U 选择"旋钮，使 U 从 0 增加到 3V，然后逆时针方向转动旋钮，将 U 从 3V 降至 0。退磁的目的是使样品处于磁中性状态，即 $B=0$，$H=0$。

（2）观察磁滞回线。调节示波器各旋钮使光点处于坐标原点，选择 $R_1 = 2.5\,\Omega$（测试仪中的默认值），励磁电压 U 从 0 逐渐增加，调节示波器的 X 轴和 Y 轴灵敏度，使屏幕上显示大小合适的磁滞回线。若出现如图 6-8-7 所示的畸变，可适当降低 U。注意观察磁滞回线的变化情况，正确判断出样品达到磁化饱和状态的磁滞回线（磁滞回线的面积不再随 U 的增加而变大）。

（3）测绘磁滞回线。当示波器上显示磁饱和时的磁滞回线后，使用智能磁滞回线测试仪采集 B 和 H 的数据，并记录磁滞损耗 [BH] 和 40 组左右的 B、H 数据，注意每个象限选取约 10 个数据点，测量数据记录在表 6-8-1 中。用坐标纸或计算机画出磁滞回线，坐标如图 6-8-8 所示。从图上读出饱和磁感应强度 B_m、饱和磁场强度 H_m 和矫顽力 H_c。确定所测样品是软磁材料还是硬磁材料。

3. 测绘基本磁化曲线和 μ-H 曲线

按照上述样品退磁方法对样品重新退磁，依次测定励磁电压 $U = 0.5V$，$1.0V$，$\cdots$，$3.0V$ 时各磁滞回线所对应的 H 和 B 的最大值（即磁滞回线的顶点），测量数据记入表 6-8-2

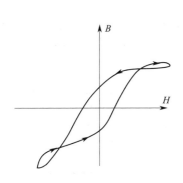

图 6-8-7　畸变的磁滞回线

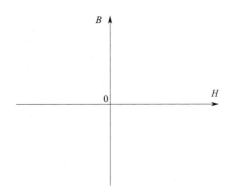

图 6-8-8　磁滞回线坐标图

中。用坐标纸或计算机画出样品的基本磁化曲线，坐标如图 6-8-9 所示。计算对应的磁导率 $\mu = \dfrac{B}{H}$，作 μ-H 曲线，坐标如图 6-8-10 所示。

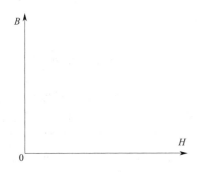

图 6-8-9　磁化曲线坐标

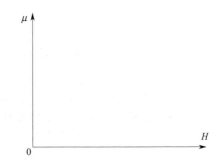

图 6-8-10　磁导率与 H 的关系坐标

4. 选择样品 2，重复上述实验内容 1～3

比较样品 1 和样品 2 的磁化特征，分析铁磁材料的磁化特性。为了便于比较，样品 1 和样品 2 的同一类型的曲线（如磁滞回线）画在同一个图上。

表 6-8-1

$H_D = $ _____ A/m，$B_r = $ _____ T，$B_S = $ _____ T，$W_{BH} = $ _____ J/m

序号	$H \times 10^4$/(A/m)	$B \times 10^2$/T	序号	$H \times 10^4$/(A/m)	$B \times 10^2$/T	序号	$H \times 10^4$/(A/m)	$B \times 10^2$/T

表 6-8-2

U/V	$H \times 10^4$/(A/m)	$B \times 10^2$/T	$\mu = B/H$/(H/m)
0			
0.5			

129

U/V	$H \times 10^4 / (\text{A/m})$	$B \times 10^2 / \text{T}$	$\mu = B/H / (\text{H/m})$
0.9			
1.2			
1.5			
1.8			
2.1			
2.4			
2.7			
3.0			
3.5			

五、思考题

（1）简要说明铁磁材料基本磁化曲线和磁滞回线的主要特性。

（2）什么是软磁材料？什么是硬磁材料？举例说明软磁材料和硬磁材料的应用。

（3）本实验在基本磁化曲线和磁滞回线的测量过程中，都是作 $B\text{-}H$ 曲线，操作步骤的主要区别是什么？

第九节　集成运算放大器的基本应用——模拟运算电路

集成运算放大器简称集成运放，是由多级直接耦合放大电路组成的高增益模拟集成电路。它的增益高、输入电阻大、输出电阻低、共模抑制比高、失调与漂移小，而且还具有输入电压为零时输出电压亦为零的特点，适用于正、负两种极性信号的输入和输出。模拟集成电路一般是由一块厚约 0.2～0.25mm 的 P 型硅片制成，这种硅片是集成电路的基片。基片上可以做出包含有数十个或更多的双载子晶体管（BJT）或场效应晶体管（FET）、电阻和连接导线的电路。

运算放大器除具有"＋"、"－"输入端和输出端外，还有"＋"、"－"电源供电端、外接补偿电路端、调零端、相位补偿端、公共接地端及其他附加端等。它的闭环放大倍数取决于外接反馈电阻，这给使用带来很大方便。由于它具有强有力的通用性和灵活性，因而在控制系统、调整系统、通信系统、信号处理、测试仪表和模拟运算等种种领域中成为了必不可少的电子器件。

一、实验目的

（1）研究由集成运算放大器组成的比例、加法、减法和积分等基本运算电路的功能；

（2）了解运算放大器在实际应用时应考虑的一些问题。

二、主要实验仪器

±12V 直流电源、函数信号发生器、交流毫伏表、直流电压表、集成运算放大器 μA741×1、电阻器、电容器若干。

三、实验原理

集成运算放大器是一种具有高电压放大倍数的直接耦合多级放大电路。当外部接入不同的线性或非线性元器件组成输入和负反馈电路时，可以灵活地实现各种特定的函数关系。在线性应用方面，可组成比例、加法、减法、积分、微分、对数等模拟运算电路。

1. 理想运算放大器特性

在大多数情况下，将运放视为理想运放，就是将运放的各项技术指标理想化，满足下列条件的运算放大器称为理想运放：

① 开环电压增益 $A_{ud}=\infty$；

② 输入阻抗 $r_i=\infty$；

③ 输出阻抗 $r_o=0$；

④ 带宽 $f_{BW}=\infty$；

⑤ 失调与漂移均为零等。

理想运放在线性应用时的两个重要特性介绍如下。

① 输出电压 U_o 与输入电压之间满足关系式

$$U_o=A_{ud}(U_+-U_-)$$

由于 $A_{ud}=\infty$，而 U_o 为有限值，因此，$U_+-U_-\approx0$，即 $U_+\approx U_-$，称为"虚短"。

② 由于 $r_i=\infty$，故流进运放两个输入端的电流可视为零，即 $I_{IB}=0$，称为"虚断"。这说明运放对其前级吸取电流极小。

上述两个特性是分析理想运放应用电路的基本原则，可简化运放电路的计算。

2. 基本运算电路

（1）反相比例运算电路。电路如图 6-9-1 所示。对于理想运放，该电路的输出电压与输入电压之间的关系为

$$U_o=-\frac{R_F}{R_1}U_i$$

为了减小输入级偏置电流引起的运算误差，在同相输入端应接入平衡电阻 $R_2=R_1//R_F$。

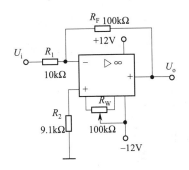

图 6-9-1 反相比例运算电路

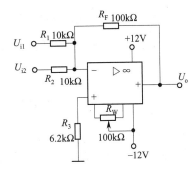

图 6-9-2 反相加法运算电路

（2）反相加法电路。电路如图 6-9-2 所示，输出电压与输入电压之间的关系为

$$U_o=-\left(\frac{R_F}{R_1}U_{i1}+\frac{R_F}{R_2}U_{i2}\right),\ R_3=R_1//R_2//R_F$$

（3）同相比例运算电路。图 6-9-3（a）是同相比例运算电路，它的输出电压与输入电压之间的关系为

$$U_o=\left(1+\frac{R_F}{R_1}\right)U_i,\ R_2=R_1//R_F$$

当 $R_1\to\infty$ 时，$U_o=U_i$，即得到如图 6-9-3（b）所示的电压跟随器。图中 $R_2=R_F$，用以减小漂移和起保护作用。一般 R_F 取 $10k\Omega$，R_F 太小起不到保护作用，太大则影响跟随性。

（4）差动放大电路（减法器）。对于图 6-9-4 所示的减法运算电路，当 $R_1=R_2$，$R_3=R_F$ 时，有如下关系式

$$U_o=\frac{R_F}{R_1}(U_{i2}-U_{i1})$$

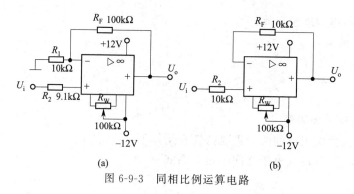

图 6-9-3　同相比例运算电路

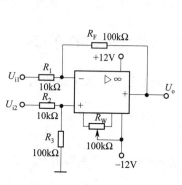

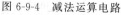

图 6-9-4　减法运算电路

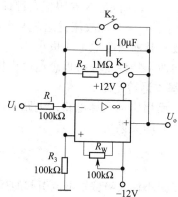

图 6-9-5　积分运算电路

（5）积分运算电路。反相积分电路如图 6-9-5 所示。在理想化条件下，输出电压 u_o 等于

$$u_o(t) = -\frac{1}{R_1 C}\int_0^t u_i \mathrm{d}t + u_C(0)$$

式中 $u_C(0)$ 是 $t=0$ 时刻电容 C 两端的电压值，即初始值。

如果 $u_i(t)$ 是幅值为 E 的阶跃电压，并设 $u_C(0)=0$，则

$$u_o(t) = -\frac{1}{R_1 C}\int_0^t E\mathrm{d}t = -\frac{E}{R_1 C}t$$

即输出电压 $u_o(t)$ 随时间增长而线性下降。显然 RC 的数值越大，达到给定的 U_o 值所需的时间就越长。积分输出电压所能达到的最大值受集成运放最大输出范围的限值。

在进行积分运算之前，首先应对运放调零。为了便于调节，将图 6-9-5 中 K_1 闭合，即通过电阻 R_2 的负反馈作用帮助实现调零。但在完成调零后，应将 K_1 打开，以免因 R_2 的接入造成积分误差。K_2 的设置一方面为积分电容放电提供通路，同时可实现积分电容初始电压 $u_C(0)=0$，另一方面，可控制积分起始点，即在加入信号 u_i 后，只要 K_2 一打开，电容就将被恒流充电，电路也就开始进行积分运算。

四、实验内容与步骤

实验前要看清运放组件各管脚的位置，切忌正、负电源极性接反和输出端短路，否则将会损坏集成块。

1. 反相比例运算电路

（1）按图 6-9-1 连接实验电路，接通±12V 电源，输入端对地短路，进行调零和消振。

（2）输入 $f=100\mathrm{Hz}$，$U_{\mathrm{i}}=0.5\mathrm{V}$ 的正弦交流信号，测量相应的 U_{o}，并用示波器观察 u_{o} 和 u_{i} 的相位关系。

2. 同相比例运算电路

（1）按图 6-9-3(a) 连接实验电路。实验步骤同步骤 1。

（2）将图 6-9-3(a) 中的 R_1 断开，得图 6-9-3(b) 电路，重复上一步骤。

3. 反相加法运算电路

（1）按图 6-9-2 连接实验电路，调零和消振。

（2）输入信号采用直流信号，图 6-9-6 所示电路为简易直流信号源，由实验者自行完成。实验时要注意选择合适的直流信号幅度以确保集成运放工作在线性区内。用直流电压表测量输入电压 U_{i1}、U_{i2} 及输出电压 U_{o}。

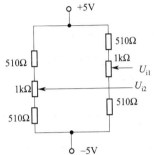

图 6-9-6　简易可调
直流信号源

4. 减法运算电路

（1）按图 6-9-4 连接实验电路，调零和消振。

（2）采用直流输入信号，实验步骤同步骤 3。

5. 积分运算电路

实验电路如图 6-9-5 所示。

（1）打开 K_2，闭合 K_1，对运放输出进行调零。

（2）调零完成后，再打开 K_1，闭合 K_2，使 $u_C(0)=0$。

（3）预先调好直流输入电压 $U_{\mathrm{i}}=0.5\mathrm{V}$，接入实验电路，再打开 K_2，然后用直流电压表测量输出电压 U_{o}，每隔 5s 读一次 U_{o}，记录数据，直到 U_{o} 不继续明显增大为止。

五、数据记录与处理

1. 反相比例运算电路

反相比例运算电路相关实验数据记入表 6-9-1。

表 6-9-1

$U_{\mathrm{i}}=0.5\mathrm{V}$，$f=100\mathrm{Hz}$

$U_{\mathrm{i}}/\mathrm{V}$	$U_{\mathrm{o}}/\mathrm{V}$	u_{i} 波形	u_{o} 波形	A_{V}	
				实测值	计算值

2. 同相比例运算电路

同相比例运算电路相关实验数据记入表 6-9-2。

表 6-9-2

$U_{\mathrm{i}}=0.5\mathrm{V}$，$f=100\mathrm{Hz}$

$U_{\mathrm{i}}/\mathrm{V}$	$U_{\mathrm{o}}/\mathrm{V}$	u_{i} 波形	u_{o} 波形	A_{V}	
				实测值	计算值

3. 反相加法运算电路

反相加法运算电路相关实验数据记入表 6-9-3。

表 6-9-3

U_{i1}/V					
U_{i2}/V					
U_o/V					

4. 减法运算电路

减法运算电路相关实验数据记入表 6-9-4。

表 6-9-4

U_{i1}/V					
U_{i2}/V					
U_o/V					

5. 积分运算电路

积分运算电路相关实验数据记入表 6-9-5。

表 6-9-5

t/s	0	5	10	15	20	25	30	……
U_o/V								

六、思考与讨论

（1）整理实验数据，画出波形图时要注意波形间的相位关系。

（2）在反相加法器中，如 U_{i1} 和 U_{i2} 均采用直流信号，并选定 $U_{i2}=-1V$，当考虑到运算放大器的最大输出幅度（$\pm12V$）时，$|U_{i1}|$ 的大小不应超过多少伏？

（3）在积分电路中，如 $R_1=100k\Omega$，$C=4.7\mu F$，求时间常数。假设 $U_i=0.5V$，问：要使输出电压 U_o 达到 5V，需多长时间（设 $u_C(0)=0$）？

（4）为了不损坏集成块，实验中应注意什么问题？

第七章 光 学 实 验

第一节 薄透镜焦距的测量

透镜是最基本的光学元件，根据光学仪器的使用要求，常需选择不同的透镜或透镜组。透镜的焦距是反映透镜特性的基本参数之一，它决定了透镜成像的规律。为了正确地使用光学仪器，必须熟练掌握透镜成像的一般规律，学会光路的调节技术和测量焦距的方法。

一、实验目的

（1）了解薄透镜的成像规律；

（2）了解球差、色差产生的原因；

（3）掌握光学系统同轴等高的调节；

（4）掌握测量薄透镜焦距的几种方法，加深对透镜成像规律的认识。

二、主要实验仪器

光具座、凸透镜、光源、物屏、像屏、平面镜。

三、实验原理

1. 准备知识

薄透镜是指透镜中心厚度比透镜的焦距或曲率半径小很多的透镜。透镜分为凸透镜和凹透镜两类：中间厚、边缘薄的透镜称为凸透镜，对光线有会聚作用，又称为会聚透镜；中间薄、边缘厚的透镜称为凹透镜，对光线有发散作用，又称为发散透镜。

下面介绍有关透镜的一些名词解释。

主光轴：通过透镜两个折射球面的球心的直线，叫透镜的主光轴（或主轴）。

光心：光线通过主光轴上某一特殊点，而不改变方向，这个点叫透镜的光心。

副光轴：除主光轴外通过光心的其他直线叫副光轴。

近轴光线：一般使用透镜时，物体都在主光轴附近，入射光线的入射角很小，这样的光线叫近轴光线。

焦点：平行于主光轴的近轴光线，通过透镜后会聚（或发散，这时其反向延长线会聚）于主光轴上的点，叫主焦点 F，如图 7-1-1 所示。每个透镜都有分居透镜两侧的两个主焦点。

焦距：光心 O 到主焦点 F 间的距离叫焦距（用字母 f 表示）。每个透镜有两个焦距。薄透镜两侧的媒质相同时，两个焦距相等。

光路可逆原理：在反射和折射定律中，光线如果沿反射和折射方向入射，则相应的反射和折射光将沿原来的入射方向。这就是说，如果物点 Q 发出的光经光学系统后在 Q' 点成像，则 Q' 点发出的光线经同一光学系统后必然会在 Q 点成像，即物和像之间是共轭的。

2. 薄透镜成像公式

在近轴光线条件下，透镜成像公式为

$$\frac{1}{s} + \frac{1}{s'} = \frac{1}{f} \tag{7-1-1}$$

其中 s 为物距，实物为正，虚物为负；s' 为像距，实像为正，虚像为负；f 为焦距，凸透镜为正，凹透镜为负。

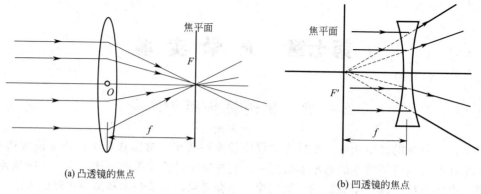

(a) 凸透镜的焦点   (b) 凹透镜的焦点

图 7-1-1　透镜的焦点及焦平面

3. 凸透镜焦距的测定

距凸透镜为无穷远的发光点发出的光束，经凸透镜后，会聚于焦平面上成一光点，称作发光点的像。一个有一定形状大小的物（自身发光或反射光），可看作是很多发光点的集合。距凸透镜为无穷远的物上各点发出的光，都相应地在焦平面上会聚成一个像点，这些像点的集合，就是物的像。测量薄透镜的焦距，通常是根据薄透镜的成像规律和光路可逆原理来进行的。

凸透镜的成像规律是：当物距 $s<f$ 时，成正立放大的虚像；当 $s=f$ 时，不成像；当 $f<s<2f$ 时，成倒立放大的实像；当 $s=2f$ 时，成倒立等大的实像；当 $s>2f$ 时，成倒立缩小的实像。

（1）自准法　如图 7-1-2 所示，如果一个凸透镜主光轴的点光源发出的光经过凸透镜后，能够成一束平行光，则这个点光源所在的位置就是凸透镜的焦点 F。实验中用的不是点光源，而是一个发光物体 AB。当发光物 AB 处于凸透镜的焦平面上，则 B 点所发出的光线经透镜后为一束平行光，若在透镜后放一垂直于主光轴的平面镜，将此光束反射回去，反射光再经过凸透镜后仍汇聚于焦平面上，成实像 B'，则形成与原物等大的倒立实像 A_1B_1。因此，实验时移动凸透镜的位置，当在物平面上能看到平面镜反射回来的等大倒立的像时，透镜与物屏之间的距离即为焦距 f。

（2）共轭法。当物屏与像屏之间的距离 $D>4f$ 时，若保持 D 不变而移动透镜，则可在像屏上两次成像。如图 7-1-3 所示，当透镜移至 O_1 处时，屏上出现一个倒立放大的实像 A_1B_1。设此时物距为 s_1，像距为 s_1'，则

$$\frac{1}{s}+\frac{1}{s_1'}=\frac{1}{f}，\ 即\ \frac{1}{s_1}+\frac{1}{D-s_1}=\frac{1}{f} \tag{7-1-2}$$

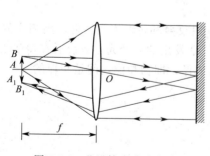

图 7-1-2　凸透镜自准法光路

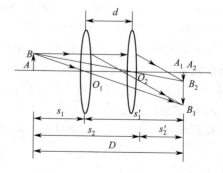

图 7-1-3　凸透镜共轭法光路

当透镜移至 O_2 处时，屏上出现一个倒立缩小的实像 A_2B_2，同理，有

136

$$\frac{1}{s_1}+\frac{1}{D-s_2}=\frac{1}{f} \tag{7-1-3}$$

由图（7-1-3）知
$$s_2=s_1+d \tag{7-1-4}$$

则式（7-1-3）改写为

$$\frac{1}{s_1+d}+\frac{1}{D-s_1-d}=\frac{1}{f} \tag{7-1-5}$$

结合式（7-1-2）和式（7-1-5），可推出

$$f=\frac{D^2-d^2}{4D} \tag{7-1-6}$$

因此，只要测出物屏与像屏之间的距离 D 及两次成像时透镜位置之间的距离 d，便可求出焦距 f。由式（7-1-6），也可以看出，要求出 f，必须要求 $D>4f$。

4. 凹透镜焦距的测定

凹透镜的成像规律：一个物体经过凹透镜只能成一个正立缩小的虚像，而不能直接成实像，像距无法直接测量，所以测量其焦距不能用测量凸透镜的方法来直接测量，必须利用一个凸透镜作为辅助透镜。这样，物点所发出的光线经过凸透镜会聚之后，虽经凹透镜发散仍然是有可能会聚的，这样就可以得到实像。

（1）物距像距法。如图 7-1-4 所示，物体 AB 先经过 L_1 成倒立缩小的实像 A_1B_1，将 L_2 插放在 L_1 与 A_1B_1 之间，然后调整 L_2 与 L_1 的间距，则可以成一个实像 A_2B_2。我们来考虑物点 B，物点 B 所发出的光线只经过凸透镜 L_1 之后会聚于像点 B_1。将一个焦距为 f 的凹透镜 L_2 置于 L_1 与 B_1 之间，然后调整 L_2 与 L_1 的间距，由于凹透镜具有发散作用，像点将移到 B_2 点。根据光路可逆性原理，如果将物置于 B_2 点处，则由物点 B_2 发出的光线经透镜 L_2 折射后，折射光线的反向延长线相交于 B_1 点。故在 B_2 点的物点只经过凹透镜 L_2 所成的虚像并落在 B_1 点。

令 $|O_2A_2|=s$，$|O_2A_1|=s'$，又考虑到凹透镜的 f 和 s' 均为负值，由式（7-1-1）可得

$$\frac{1}{s}-\frac{1}{s'}=\frac{1}{f} \tag{7-1-7}$$

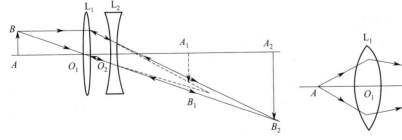

图 7-1-4　凹透镜物距像距法光路

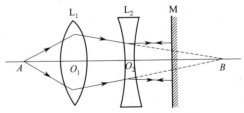

图 7-1-5　凹透镜自准法光路

（2）自准法。如图 7-1-5 所示，将物点 A 置于凸透镜 L_1 的主光轴上，测出其成像位置 B。将待测凹透镜 L_2 和一个平面反射镜 M 置于 L_1 和 B 之间。移动 L_2 的位置，若物点 A 所发出的光线经过 L_1、L_2 后能成一束平行光，则由光路可逆原理，$|O_2B|$ 就是待测凹透镜的焦距。使由 M 反射回去的光线经 L_2、L_1 后，仍成像于 A 点。此时，从凹透镜到平面镜上的光将是一束平行光，B 点就是由 M 反射回去的平行光束的虚像点，也就是 L_2 的焦

点。测出 L_2 的位置，间距 $|O_2B|$ 就是待测凹透镜的焦距。

四、实验内容和步骤

1. 光具座上各元件的共轴调整

由于应用薄透镜成像公式时需满足近轴条件，因此必须将各光学元件的主光轴重合，并使该轴与光具座的导轨平行。这就是"同轴等高"的调整。它在光学实验中是必不可少的步骤。共轴调整分粗调和细调两步进行。

（1）目测粗调。把光源、物屏、凸透镜和像屏依次装到光具座上，先将它们靠拢，调节高低、左右位置，使各元件中心大致等高在一条直线上，并使物屏、透镜、像屏的平面互相平行。

（2）细调（依据成像规律的调整）。

① 利用自准法调整。调节透镜上下及左右位置，使物像中心重合。

② 利用共轭法调整。使物屏和像屏之间的距离 $D>4f$，在物屏和像屏之间移动凸透镜，可得一大一小两次成像。若两个像的中心重合，表示已经共轴；若不重合，可先在小像中心作一记号，调节透镜高度使大像中心与小像中心重合。如此反复调节透镜高度，使大像中心趋向于小像中心（大像追小像），直至完全重合。

③ 两个或两个以上透镜的调整。可采用逐个调整的方法，先调好凸透镜，记下像中心在屏上的位置，再加上凹透镜调节，使凹透镜的像中心与前者重合就可以了。

2. 用自准法测量凸透镜的焦距

按照图 7-1-2，采用左右逼近读数法，即从左往右移动物屏，直至在物屏上看到与物大小相同的清晰倒像，记录此时物屏的位置；再从右往左移动物屏，直至在物屏上看到与物大小相同的清晰倒像，记录此时物屏的位置，然后取两次读数的平均值作为物屏的位置。则物屏和透镜 L 在光具座上的位置 A 和 O 之间的距离即为凸透镜的焦距 f，即 $f=|AO|$，改变物屏位置重复以上步骤五次。

3. 用共轭法测量凸透镜的焦距

按照图 7-1-3，放置物屏和像屏，使它们的间距 $D>4f$，移动透镜 L，分别读出成清晰大像和小像时透镜 L 在光具座上的位置 O_1 和 O_2，算出 $d=|O_1-O_2|$。改变 D 的值，重复测量五次。尽量使 D 接近 $4f$，不要太大，以免大像过大，小像过小，难以确定成像最清晰时凸透镜所在位置。

4. 用物距像距法测量凹透镜的焦距

（1）如图 7-1-4，将凸透镜置于 O_1 处，移动像屏，出现缩小清晰的像后，记下像 A_1B_1 的位置 A_1。

（2）在 L_1 与像 A_1B_1 之间插入凹透镜 L_2，记下 L_2 的位置 O_2，移动像屏直至屏上出现清晰的像 A_2B_2，记下像屏的位置 A_2。由此得到：$s'=|O_2-A_1|$ 和 $s=|O_2-A_2|$。代入式(7-1-7) 中，便可算出 $f_凹$。

（3）改变凸透镜的位置，重复测量五次。

5. 用自准法测量凹透镜的焦距

（1）如图 7-1-5，调整物屏与凸透镜（位于 O_1 点）位置，使物体 AB（位于 A 点）经过凸透镜成一个缩小的实像 A_1B_1（位于 B 点）。

（2）在凸透镜与像之间放上凹透镜 L_2（位于 O_2 点）和平面镜 M，并在导轨上移动它们，直至物屏上出现清晰的像，与原来的物体 AB 大小一样。则 $f=|O_2B|$。

（3）改变凸透镜的位置，重复测量五次。

6. 透镜的像差

理想的成像应该是，物平面上每一点发出的光，在像平面上会聚成一个相应的点，并且不改变其相关位置。这样的像是完全清晰，没有像差的。实际上简单的透镜成像会发生多种类型的像差，其中最简单和最显著的两种是色差和球差。

色差是由于玻璃折射率是光波长的函数引起的，用不同波长的光测量透镜的焦距，结果会稍有差异（图 7-1-6），所以被白光照明的物就不能会聚成单一的像平面。对红光聚焦较好时，像就带蓝紫边，而对蓝紫光聚焦较好时，像又带红橙边。球差的产生是因为简单的球面透镜不能把照射于透镜所有部位的光线都会聚于一点。如图 7-1-7 所示，从同一个物点 A 发出的近轴光线 1 会聚于 A'_1 点，张角较大的光线 2 会聚于 A'_2，张角连续变化，会聚点也连续改变，因而就找不到完全清晰的成像平面。为了提高像的清晰度可以给透镜加一光栏，遮住张角大的光线，只让近轴光线通过。当然，光栏的孔径愈小效果就愈好，但是由于光通量减少，像的亮度就低。为了校正透镜的色差和球差，光学仪器常采用复合透镜组。

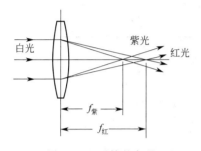

图 7-1-6　透镜的色差

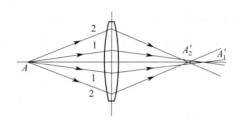

图 7-1-7　透镜的球差

五、数据记录与处理

将所测量数据记录在表 7-1-1～表 7-1-4 中，正确计算出透镜的焦距平均值并计算出不确定度。

表 7-1-1　自准法测量凸透镜焦距　　　　　　　　单位：cm

测量次数	物屏位置	透镜位置读数			f
		左	右	平均	
1					
2					
3					
4					
5					

表 7-1-2　共轭法测量凸透镜焦距　　　　　　　　单位：cm

测量次数	物屏位置读数	像屏位置读数	D	透镜位置读数						d	f
				O_1 位置			O_2 位置				
				左	右	平均	左	右	平均		
1											
2											
3											
4											
5											

表 7-1-3　物距像法测量凹透镜焦距　　　　　　　　　　　单位：cm

测量次数	物屏位置读数	透镜 L_1 位置读数	A_1B_1 位置读数	凹透镜 L_2 位置读数			A_2B_2 位置读数	f
				左	右	平均		
1								
2								
3								
4								
5								

表 7-1-4　自准法测量凹透镜焦距　　　　　　　　　　　单位：cm

测量次数	s' 位置			凹透镜位置			f
	左	右	平均	左	右	平均	
1							
2							
3							
4							
5							

本实验中需要用到的公式为（每个量测量 5 次，即 $n=5$，$i=1$，2，3，4，5）：

$$\bar{f}=\frac{\sum f_i}{5}, \quad s(\bar{x})=\sqrt{\frac{\sum(f_i-\bar{f})^2}{5\times(5-1)}}, \quad \Delta_f=\sqrt{s_{\bar{f}}^2+\Delta_{仪}^2}$$

六、注意事项

（1）由于人眼对成像的清晰度分辨能力有限，所以观察到的像在一定范围内都清晰，加之球差的影响，清晰成像位置会偏离高斯像。为使两者接近，减小误差，记录数值时应使用左右逼近的方法。

（2）不允许用手触摸透镜，光学元件要轻拿轻放。

（3）透镜不用时，应将其放在光具座的另一端。

七、思考与讨论

（1）如何用简便的方法区别凸透镜和凹透镜（不允许用手摸）？

（2）为什么要调节系统达到共轴的要求？怎样调节？

（3）为什么可以用"大像追小像"的方法调节透镜系统达到共轴等高的要求？

（4）用共轭法测凹透镜的焦距时，为什么要让物屏与像屏的距离大于 4 倍焦距？

第二节　用分光计测棱镜的顶角和折射率

光线在传播过程中，遇到不同媒质的分界面（如平面镜、三棱镜和光栅的光学表面）时，就要发生反射和折射，光线将改变传播的方向，结果在入射光与反射光或折射光之间就有一定的夹角。反射定律、折射定律等正是这些角度之间关系的定量表述。一些光学量，如折射率、光波波长等也可通过测量有关角度来确定。因而精确地测量角度，在光学实验中显得尤为重要。

分光计（光学测角仪）是用来精确地测量入射光和出射光之间偏转角度的一种仪器。用它可以测量折射率、色散率、光波波长、光栅常数等物理量。分光计的结构复杂、装置精密，调节要求也比较高，对初学者来说会有一定的难度。但是只要了解其基本结构和测量光路，严格按调节要求和步骤仔细地调节，也不难调好。分光计的结构又是许多其他光学仪器（如摄谱仪、单色仪、分光光度计等）的基础。学习分光计的调节原理，为使用更复杂的光学仪器的调节打下基础。

玻璃的折射率可以用很多方法和仪器测定，方法和仪器的选择取决于对测量结果精度的要求。在分光计上用最小偏向角法测定玻璃的折射率，就可以达到较高的精度。但此法需把待测材料磨成一个三棱镜。如果是测液体的折射率，可用平面平行玻璃板做一个中空的三棱镜，充入待测的液体，然后用类似的方法进行测量。

一、实验目的

（1）了解分光计的结构，学习分光计的调节和使用方法。
（2）利用分光计测定三棱镜的顶角。
（3）利用分光计测定玻璃三棱镜的折射率。

二、主要实验仪器

分光计、玻璃三棱镜、钠光灯。

三、实验原理

1. 测量三棱镜顶角

如图 7-2-1 所示，设要测三棱镜 AB 面和 AC 面所夹的顶角 α，只需求出 φ 即可，则 $\alpha = 180° - \varphi$。

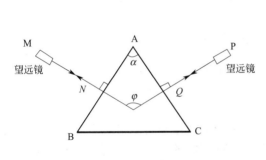

图 7-2-1　测三棱镜顶角

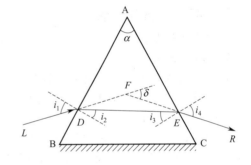

图 7-2-2　三棱镜的折射

2. 测量三棱镜折射率

最小偏向角法是测定三棱镜折射率的基本方法之一，如图 7-2-2 所示，三角形 ABC 表示玻璃三棱镜的横截面，AB 和 AC 是透光的光学表面，又称折射面，其夹角 α 称为三棱镜的顶角；BC 为毛玻璃面，称为三棱镜的底面。假设某一波长的光线 LD 入射到棱镜的 AB 面上，经过两次折射后沿 ER 方向射出，则入射线 LD 与出射线 ER 的夹角 δ 称为偏向角。

由图 7-2-2 中的几何关系，可得偏向角

$$\delta = \angle FDE + \angle FED = (i_1 - i_2) + (i_4 - i_3) \tag{7-2-1}$$

因为顶角 α 满足 $\alpha = i_2 + i_3$，则

$$\delta = (i_1 + i_4) - \alpha \tag{7-2-2}$$

对于给定的三棱镜来说，角 α 是固定的，δ 随 i_1 和 i_4 而变化。其中 i_4 与 i_3、i_2、i_1 依次相关，因此 i_4 实际上是 i_1 的函数，偏向角 δ 也就仅随 i_1 而变化。在实验中可观察到，当 i_1 变化时，偏向角 δ 有一极小值，称为最小偏向角。理论上可以证明，当 $i_1 = i_4$ 时，δ 具有最小值。显然这时入射光和出射光的方向相对于三棱镜是对称的，如图 7-2-3 所示。

若用 $\delta_{\min}$ 表示最小偏向角，将 $i_1 = i_4$ 代入式（7-2-2）得

$$\delta_{\min} = 2i_1 - \alpha \tag{7-2-3}$$

141

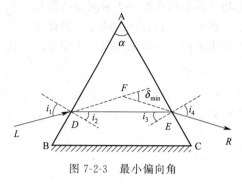

图 7-2-3　最小偏向角

或

$$i_1 = \frac{1}{2}(\delta_{min} + \alpha) \qquad (7\text{-}2\text{-}4)$$

因为 $i_1 = i_4$，所以 $i_2 = i_3$，又因为 $\alpha = i_2 + i_3 = 2i_2$，则

$$i_2 = \alpha/2 \qquad (7\text{-}2\text{-}5)$$

根据折射定律 $\sin i_1 = n \sin i_2$ 得，

$$n = \frac{\sin i_1}{\sin i_2} \qquad (7\text{-}2\text{-}6)$$

将式(7-2-4)、式(7-2-5)代入式(7-2-6)得：

$$n = \frac{\sin \dfrac{\delta_{min} + \alpha}{2}}{\sin \dfrac{\alpha}{2}} \qquad (7\text{-}2\text{-}7)$$

由式(7-2-7)可知，只要测出入射光线的最小偏向角 δ_{min} 及三棱镜的顶角 α，即可求出该三棱镜对该波长入射光的折射率 n。

四、实验内容与步骤

1. 分光计的调整

（1）调整要求。

① 望远镜聚焦平行光，且其光轴与分光计中心轴垂直；

② 载物台平面与分光计中心轴垂直。

（2）望远镜调节。

① 目镜调焦。目镜调焦的目的是使眼睛通过目镜能很清楚地看到目镜中分划板上的刻线和叉丝，调焦办法：接通仪器电源，把目镜调焦手轮旋出，然后一边旋进一边从目镜中观察，直到分划板刻线成像清晰，再慢慢地旋出手轮，至目镜中刻线的清晰度将被破坏而未被破坏时为止。旋转目镜装置，使分划板刻线水平或垂直。

② 望远镜调焦。望远镜调焦的目的是将分划板上十字叉丝调整到焦平面上，也就是望远镜对无穷远聚焦。其方法如下：将双面反射镜紧贴望远镜镜筒，从目镜中观察，找到从双面反射镜反射回来的光斑，前后移动目镜装置，对望远镜调焦，使绿十字叉丝成像清晰。往复移动目镜装置，使绿十字叉丝像与分划板上十字刻度线无视差，最后锁紧目镜装置锁紧螺丝。

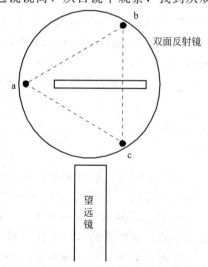

图 7-2-4　用平面镜调整分光计

（3）调节望远镜光轴垂直于分光计中心轴（各调一半法）。调节如图 7-2-4 所示的载物台调平螺丝 b 和 c 以及望远镜光轴仰角调节螺丝，使分别从双面反射镜的两个面反射的绿十字叉丝像皆与分划板上方的十字刻度线重合，如图 7-2-5(a) 所示。此时望远镜光轴就垂直于分光计中心轴了。具体调节方法如下。

① 将双面反射镜放在载物台上，使镜面处于任意两个载物台调平螺丝间连线的中垂面，如图 7-2-4 所示。

② 目测粗调。用目测法调节载物台调平螺丝及望远镜、平行光管光轴仰角调节螺丝，使载物台平面、望远

镜及平行光管光轴与分光计中心轴大致垂直。

　　由于望远镜视野很小，观察的范围有限，要从望远镜中观察到由双面反射镜反射的光线，应首先保证该反射光线能进入望远镜。因此，应先在望远镜外找到该反射光线。转动载物台，使望远镜光轴与双面反射镜的法线成一小角度，眼睛在望远镜外侧观察双面反射镜，找到由双面反射镜反射的绿十字叉丝像，并调节望远镜光轴仰角调节螺丝及载物台调平螺丝 b 和 c，使得从双面反射镜的两个镜面反射的绿十字叉丝像的位置应与望远镜处于同一水平状态。

　　③ 从望远镜中观察。转动载物台，使双面反射镜反射的光线进入望远镜内。此时在望远镜内出现清晰的绿十字叉丝像，但该像一般不在图 7-2-5(a) 所示的准确位置，而与分划板上方的十字刻度线有一定的高度差，如图 7-2-5(b) 所示。调节望远镜光轴仰角调节螺丝，使高度差 h 减小一半，如图 7-2-5(c) 所示；再调节载物台调节螺丝 b 或 c，使高度差全部消除，如图 7-2-5(d) 所示。再细微旋转载物台使绿十字叉丝像和分划板上方的十字刻度线完全重合，如图 7-2-5(a) 所示。

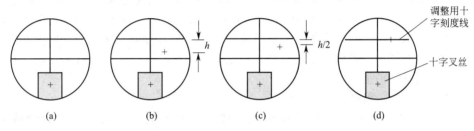

图 7-2-5　各调一半法

　　④ 旋转载物台，使双面反射镜转过 180°，则望远镜中所看到的绿十字叉丝像可能又不在准确位置，重复步骤③所述的各调一半法，使绿十字叉丝像位于望远镜分划板上方的十字刻度线的水平横线上。

　　⑤ 重复上述步骤③、步骤④，使经双面反射镜两个面反射的绿十字叉丝像均位于望远镜分划板上方的十字刻度线的水平横线上。

　　至此，望远镜的光轴完全与分光计中心轴垂直。此后，望远镜光轴仰角调节螺丝不能再任意调节。

2. 三棱镜顶角的测定

　　(1) 待测件三棱镜的调整。如图 7-2-6(a) 放置三棱镜于载物台上。转动载物台，调节载物台调平螺丝（此时不能调望远镜），使从棱镜的二个光学面反射的绿十字叉丝像均位于分划板上方的十字刻度线的水平横线上，达到自准。此时三棱镜两个光学表面的法线均与分光计中心轴相垂直。

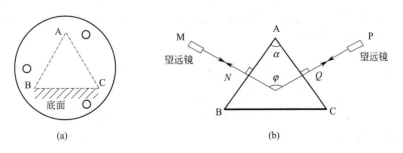

图 7-2-6　三棱镜的调整

143

（2）自准法测定三棱镜顶角

将三棱镜置于载物台中央，锁紧望远镜支架与刻度盘锁紧螺丝及载物台锁紧螺丝，转动望远镜支架，或转动游标盘，使望远镜对准 AB 面，在自准情况（绿十字叉丝像和分划板上方的十字刻度线完全重合）下，从两游标读出角度 φ_1 和 φ_1'；同理转动望远镜对准 AC 面，自准时读角度 φ_2 和 φ_2'，记录结果。由图 7-2-6（b）中的光路和几何关系可知，三棱镜的顶角

$$\alpha = 180° - \varphi = 180° - \frac{1}{2}(|\varphi_2 - \varphi_1| + |\varphi_2' - \varphi_1'|) \tag{7-2-8}$$

3. 测定三棱镜折射率

（1）调节分光计。按上述实验中的要求与步骤调整好分光计。

（2）调整平行光管。

① 去掉双面反射镜，打开钠光灯光源。

② 打开狭缝，松开狭缝装置锁紧螺丝。从望远镜中观察，同时前后移动狭缝装置，直至狭缝成像清晰为止。然后调整狭缝宽度为 1mm 左右（用狭缝宽度调节螺丝调节）。

③ 调节平行光管的倾斜度。将狭缝转至水平，调节平行光管光轴仰角调节螺丝，使狭缝像与望远镜分划板的中心横线重合。然后将狭缝转至竖直方向，使之与分划板十字刻度线的竖线重合，且无视差。最后锁紧狭缝装置锁紧螺丝。此时平行光管出射平行光，并且平行光管光轴与望远镜光轴重合。

（3）测三棱镜的折射率

① 将三棱镜置于载物台上，并使玻璃三棱镜折射面的法线与平行光管轴线夹角约为 60°。

② 观察偏向角的变化。用光源照亮狭缝，根据折射定律判断折射光的出射方向。先用眼睛（不在望远镜内）在此方向观察，可看到几条平行的彩色谱线，然后慢慢转动载物台，同时用望远镜注意谱线的移动情况，观察偏向角的变化。顺着偏向角减小的方向，缓慢转动载物台，使偏向角继续减小，直至看到谱线移至某一位置后将反向移动。这说明偏向角存在一个最小值（逆转点）。谱线移动方向发生逆转时的偏向角就是最小偏向角。

a. 用望远镜观察谱线。在细心转动载物台时，使望远镜一直跟踪谱线，并注意观察某一波长谱线的移动情况（各波长谱线的逆转点不同）。在该谱线逆转移动时，拧紧游标盘制动螺丝，调节游标盘微调螺丝，准确找到最小偏向角的位置。

b. 测量最小偏向角位置。转动望远镜支架，使谱线位于分划板的中央，旋紧望远镜支架制动螺丝，调节望远镜微调螺丝，使望远镜内的分划板十字刻度线的中央竖线对准该谱线中央，从两个游标读出该谱线折射光线的角度 θ 和 θ'。

c. 测定入射光方向。移去三棱镜，松开望远镜支架制动螺丝，移动望远镜支架，将望远镜对准平行光管，微调望远镜，将狭缝像准确地置于分划板的中央竖直刻度线上，从两游标分别读出入射光线的角度 θ_0 和 θ_0'。

d. 按 $\delta_{min} = \frac{1}{2}[(\theta - \theta_0) + (\theta' - \theta_0')]$ 计算最小偏向角 δ_{min}（取绝对值）。

e. 重复步骤 a～d，可分别测出汞灯光谱中各谱线的最小偏向角 δ_{min}。

f. 按式（7-2-7）计算出三棱镜对各波长谱线的折射率。计算折射率 n。

五、数据记录与处理

相关实验数据填入表 7-2-1、表 7-2-2。

表 7-2-1　自准法（或反射法）测顶角数据表格

次数	游标 1/°		游标 2/°		$\alpha/°$	$\bar{\alpha}/°$
	φ_1	φ_2	φ_1'	φ_2'		
1						
2						
3						

表 7-2-2　测量最小偏向角 δ_{min}

钠光波长（Å）	次数	游标 1/°		游标 2/°		$\delta_{min}/°$	n
		θ	θ_0	θ'	θ_0'		
5893	1						
	2						
	3						

六、思考与讨论

（1）调整分光计的主要步骤是什么？

（2）用自准法调节望远镜使之适合观察平行光的主要步骤是什么？当观察到什么现象时就能判定望远镜已适合观察平行光？为什么？

（3）借助于平面镜调节望远镜与分光计主轴垂直时，为什么要使载物台旋转 180°？

（4）用分光计测量角度时，为什么要读左右两窗口的读数，这样做的好处是什么？

（5）设游标读数装置中，主盘的最小分度是 20′，游标刻度线共 40 条，问该游标的最小分度值为多少？

（6）什么是最小偏向角？如何找到最小偏向角？

附录 I：实验仪器介绍

分光计是一种测量角度的精密仪器，如附录图 I-1。其基本原理是，让光线通过狭缝和聚焦透镜形成一束平行光线，经过光学元件的反射或折射后进入望远镜物镜并成像在望远镜的焦平面上，通过目镜进行观察和测量各种光线的偏转角度，从而得到光学参量，例如折射率、波长、色散率、衍射角等。

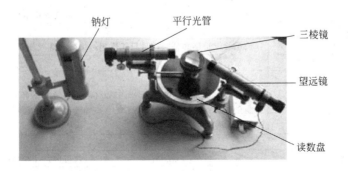

附录图 I-1　分光计、钠灯等实物图

如附录图 I-2 所示，分光计主要由五个部件组成：三角底座、平行光管、望远镜、刻度圆盘和载物台。图中各调节装置的名称及作用见附录表 I-1。

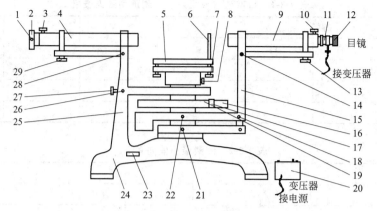

附录图 I-2　分光计基本结构示意图

附录表 I-1　分光计各调节装置的名称和作用

代号	名　称	作　用
1	狭缝宽度调节螺丝	调节狭缝宽度,改变入射光宽度
2	狭缝装置	
3	狭缝装置锁紧螺丝	松开时,前后拉动狭缝装置,调节平行光;调好后锁紧,用来固定狭缝装置
4	平行光管	产生平行光
5	载物台	放置光学元件,台面下方装有三个细牙螺丝,用来调整台面的倾斜度,松开螺丝可升降、转动载物台
6	夹持待测物簧片	夹持载物台上的光学元件
7	载物台调节螺丝(3只)	调节载物台台面水平
8	载物台锁紧螺丝	松开时,载物台可单独转动和升降;锁紧后,可使载物台与读数游标盘同步转动
9	望远镜	观测经光学元件作用后的光线
10	目镜装置锁紧螺丝	松开时,目镜装置可伸缩和转动(望远镜调焦);锁紧后,固定目镜装置
11	阿贝式自准目镜装置	可伸缩和转动(望远镜调焦)
12	目镜调焦手轮	调节目镜焦距,使分划板、叉丝清晰
13	望远镜光轴仰角调节螺丝	调节望远镜的俯仰角度
14	望远镜光轴水平调节螺丝	调节该螺丝,可使望远镜在水平面内转动
15	望远镜支架	
16	游标盘	盘上对称设置两游标
17	游标	分成30小格,每一小格对应角度1′
18	望远镜微调螺丝	该螺丝位于反面,锁紧望远镜支架制动螺丝后,调节该螺丝,可使望远镜支架作小幅度转动
19	度盘	分为360°,最小刻度为半度(30′),小于半度则利用游标读数
20	目镜照明电源	打开该电源,从目镜中可看到一绿斑及黑十字
21	望远镜支架制动螺丝	该螺丝位于反面,锁紧后,只能用望远镜微调螺丝使望远镜支架作小幅度转动
22	望远镜支架与刻度盘锁紧螺丝	锁紧后,望远镜与刻度盘同步转动
23	分光计电源插座	
24	分光计三角底座	它是整个分光计的底座;底座中心有沿铅直方向的转轴套,望远镜部件整体、刻度圆盘和游标盘可分别独立绕该中心轴转动;平行光管固定在三角底座的一只脚上
25	平行光管支架	
26	游标盘微调螺丝	锁紧游标盘制动螺丝后,调节该螺丝可使游标盘作小幅度转动
27	游标盘制动螺丝	锁紧后,只能用游标盘微调螺丝使游标盘作小幅度转动
28	平行光管光轴水平调节螺丝	调节该螺丝,可使平行光管在水平面内转动
29	平行光管光轴仰角调节螺丝	调节平行光管的俯仰角

　下面介绍分光计主要部件。

1. 平行光管

如附录图Ⅰ-3所示,平行光管的作用是产生平行光。在其圆柱形筒的一端装有一个可伸缩的套筒,套筒末端有一狭缝,筒的另一端装有消色差透镜组。伸缩狭缝装置,使其恰位于透镜的焦平面上时,平行光管就射出平行光。可通过调节平行光管光轴水平调节螺丝和平行光管光轴仰角调节螺丝改变平行光管光轴的方向,通过调节狭缝宽度调节螺丝改变狭缝宽度,从而改变入射光束宽度。

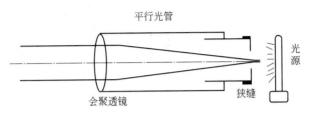

附录图Ⅰ-3 平行光管内部结构示意图

2. 望远镜

望远镜用于观察及定位被测光线。它是由物镜、自准目镜和测量用十字刻度线所组成的一个圆筒,本实验所使用的望远镜带有阿贝式自准目镜,如附录图Ⅰ-4所示。照明小灯泡的光自筒侧进入,经小三棱镜反射后照亮分划板上的下半部十字刻度线。十字刻度线的方向、目镜及物镜间的距离皆可调,当叉丝位于物镜焦平面上时,叉丝发出的光经物镜后成为平行光。该平行光经双面反射镜反射后,再经物镜聚焦在分划板平面上,形成十字叉丝的像(绿色)。

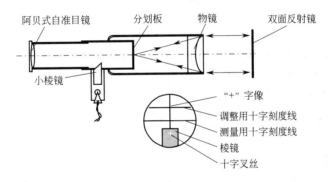

附录图Ⅰ-4 分光计上望远镜的结构

望远镜调好后,从目镜中可同时看清十字刻度线和叉丝的"十"字像,且两者间无视差。另外,可通过调节望远镜光轴仰角调节螺丝和望远镜光轴水平调节螺丝改变望远镜光轴的方向。

3. 刻度圆盘

分光计出厂时,已经将刻度盘平面调到与仪器转轴垂直并加以固定。刻度圆盘被分成360°,最小分度值是半度(30′)。小于半度的数值可在游标上读出,两个游标在黑色内盘边缘对径方向,游标分成30小格。游标盘一般与载物台固连,可绕仪器转轴转动,有螺钉可以止动游标盘。

刻度圆盘读数方法与游标卡尺的读数方法相似,如附录图Ⅰ-5所示读数为116°15′。为了消除刻度盘与分光计中心轴线之间的偏心差,在刻度盘同一直径的两端各装有一个游标。测量时,两个游标都应读数,然后算出每个游标两次读数的差,再取平均值。这个平均值作

147

为望远镜（或载物台）转过的角度，可以消除偏心差。例如：望远镜（或载物台）由位置Ⅰ（游标1读数为φ_1、游标2读数为φ_1'）转到位置Ⅱ（游标1读数为φ_2、游标2读数为φ_2'）时（此时应锁紧望远镜支架与刻度盘锁紧螺丝），则望远镜（或载物台）转过的角度为

$$\varphi = \frac{1}{2}(|\varphi_2 - \varphi_1| - |\varphi_2' - \varphi_1'|)$$

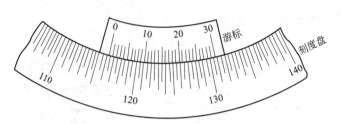

附录图Ⅰ-5　刻度圆盘

另外，在计算望远镜转过的角度时，要注意游标是否经过了刻度盘的零点。例如：望远镜（或载物台）由位置Ⅰ转到位置Ⅱ时，对应的游标读数分别为 $\varphi_1 = 175°45'$、$\varphi_1' = 355°45'$，$\varphi_2 = 295°43'$，$\varphi_2' = 115°43'$，游标1未跨过零点，望远镜转过的角度 $\varphi = \varphi_2 - \varphi_1 = 119°58'$，游标2跨过了零点，这时望远镜转过的角度应按下式计算：$\varphi = (360° + \varphi_2') - \varphi_1' = 119°58'$。如果从游标读出的角度 $\varphi_2 < \varphi_1$、$\varphi_2' < \varphi_1'$，而游标又未经过零点，则计算结果应取绝对值。

第三节　音频信号光纤传输技术实验

光纤，即光导纤维的简称，是 20 世纪 70 年代为光通信发展起来的一种新型材料。目前应用较广泛的是由高纯度的 SiO_2 经掺有适当的杂质而制成的纤维，其质地柔软，具有良好的传光性能。光纤通信是以光波为载体，以光纤为传输介质的一种通信方式。光纤通信具有频带宽、容量大、损耗低、不受电磁干扰等一系列优点，因而近几十年来得到了迅速发展，目前已广泛地应用于通信及其他科学领域，可以说光纤通信是未来信息社会中各种信息网的主要传输工具。

一、实验目的

（1）熟悉半导体电光/光电器件的基本性能。

（2）了解音频信号光纤传输的结构。

（3）了解音频信号在光纤通信中的基本结构和原理。

二、主要实验仪器

ZY120FCom13BG3 型光纤通信原理实验箱，20MHz 双踪模拟示波器，FC/PC-FC/PC单模光跳线，数字万用表，850nm 光发端机和光收端机，连接导线，电话机。

三、实验原理

（1）半导体发光二极管。光纤通信系统中，对光源器件在发光波长、电光效率、工作寿命、光谱宽度和调制性能等许多方面均有特殊要求，所以不是随便哪种光源器件都能胜任光纤通信任务。目前在以上各个方面都能较好满足要求的光源器件主要有半导体发光二极管（LED）、半导体激光二极管（LD），本实验采用 LED 作光源器件。

光纤传输系统中常用的半导体发光二极管是一个如图 7-3-1 所示的 N-p-P 三层结构的半

导体器件，中间层通常是由 GaAs（砷化镓）p 型半导体材料组成，称有源层，其带隙宽度较窄，两侧分别由 GaAlAs 的 N 型和 P 型半导体材料组成，与有源层相比，它们都具有较宽的带隙。具有不同带隙宽度的两种半导体单晶之间的结构称为异结。在图 7-3-1 中，有源层与左侧的 N 层之间形成的是 N-p 异质结，而与右侧 P 层之间形成的是 p-P 异质结，故这种结构又称 N-p-P 双异质结

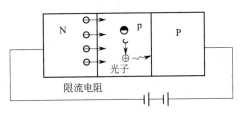

图 7-3-1　半导体发光二极管及工作原理

构，简称 DH 结构。当给这种结构加上正向偏压时，就能使 N 层向有源层注入导电电子，这些导电电子一旦进入有源层后，因受到右边 p-P 异质结的阻挡作用而不能再进入右侧的 P 层，它们只能被限制在有源层与空穴复合，导电电子在有源层与空穴复合的过程中，其中有不少电子要释放出能量满足以下关系的光子：

$$h\nu = E_1 - E_2 = E_g \tag{7-3-1}$$

其中 h 为普朗克常数，ν 是光波的频率，E_1 是有源层内导电电子的能量，E_2 是导电电子与空穴复合处于价键束缚状态时的能量。两者的差值 E_g 与 DH 结构中各层材料及其组分的选取等多种因素有关，制作 LED 时只要这些组分的选取和控制适当，就可使得 LED 发光中心波长与传输光纤低损耗波长一致。

　　本实验采用 HFBR-1424 型半导体发光二极管的正向特性如图 7-3-2 所示。与普通的二极管相比，在正向电压大于 1V 以后，才开始导通，在正常使用情况下，正向压降为 1.5V 左右。半导体发光二极管输出的光功率与其驱动电流的关系称为 LED 的电光特性。为了使传输系统的发送端能够产生一个无非线性失真而峰-峰值又最大的光信号，使用 LED 时应先给它一个适当的偏置电流，其值等于这一特性曲线线性部分中点电流值，而调制电流的峰-峰值应尽可能大地处于这电光特性的线性范围内。

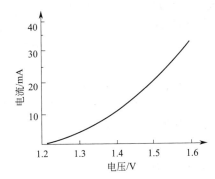

图 7-3-2　HFBR-1424 型
LED 的正向伏安特性

　　音频信号光纤传输系统发送端 LED 的驱动和调制电路如图 7-3-3 示，以 BG1 为主构成的电路是 LED 的驱动电路，调节这一电路中的 W_2 可使 LED 的偏置电流在 0~50mA 的范围内变化。被传音频信号由 IC1 为主构成的音频放大电路放大后经电容器 C_4 耦合到基极，对 LED 原工作电流进行调制，从而使 LED 发送出光强随音频信号变化的光信号，并经光导纤维把这一信号传至接收端。

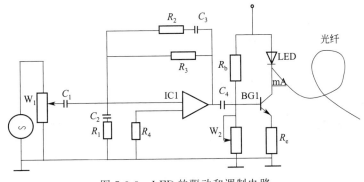

图 7-3-3　LED 的驱动和调制电路

根据理想运放电路开环电压增益大（可近似为无限大），同相和反相输入阻抗大（也可近似为无限大）以及虚地三个基本性质，可以推导出图 7-3-3 所示音频扩大闭环增益为：

$$G(j\omega) = v_0/v_1 = 1 + Z_2/Z_1 \tag{7-3-2}$$

其中 Z_1、Z_2 分别为放大器反馈阻抗和反相输入端的接地阻抗，只要 C_3 选得足够小，C_2 选得足够大，则其值就在要求带宽的中频范围内。C_3 阻抗很大，它所在支路可视为开路，而 C_2 的阻抗很小，它可视为短路。在此情况下，放大电路的闭环增益为

$$G(j\omega) = 1 + R_2/R_1 \tag{7-3-3}$$

C_3 的大小决定了高频端的截止频率 f_2，而 C_2 的值决定着低频端的截止频率 f_1。故该电路中的 R_1、R_2、R_3 和 C_2、C_3 是决定音频放大电路增益和带宽的几个重要参数。

（2）光导纤维的结构及传光原理。光纤按其模式性质通常可以分成两大类：单模光纤；多模光纤。无论是单模还是多模，其结构均由纤芯和包层两部分组成。纤芯的折射率较包层折射率大，对于单模光纤，纤芯直径只有 $5\sim10\mu m$，在一定的条件下，只允许一种电磁场形态的光波在纤芯内传播，多模光纤的纤芯直径为 $50\mu m$ 或 $62.5\mu m$，允许多种电磁场形态的光波传播。以上两种光纤的包层直径均为 $125\mu m$。按其折射率沿光纤截面的径向分布状况又可分成阶跃型和渐变型两种光纤。对于阶跃型光纤，在纤芯和包层中折射率均为常数，但纤芯-包层界面处减到某一值后，在包层的范围内折射率保持这一值不变，根据光射线在非均匀介质中的传播理论分析可知：经光源耦合到渐变型光纤中的某些光射线，在纤芯内是沿周期性地弯向光纤轴线曲线传播的。

本实验采用阶跃型多模光纤作为信道，现应用几何光学理论进一步说明这种光纤的传光原理。阶跃型多模光纤结构如图 7-3-4 所示，它由纤芯和包层两部分组成，芯子的半径为 a，

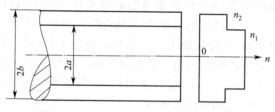

图 7-3-4　阶跃型多模光纤的结构示意图

折射率为 n_1，包层的外径为 b，折射率为 n_2，且 $n_1 > n_2$。

当一光束投射到光纤端面时，进入光纤内部的光射线在光纤入射端面处的入射面包含光纤轴线的称为子午射线，这类射线在光纤内部的是一条与光纤轴线相交、呈"Z"字型前进的平面折线；若耦合到光纤内部的光射线在光纤入射端面处不包含光纤轴线，称为偏射线，偏射线在光纤内部不与光纤轴线相交，其行径是一条空间折线。

（3）系统的组成。如图 7-3-5 所示给出了一个音频信号直接光强调型光纤传输系统的结构原理图，它主要包括由 LED 及其调制，驱动电路组成的光信号发送器，传输光纤和由光电转换、I-V 变换及功放电路组成的光信号接收器三个部分。

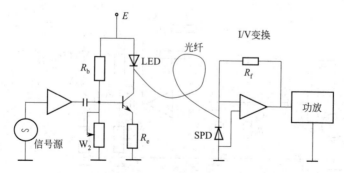

图 7-3-5　音频信号光纤传输实验系统原理图

本实验采用中心波长 $0.85\mu m$ 附近的 GaAs 半导体发光二极管（LED）作光源、峰值响应波长为 $0.8\sim0.9\mu m$ 的硅光二极管（SPD）作为光电检测元件。由于光导纤维对光信号具有很宽的频带，故在音频范围内，整个系统的频带宽度主要决定于发送端调制放大电路和接收端功放电路的幅频特性。

四、实验内容和步骤

1. 音频信号光纤传输实验

（1）连接导线。模拟信号源模块 T303 与光发模块 T111 连接。

（2）用 FC-FC 光纤跳线将 1310nm 光发端机（1310nmT）与 1310nm 光收端机（1310nmR）连接起来。

（3）将拨码开关 BM1、BM2 和 BM3 分别拨至模拟、1310nm 和 1310nm。K121 拨下。

（4）接上交流电源，先开交流开关，再开直流开关 K01、K02，五个发光管全亮。

（5）打开模拟信号源模块（K60）、光发模块（K10）的直流电源。

（6）调节模拟信号源模块的电位器 W306，使 TP303 波形幅度为 2V。

（7）用万用表监控 R110 两端的电压（红色插 T103，黑色插 T104），调节半导体激光器驱动电流（W112），使之小于 25mA。

（8）调节电位器 W111、W112 和 W121，使得 TP121 处波形的幅度为 2V 且无明显失真，用示波器观察 TP111、TP112、TP121 波形，观察模拟信号的光纤调制过程。

（9）将 T303 换成 T302（三角波）或 T301（方波），观察各测试点的波形效果。

（10）拆除 T111 连接导线，音频线将电脑语音输出端与实验箱的外语音输入端（T252）连接，T252 与 T111 连接，T121 与 T261 连接，并使电脑播放音乐。

（11）打开语音信号处理模块电源开关，调节音量（W261），判断光纤传输音乐信号的效果（用示波器观察测试点波形）。

（12）依次关闭直流电源、交流电源，拆除导线，拆除各光学器件，将实验箱放好。

2. 模拟电话光纤传输系统实验

（1）调节电位器，使 1310nm 光纤通信系统能够正常传输模拟信号。

（2）连接导线。电话用户模块（T401）与光发模块（T111）连接，T412 与 T121 连接，T402 与 T4111 连接，并在电话甲和电话乙口上分别接上电话机。

（3）用 FC-FC 光纤跳线将 1310nm 光发端机（1310nmT）与 1310nm 光收端机（1310nmR）连接起来。

（4）将拨码开关 BM1、BM2 和 BM3 分别拨至模拟、1310nm 和 1310nm。K121 拨下。

（5）接上交流电源，先开交流开关，再开直流开关 K01、K02，五个发光管全亮。

（6）打开电话用户接口模块（K40、K41）和光发模块（K10）的直流电源。

（7）用万用表监控 R110 两端的电压（红色插 T103，黑色插 T104），调节半导体激光器驱动电流（W112），使之小于 25mA。

（8）进行两个人通话实验，用示波器测试并比较 TP401、TP402 的波形（由于语音信号的波形比较复杂，所以可以选用双音多频信号的按键音来观察测试点的波形），并做好记录。

（9）依次关闭直流电源、交流电源，拆除导线，拆除各光学器件，将实验箱放好。

（10）根据上述步骤，设计 850nm 光纤传输系统模拟电话传输实验。

五、数据记录与处理

根据实验内容，自行设计表格记录并处理实验数据。

六、思考与讨论

（1）光纤传输系统是否可以传输数字信号，为什么？

（2）能否用一个光纤传输两路模拟信号，如果可以，如何实现，如果不行，说明理由。

第四节　光的等厚干涉现象与应用

当频率相同、振动方向相同、相位差恒定的两束简谐光波相遇时，在光波重叠区域，某些点合成光强大于分光强之和，某些点合成光强小于分光强之和，合成光波的光强在空间形成强弱相间的稳定分布，这种现象称为光的干涉。光的干涉是光的波动性的一种重要表现。日常生活中能见到诸如肥皂泡呈现的五颜六色，雨后路面上油膜的多彩图样等，都是光的干涉现象，都可以用光的波动性来解释。要产生光的干涉，两束光必须满足：频率相同、振动方向相同、相位差恒定的相干条件。实验中获得相干光的方法一般有两种——分波阵面法和分振幅法。等厚干涉属于分振幅法产生的干涉现象。

一、实验目的

（1）通过实验加深对等厚干涉现象的理解；

（2）掌握用牛顿环测定透镜曲率半径的方法；

（3）通过实验熟悉测量显微镜的使用方法。

二、主要实验仪器

测量显微镜、牛顿环、钠光灯、劈尖装置和待测细丝。

三、实验原理

当一束单色光入射到透明薄膜上时，通过薄膜上下表面依次反射而产生两束相干光。如果这两束反射光相遇时的光程差仅取决于薄膜厚度，则同一级干涉条纹对应的薄膜厚度相等，这就是所谓的等厚干涉。

本实验研究牛顿环和劈尖所产生的等厚干涉。

1. 等厚干涉

如图 7-4-1 所示，玻璃板 A 和玻璃板 B 二者叠放起来，中间加有一层空气（即形成了空

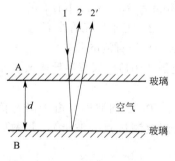

图 7-4-1　等厚干涉的形成

气劈尖）。设光线 1 垂直入射到厚度为 d 的空气薄膜上。入射光线在 A 板下表面和 B 板上表面分别产生反射光线 2 和 $2'$，二者在 A 板上方相遇，由于两束光线都是由光线 1 分出来的（分振幅法），故频率相同、相位差恒定（与该处空气厚度 d 有关）、振动方向相同，因而会产生干涉。我们现在考虑光线 2 和 $2'$ 的光程差与空气薄膜厚度的关系。显然光线 $2'$ 比光线 2 多传播了一段距离 $2d$。此外，由于反射光线 $2'$ 是由光疏媒质（空气）向光密媒质（玻璃）反射，会产生半波损失。故总的光程差还应加上半个波长 $\lambda/2$，即 $\Delta = 2d + \lambda/2$。

根据干涉条件，当光程差为波长的整数倍时相互加强，出现亮纹；为半波长的奇数倍时互相减弱，出现暗纹。因此有：

$$\Delta = 2d + \frac{\lambda}{2} = \begin{cases} 2K \cdot \frac{\lambda}{2} & ,K=1,2,3,\cdots \text{出现亮纹} \\ (2K+1) \cdot \frac{\lambda}{2} & ,K=0,1,2,\cdots \text{出现暗纹} \end{cases}$$

光程差 Δ 取决于产生反射光的薄膜厚度。同一条干涉条纹所对应的空气厚度相同，故称为等厚干涉。

2. 牛顿环

当一块曲率半径很大的平凸透镜的凸面放在一块光学平板玻璃上，在透镜的凸面和平板玻璃间形成一个上表面是球面，下表面是平面的空气薄层，其厚度从中心接触点到边缘逐渐增加。离接触点等距离的地方，厚度相同，等厚膜的轨迹是以接触点为中心的圆。

如图 7-4-2 所示，当透镜凸面的曲率半径 R 很大时，在 P 点处相遇的两反射光线的几何程差为该处空气间隙厚度 d 的两倍，即 $2d$。又因这两条相干光线中一条光线来自光密媒质面上的反射，另一条光线来自光疏媒质上的反射，它们之间有一附加的半波损失，所以在 P 点处得两相干光的总光程差为：

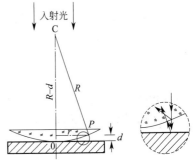

图 7-4-2　凸透镜干涉光路图

$$\Delta = 2d + \frac{\lambda}{2} \qquad (7\text{-}4\text{-}1)$$

当光程差满足：

$$\Delta = (2m+1) \cdot \frac{\lambda}{2}, m=0,1,2,\cdots, \text{为暗条纹}$$

$$\Delta = 2m \cdot \frac{\lambda}{2}, m=1,2,3,\cdots, \text{为明条纹}$$

设透镜 L 的曲率半径为 R，r 为环形干涉条纹的半径，且半径为 r 的环形条纹下面的空气厚度为 d，则由图 7-4-2 中的几何关系可知：

$$R^2 = (R-d)^2 + r^2 = R^2 - 2Rd + d^2 + r^2$$

因为 R 远大于 d，故可略去 d^2 项，则可得：

$$d = \frac{r^2}{2R} \qquad (7\text{-}4\text{-}2)$$

这一结果表明，离中心越远，光程差增加越快，所看到的牛顿环也变得越来越密。将式（7-4-2）代入式（7-4-1）有：

$$\Delta = \frac{r^2}{R} + \frac{\lambda}{2}$$

则根据牛顿环的明暗纹条件：

$$\Delta = \frac{r^2}{R} + \frac{\lambda}{2} = 2m \cdot \frac{\lambda}{2}, m=1,2,3,\cdots (\text{明纹})$$

$$\Delta = \frac{r^2}{R} + \frac{\lambda}{2} = (2m+1)\frac{\lambda}{2}, m=0,1,2,\cdots (\text{暗纹})$$

由此可得，牛顿环的明、暗纹半径分别为：

$$r_m = \sqrt{mR\lambda} \quad (\text{暗纹})$$

$$r'_m = \sqrt{(2m-1)R \cdot \frac{\lambda}{2}} \quad (\text{明纹})$$

式中 m 为干涉条纹的级数，r_m 为第 m 级暗纹的半径，r'_m 为第 m 级明纹的半径。

以上两式表明，当 λ 已知时，只要测出第 m 级亮环（或暗环）的半径，就可计算出透镜的曲率半径 R；相反，当 R 已知时，即可算出 λ。

观察牛顿环时将会发现，牛顿环中心不是一点，而是一个不甚清晰的暗或亮的圆斑。其原因是透镜和平玻璃板接触时，由于接触压力引起形变，使接触处为一圆面；又因镜面上可能有微小灰尘等存在，从而引起附加的程差。这都会给测量带来较大的系统误差。

我们可以通过测量距中心较远的、比较清晰的两个暗环纹的半径的平方差来消除附加程差带来的误差。假定附加厚度为 a，则光程差为：

$$\Delta=2(d\pm a)+\frac{\lambda}{2}=(2m+1)\frac{\lambda}{2}$$

则 $d=m\cdot\dfrac{\lambda}{2}\pm a$ 将 d 代入式(7-4-1)可得：

$$r^2=mR\lambda\pm 2Ra$$

取第 m、n 级暗条纹，则对应的暗环半径为

$$r_m^2=mR\lambda\pm 2R\lambda$$

$$r_n^2=nR\lambda\pm 2R\lambda$$

将两式相减，得 $r_m^2-r_n^2=(m-n)R\lambda$。由此可见 $r_m^2-r_n^2$ 与附加厚度 a 无关。

由于暗环圆心不易确定，故取暗环的直径替换，因而透镜的曲率半径为：

$$R=\frac{D_m^2-D_n^2}{4(m-n)\lambda} \tag{7-4-3}$$

由此式可以看出，半径 R 与附加厚度无关，且有以下特点：

（1）R 与环数差（$m-n$）有关；

（2）对于（$D_m^2-D_n^2$）由几何关系可以证明，两同心圆直径平方差等于对应弦的平方差，因此，测量时无须确定环心位置，只要测出同心暗环对应的弦长即可。

本实验中，入射光波长已知（$\lambda=589.3\mathrm{nm}$），只要测出（D_m，D_n），就可求的透镜的曲率半径。

3. 劈尖干涉

在劈尖架上两个光学平玻璃板中间的一端插入一薄片（或细丝），则在两玻璃板间形成一空气劈尖。当一束平行单色光垂直照射时，则被劈尖薄膜上下两表面反射的两束光进行相干叠加，形成干涉条纹。其光程差为：

$$\Delta=2d+\frac{\lambda}{2} \quad (d \text{ 为空气隙的厚度})$$

产生的干涉条纹是一簇与两玻璃板交接线平行且间隔相等的平行条纹，如图7-4-3所示。

同样根据牛顿环的明暗纹条件有：

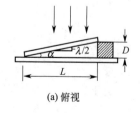

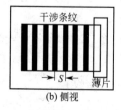

$\Delta=2d+\dfrac{\lambda}{2}=(2m+1)\dfrac{\lambda}{2}$，$m=0,1,2,3,\cdots$ 时，为干涉暗纹。

$\Delta=2d+\dfrac{\lambda}{2}=2m\cdot\dfrac{\lambda}{2}$，$m=1,2,3,\cdots$ 时，为干涉明纹。

图 7-4-3　劈尖干涉测厚度示意

显然,同一明纹或同一暗纹都对应相同厚

度的空气层,因而是等厚干涉。同样易得,两相邻明条纹(或暗条纹)对应空气层厚度差都等于 $\frac{\lambda}{2}$;则第 m 级暗条纹对应的空气层厚度为 $d_m = m\frac{\lambda}{2}$,假若夹薄片后劈尖正好呈现 N 级暗纹,则薄层厚度为:

$$D = N\frac{\lambda}{2} \qquad\qquad (7\text{-}4\text{-}4)$$

用 α 表示劈尖形空气隙的夹角、s 表示相邻两暗纹间的距离、L 表示劈间的长度,则有

$$\alpha \approx \mathrm{tg}\alpha = \frac{\frac{\lambda}{2}}{s} = \frac{D}{L}$$

则薄片厚度为:

$$D = \frac{L}{s} \cdot \frac{\lambda}{2} \qquad\qquad (7\text{-}4\text{-}5)$$

由式(7-4-5)可见,如果求出空气劈尖上总的暗条纹数,或测出劈尖的 L 和相邻暗纹间的距离 s,都可以由已知光源的波长 λ 测定薄片厚度(或细丝直径)D。

四、实验内容

1. 用牛顿环测量透镜的曲率半径

图 7-4-4 为牛顿环实验装置。

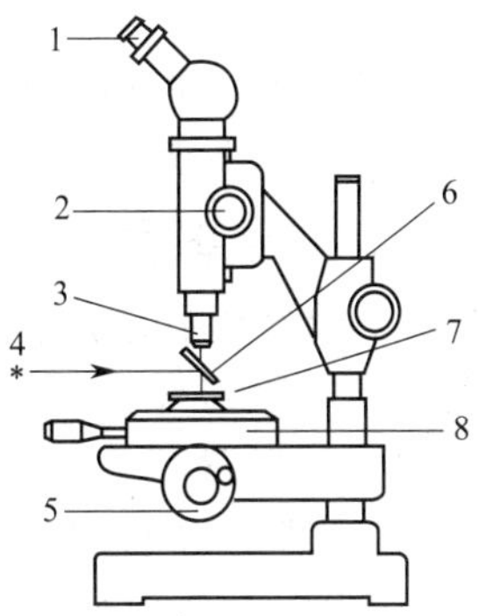

(1)调节读数显微镜。先调节目镜到清楚地看到叉丝且分别与 X、Y 轴大致平行,然后将目镜固定紧。调节显微镜的镜筒使其下降(注意,应该从显微镜外面看,而不是从目镜中看)靠近牛顿环时,再自下而上缓慢地再上升,直到看清楚干涉条纹,且与叉丝无视差。

(2)测量牛顿环的直径。转动测微鼓轮使载物台移动,使主尺读数准线居主尺中央。旋转读数显微镜控制丝杆的螺旋,使叉丝的交点由暗斑中心向右移动,同时数出移过去的暗环环数(中心圆斑环序为 0),当数到 21 环时,再反方向转动鼓轮。注意:使用读数显微镜时,为了避免引起螺距差,移测时必须向同一方向旋转,中途不可倒退,至于自右向左,还是自左向右测量都可以。使竖直叉丝依次对准牛顿环右半部各条暗环,分别记下相应要测暗环的位置:X_{20},X_{19},X_{18},$\cdots$,X_{10}(下标为暗环环序)。当竖直叉丝移到环心另一侧后,继续测出左半部相应暗环的位置读数:X'_{10},X'_{11},$\cdots$,X'_{20}。

图 7-4-4　牛顿环测量装置

1—目镜;2—调焦手轮;3—物镜;
4—钠灯;5—测微鼓轮;6—半反
射镜;7—牛顿环;8—载物台

2. 用劈尖干涉法测微小厚度(微小直径)

(1)将被测细丝(或薄片)夹在两块平玻璃之间,然后置于显微镜载物台上。用显微镜观察、描绘劈尖干涉的图像。改变细丝在平玻璃板间的位置,观察干涉条纹的变化。

(2)由式(7-4-4)可知,当波长已知时,在显微镜中数出干涉条纹数 m,即可得相应的薄片厚度。一般说 m 值较大。为避免记数 m 出现差错,可先测出某长度 L_X 间的干涉条纹数 X,得出单位长度内的干涉条纹数 $n = X/L_X$。若细丝与劈尖棱边的距离为 L,则共出现的干涉条纹数 $m = n \cdot L$。代入式(7-4-4)可得到薄片的厚度 $D = n \cdot L\lambda/2$。

五、数据记录与处理

(1)透镜的曲率半径。相关实验数据填入表 7-4-1,并计算出牛顿环的曲率半径 R。

表 7-4-1

级数（K）	读数/mm		D_m/mm	D_m^2/mm²	$D_{m+5}^2 - D_m^2$ /mm²
	左	右			
20					
19					
18					
17					
16					
15					
14					$D_{m+5}^2 - D_m^2$ 的 平均值为：
13					
12					
11					

测量结果：牛顿环曲率半径为 $R = \bar{R} \pm \Delta \bar{R} = $ _____ ± _____ m

（2）测微小厚度（表格自己设计）。

六、注意事项

（1）使用读数显微镜时，为避免引进螺距差，移测时必须向同一方向旋转，中途不可倒退。

（2）调节 H 时，螺旋不可旋得过紧，以免接触压力过大引起透镜弹性形变。

（3）实验完毕应将牛顿环仪上的三个螺旋松开，以免牛顿环变形。

七、思考与讨论

（1）理论上牛顿环中心是个暗点，实际看到的往往是个忽明忽暗的斑，造成的原因是什么？对透镜曲率半径 R 的测量有无影响？为什么？

（2）牛顿环的干涉条纹各环间的间距是否相等？为什么？

（3）牛顿环与劈尖干涉有什么相同与不同之处？

第五节 迈克耳逊干涉仪

1883 年美国物理学家迈克耳逊和莫雷合作，为证明"以太"是否存在而设计制造了世界上第一台用于精密测量的干涉仪——迈克耳逊干涉仪（Michelson Interferometer），它是在平板或薄膜干涉现象基础上发展起来的。迈克耳逊用该干涉仪所做的重要工作有：否定了"以太"的存在；发现了真空中光速为恒定值，为爱因斯坦的相对论奠定了基础；用镉红光为光源来测量标准米尺的长度，建立了以光波长为基准的绝对长度标准；推断光谱精细结构。迈克耳逊还用该仪器测量出太阳系以外星球的大小。迈克耳逊因精密光学仪器和用这些仪器进行光谱学的基本度量，获得了 1907 年度诺贝尔物理学奖。

现在，根据迈克耳逊干涉仪的原理研制的各种精密干涉仪广泛用于近代物理和计量技术中。

一、实验目的

（1）熟悉迈克耳逊干涉仪的结构和工作原理。

（2）掌握迈克耳逊干涉仪的调节方法，观察等倾干涉条纹。

（3）测量半导体激光的波长。

（4）测量钠黄光双谱线波长差。

（5）了解时间相干性。

二、主要实验仪器

WSM-100 型迈克耳逊干涉仪、半导体激光器、钠光灯。

三、实验原理

WSM-100 型迈克耳逊干涉仪的光路示意图如图 7-5-1 所示。点光源 S 发出的光射在分光镜 G_1 上，G_1 为平玻璃板，右表面镀有半透半反膜，G_1 将入射光分成强度相等的两束，一束反射光 1，另一束透射光 2。光束 1 和 2 分别经全反镜 M_1 和 M_2 反射后再回到 G_1，再分别经透射和反射后，形成光束 $1'$ 和 $2'$。在光程差小于相干长度的情况下，光束 $1'$ 和 $2'$ 在相遇处发生干涉，在相遇处 E 放上毛玻璃，可观察到干涉条纹。G_2 是补偿板，其厚度和材料与 G_1 完全相同，且相互平行，它的作用是使光束 $1'$ 和 $2'$ 在玻璃中经过的次数相同。

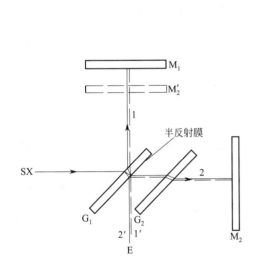

图 7-5-1　迈克耳逊干涉仪的光路图

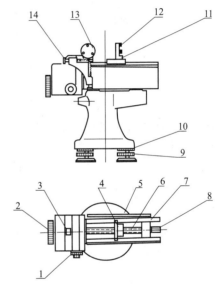

图 7-5-2　WSM-100 型迈克耳逊干涉仪的结构示意图
1—微动手轮；2—粗动手轮；3—读数窗口；4—可调螺母；
5—毫米刻度尺；6—丝杆；7—导轨；8—滚花螺帽；
9—调平螺丝；10—锁紧圈；11—移动镜；12—粗
调螺丝；13—固定镜；14—微调螺丝

WSM-100 型迈克耳逊干涉仪的结构简图如图 7-5-2 所示。干涉仪座架由 3 只调平螺丝支撑，调平后可以拧紧锁紧圈，使座架稳定。丝杆的螺距为 1mm，转动粗动手轮，经可调螺母，使移动镜 M_1 在导轨上滑动。粗动手轮刻度盘一圈刻有 100 格，由读数窗口读出，由于粗动手轮转动一圈 M_1 移动 1mm，所以每格对应 0.01mm。微动手轮 1 上刻有 100 格，转动一圈使粗动手轮旋转 1 格，M_1 移动 0.0001mm。

全反射镜 M_1 和 M_2 的背后各有 2 个螺丝，调节 M_1 和 M_2 的方位，M_2 上还附有相互垂直的两个微调螺丝，以便精确微调 M_2 的方位。

1. 干涉图样的形成和分类

迈克耳逊干涉仪所产生的两相干光束是全反射镜 M_1 和 M_2 反射而来的，研究干涉图样时，可把光路折 90°，即等效于 M_2' 和 M_1。

激光束经凸透镜会聚后形成一个线度小、强度较高的点光源。点光源经平面反射镜 M_1、M_2 反射后，相当于由两个虚光源 S_1、S_2' 发出的相干光束，如图 7-5-3 所示。S_1 和 S_2' 的距离为 M_1 和 M_2' 之间距离 d 的二倍，即 $2d$。虚光源 S_1、S_2' 发出的相干球面波在它们相遇的空间处处相干，因此出现的干涉图样属于非定域的干涉图样。在两光束相遇的空间放置平面观察屏（如毛玻璃）就可看到干涉图样，当 M_1 和 M_2' 严格平行，平面屏垂直于 S_1、S_2' 延长线时，干涉图样应为一组同心圆。

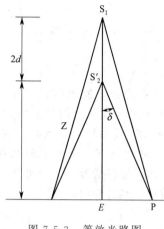

图 7-5-3　等效光路图

对于图 7-5-3 所示的情况，M_1 和 M_2' 平行，观察屏 P 垂直于 S_1S_2' 延长线，干涉图样为一组同心圆，即一组等倾干涉图样，圆心 E 处所对应的干涉级次最高，即 $\delta = 0$ 对应的干涉级次最高。

当移动平面镜 M_1 即改变光程差时干涉环中心会冒出或陷入。中心点的干涉环级次每改变一次，相当于平面镜 M_1 移动了半个波长。如果使中心干涉条纹级次改变 N 次，测出对应平面镜 M_1 移动的距离 Δd，则有 $\Delta d = \dfrac{1}{2}N\lambda$，所以

$$\lambda = \frac{2\Delta d}{N} \tag{7-5-1}$$

所以只要读出干涉仪中 M_1 移动的距离 Δd，数出对应的冒出或陷入环数就可求得波长。

2. 时间相干性

时间相干性是光源相干程度的一种描述，由相干长度或相干时间表述，迈克耳逊干涉仪是观察和测量光源时间相干性的仪器之一。

本实验中以入射角 $\delta = 0$ 进行讨论。此时，两束光的光程差 $\Delta = 2d$，当 d 逐渐增大，达到某一值 d' 时，干涉条纹变成模糊一片，即看不清干涉条纹，这时 $2d = \Delta L_m$ 就叫做光源的相干长度，相干长度除以光速 c 为相干时间 Δt_m，即

$$\Delta t = \frac{\Delta L}{c} \tag{7-5-2}$$

对 ΔL_m 和 Δt_m 的解释有以下两种。

（1）原子发光是断续的，无规则的。任何光源发射出的光波都是一系列有限长的波列，这些波列之间没有固定的相位关系。在迈克耳逊干涉仪中，每个波列经过 G_1 时，由半反膜分成两个波列，当这两个波列到达观察屏处有部分相遇，才能形成干涉，相遇部分越多，干涉条纹清晰度越好，相遇部分越小，干涉条纹越模糊。如到达观察屏处两列波不相遇，则形成不了干涉。所以相干长度表征了波列的长度。

（2）光源发射的光波不是绝对的单色光，存在一个中心波长 λ_0 和谱线宽度 $\Delta\lambda$，即包括波长从 $\lambda_0 - \dfrac{\Delta\lambda}{2} \sim \lambda_0 + \dfrac{\Delta\lambda}{2}$ 之间的所有光波。由于不同波长的光之间不能发生干涉，所以每个波长对应一套干涉图样，即观察屏上看到的干涉条纹图样是波长从 $\lambda_0 - \dfrac{\Delta\lambda}{2} \sim \lambda_0 + \dfrac{\Delta\lambda}{2}$ 之间所有波长光的干涉条纹叠加的图样。在 d 增大时，$\lambda_0 - \dfrac{\Delta\lambda}{2}$ 和 $\lambda_0 + \dfrac{\Delta\lambda}{2}$ 两套干涉条纹逐渐错开。

当 $\lambda_0+\dfrac{\Delta\lambda}{2}$ 的 k 级亮条纹落在 $\lambda_0-\dfrac{\Delta\lambda}{2}$ 的 $(k+1)$ 级暗纹上时，观察屏上的干涉图样消失，这时有

$$\Delta L_m = k\left(\lambda_0+\frac{\Delta\lambda}{2}\right) = (k+1)\left(\lambda_0-\frac{\Delta\lambda}{2}\right)$$

得

$$\Delta L_m \approx \frac{\lambda_0^2}{\Delta\lambda} \tag{7-5-3}$$

即

$$\Delta t_m \approx \frac{\lambda_0^2}{c\Delta\lambda} \tag{7-5-4}$$

式(7-5-4)表明，$\Delta\lambda$ 越小，即光源的单色性越小，相干长度越长。可以证明，以上对相干长度的两种解释是一致的。He-Ne 激光器的 $\Delta\lambda$ 为 $10^{-7}\sim10^{-4}$nm，相干长度从几米到几公里。普通的钠光灯和汞灯 $\Delta\lambda$ 为纳米数量级，相干长度为厘米量级，白炽灯所发出的光的 $\Delta\lambda$ 为波长数量级，相干长度非常短，只能看到级数很小的彩色条纹。

3. 钠光的双线波长差

钠光灯有 589.0nm 和 589.6nm 两条谱线，它们在迈克耳逊干涉仪中各自形成干涉条纹，视场中的干涉图样为两套条纹的叠加图样，如图 7-5-4 所示。波长不同条纹间距不同，当移动反射镜 M_1 时，可发生干涉图样清晰度的周期性变化。

如视场中某一点，两波长的光对应的干涉级次为 k_1 和 k_2，有 $\Delta=k_1\lambda_1=k_2\lambda_2$，如 $k_1-k_2=p$，则

$$k_2\lambda_2=k_1\lambda_1+p\lambda_1 \tag{7-5-5}$$

$$k_2=\frac{p\lambda_1}{\lambda_2-\lambda_1} \tag{7-5-6}$$

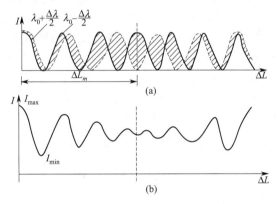

图 7-5-4 含两种波长光源叠加时干涉条纹强度变化情况

当 $p=m$，m 为整数时，λ_1 和 λ_2 的干涉条纹重合或靠得很近，干涉图样对比度最好。反之，当 $p=m+\dfrac{1}{2}$，m 为整数时，一个波的亮纹与另一波的暗纹重合或靠近，干涉图样对比度最差。

在视场中心光程差 $\Delta=2d_1=k_2\lambda_2$，如干涉条纹对比度最差，即 $p=m+\dfrac{1}{2}$，有

$$d_1=\frac{1}{2}k_2\lambda_2=\frac{\left(m+\frac{1}{2}\right)\lambda_1\lambda_2}{2(\lambda_2-\lambda_1)} \tag{7-5-7}$$

移动 M_1，使视场中心干涉图样对比度再一次最小，有

$$k_2=\frac{\left(m+\frac{3}{2}\right)\lambda_1}{\lambda_2-\lambda_1} \tag{7-5-8}$$

此时 $\Delta=2d_2=k_2'\lambda_2$，所以

$$d_2 = k_2 \frac{\lambda_2}{2} = \frac{\left(m+\frac{3}{2}\right)\lambda_1\lambda_2}{2(\lambda_2-\lambda_1)} \qquad (7\text{-}5\text{-}9)$$

所以

$$d_2 - d_1 = \frac{\left(m+\frac{3}{2}\right)\lambda_1\lambda_2}{2(\lambda_2-\lambda_1)} - \frac{\left(m+\frac{1}{2}\right)\lambda_1\lambda_2}{2(\lambda_2-\lambda_1)} = \frac{\lambda_1\lambda_2}{2(\lambda_2-\lambda_1)} \qquad (7\text{-}5\text{-}10)$$

取 $\lambda_1\lambda_2 = \bar{\lambda}^2$，$\Delta d = d_2 - d_1$，$\Delta\lambda = \lambda_2 - \lambda_1$，则

$$\Delta\lambda \approx \frac{\bar{\lambda}^2}{2\Delta d} \qquad (7\text{-}5\text{-}11)$$

实验中，$\bar{\lambda}$ 取 589.3nm，Δd 为视场中心条纹可见度从模糊到模糊时（中间出现清晰）移动 M_1 移动的距离。

四、实验内容和步骤

1. 测定半导体激光器的波长

（1）打开半导体激光器，半导体激光束前装扩束镜，形成了点光源。如图 7-5-1 所示，眼睛通过衰减屏在 E 处朝里看，如看到 M_1 和 M_2 反射镜反射过来的两个光斑，调节 M_1 和 M_2 背面的小螺丝，直到两个光斑重合，此时 M_1 和 M_2 相互垂直。

（2）在 E 处放上毛玻璃，就能在毛玻璃屏上看到干涉条纹（如看不到干涉条纹，再仔细进行上步的调节）。此时干涉条纹可能是曲线，如果形成的是向左右方向弯曲的弧线，则调节一下 M_2 下面的水平微调螺丝，如果形成的是向上下方向弯曲的弧线，则调节一下 M_2 下面的垂直微调螺丝，使 M_1 和 M_2 严格垂直，在屏上就可以看到实验所需要的圆条纹了（与屏的位置无关）。

（3）移动反射镜 M_1 可以观察到干涉环中心一圈圈冒出或陷入。此时可进行波长的测量，缓慢调节微动手轮，测定干涉环中心条纹变化（冒出或陷进）100 次，M_1 移动的距离 Δd，由公式 $\lambda = \frac{2\Delta d}{100}$ 计算半导体激光波长。

（4）重复测量多次，实验数据计入表 7-5-1，取其平均值并与公认值比较，计算其相对误差。

注意在整个调节过程中要十分细致耐心。要注意观察每一部件在调节时引起的干涉条纹的变化规律。必须缓慢地、均匀地转动转盘，并准确的记录 M_1 镜的位置。为了防止"空回"，每次测量必须沿同一方向转动，不得中途倒退。

2. 测量钠光双线波长差

（1）转动粗动手轮，使 M_1 朝光程差方向移动，即中心条纹一条条向里陷进去，干涉条纹变粗、变疏，当视场中仅能看到 2、3 条条纹时，此时的光束的光程差已很小。

（2）换上钠光灯，眼睛沿 G_1、M_1 方向望进去，在无穷远处可看到钠光的干涉条纹，如条纹模糊，转动微调手轮，使条纹变清晰。

（3）缓慢移动 M_1 镜，观察视场中的干涉条纹清晰度的变化，记下相邻两次干涉条纹清晰度为零时反射镜 M_1 移动的距离，连续测出 3 组数据，求出 $\Delta\bar{d}$，钠灯的双线波长差为 $\Delta\lambda = \frac{\bar{\lambda}^2}{2\Delta\bar{d}}$（$\bar{\lambda}$ 取 589.3nm）。

五、数据记录与处理

1. 测量半导体激光波长

表 7-5-1

$$N=\underline{\qquad},\ \lambda_{标}=\underline{\qquad}\text{nm}$$

次数	d_1/mm	d_2/mm	$\Delta d/\text{mm}$	λ/mm
1				
2				
3				

平均波长：$\bar{\lambda}=\dfrac{\lambda_1+\lambda_2+\lambda_3}{3}\text{nm}$

相对误差：$E=\dfrac{|\bar{\lambda}-\lambda_{标}|}{\lambda_{标}}\times100\%$

2. 测量钠灯的双线波长差

自己列表记录实验数据。

六、注意事项

（1）干涉仪上的所有光学面不能用手触摸，更不能随意更换仪器上的元件。

（2）迈克耳逊干涉仪是精密光学仪器，使用时要十分细致、耐心，不要损坏仪器。如 M_1、M_2 背面的小螺丝，要缓慢地、轻轻地调节，不可拧得过紧，否则容易产生滑丝。

（3）测量时，微调手轮只能向一个方向转动，中途不能反向。

（4）学生在操作时应注意安全，不要让激光直接射入人眼，以防烧伤眼睛。

七、思考与讨论

（1）在迈克耳逊干涉仪中是利用什么方法产生两束相干光的？

（2）为什么 M_1 朝光程减小的方向移动，中心条纹是一条条向里陷进去的？

（3）白炽灯作光源时，如何调出干涉条纹？

第六节　光　栅　衍　射

衍射光栅简称光栅，是利用多缝衍射原理使光发生色散的一种光学元件。它实际上是一组数目极多、平行等距、紧密排列的等宽狭缝。通常分为透射光栅和平面反射光栅。透射光栅是用金刚石刻刀在平面玻璃上刻许多平行线制成的，被刻划的线是光栅中不透光的间隙；而平面反射光栅则是在磨光的硬质合金上刻许多平行线。实验室中通常使用的光栅是由上述两种原刻光栅复制而成的，一般每毫米约 250～600 条线。20 世纪 60 年代以来，随着激光技术的发展又制造出了全息光栅。由于光栅衍射条纹狭窄细锐，分辨本领比棱镜高，所以常用光栅做摄谱仪、单色仪等光学仪器的分光元件，用来测定谱线波长，研究光谱的结构和强度等。另外，光栅还应用于光学计量、光通信及信息处理。本实验主要介绍用衍射光栅测定光栅常数和光谱线波长的原理与方法。本实验使用的光栅是全息光栅。

一、实验目的

（1）进一步熟悉分光计的调节与使用。

（2）学习利用透射衍射光栅测定光波波长及光栅常数的原理和方法。

（3）加深理解光栅衍射公式及其成立条件。

二、主要实验仪器

分光计及附件一套，汞灯光源和一片光栅。

三、实验原理

光的干涉和衍射现象是光的波动性的直接体现。当光源与观察屏都与衍射屏相距无限远时，衍射现象称为夫琅禾菲衍射。本实验采用透射光栅做衍射屏，利用夫琅禾菲衍射规律测量光波波长。图 7-6-1 是光栅衍射光路图。实验中，形成衍射明纹的条件是：

$$d \sin\varphi_k = (a+b)\sin\varphi_k = k\lambda, \quad k = 0, \pm 1, \pm 2 \tag{7-6-1}$$

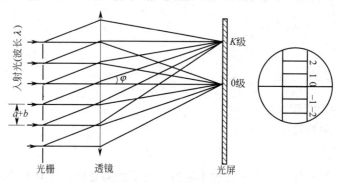

图 7-6-1　光栅衍射光路图

式中 $d = a + b$ 为光栅常数，a 为光栅狭缝，b 为刻痕宽度，k 为明纹级数，φ_k 为 k 级明纹的衍射角，λ 为入射光波长。

由于汞灯产生不同的单色光，每一单色光有一定的波长，因此对于同一级明纹，各色光的衍射角 φ 是不同的。在中央 $k=0$、$\varphi_k=0$ 处，各色光仍重叠在一起，组成中央明纹。在中央明纹两侧对称地分布着 $k=1$，2，…级光谱。本实验中各级有四条不同的明纹，按波长次序排列，通过分光计观察时如图 7-6-2 所示。

本实验用分光计对已知波长的绿色光谱线进行观察，测出一级明纹的衍射角 φ_1，按光栅公式算出光栅常数 d，然后分别对紫、黄光进行观察，测出相应的衍射角 φ_1，连同求出的光栅常数 d，代入公式(7-6-1)，算出该明纹所对应的单色光的波长。

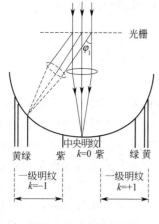

图 7-6-2　光栅衍射
光谱示意图

四、实验内容和步骤

1. 分光计和衍射光栅的调节

调节分光计时应做到：望远镜聚焦于无穷远，望远镜的光轴与分光计的中心轴垂直，平行光管出射平行光。前面两步的调节见本章第二节，调好后固定望远镜（切记不可再调节望远镜）。调节衍射光栅时应做到：平行光管出射的平行光垂直于光栅面、平行光管的狭缝与光栅刻痕平行。调节步骤如下。

（1）调节平行光管发出的平行光与望远镜共轴。

① 取下载物台上的双面反射镜，启动汞灯光源。

② 转动望远镜并细心调节平行光管水平度调节螺钉，使望远镜、平行光管基本水平且在一条直线上（目测）。

③ 放松狭缝机构制动螺钉，前后移动狭缝机构，使望远镜清晰地看到狭缝的像（一条

162

明亮的细线）呈现在分划板上，而且与分划板的刻线无视差。

④ 转动狭缝机构，使狭缝像与目镜分划板的水平刻线平行。调节平行光管水平度调节螺钉，使狭缝与视场中心的水平刻线重合。然后再将狭缝转过 90°，使狭缝与目镜分划板的垂直刻线重合。此时平行光管的光轴与望远镜的光轴同轴，且都与仪器主轴垂直。此时不要再移动狭缝。

⑤ 锁紧狭缝机构制动螺钉。

⑥ 调节狭缝旋转手轮，使狭缝宽调至约 0.5mm。

(2) 调节衍射光栅，使光栅与转轴平行，且光栅平面垂直于平行光管。

① 光栅如图 7-6-3 放置于载物台，并使之固定（夹紧）。

② 使望远镜对准狭缝，平行光管和望远镜光轴保持在同一水平线上。

③ 松开载物台紧固螺丝，微微转动载物台，直至十字反射像和狭缝像重合。

④ 锁紧载物台紧固螺丝。

⑤ 以光栅面作为反射面，用自准法仔细调节载物台下方的调平螺钉 B、C，使十字反射像位于叉丝上方交点（如图 7-6-4）。

⑥ 转动望远镜，观察衍射光谱的分布情况，注意中央明纹两侧谱线是否在同一水平面上。如观察到光谱线有高低变化，说明狭缝与光栅刻痕不平行，调节载物台下方的调平螺钉 A（B、C 不能动），直至在同一水平面上为止。调好之后，回头检查步骤⑤是否有变动，这样反复多次调节，直至两个要求同时满足为止。

2. 用光栅测波长

用光栅测波长时需注意：由于衍射光栅对中央明纹是对称的，为了提高测量准确度，测量第 k 级光谱时，应测出 $+k$ 级光谱位置和 $-k$ 级光谱位置，两位置的差值之半即为 φ_k（图 7-6-5）；为消除分光计刻度盘的偏心误差，测量每一条谱线时，要同时读取刻度盘上的两个游标的示值，然后取平均值。为使叉丝精确对准光谱线，必须用望远镜微动螺钉来对准。测量时，可将望远镜移至最左端，从 -1 到 $+1$ 级依次测量，以免漏测数据。

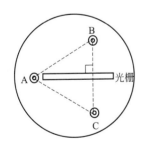

图 7-6-3 光栅在载物台上
安放的位置图

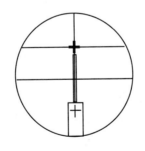

图 7-6-4 望远镜观
察到的物和像

图 7-6-5 测量 φ_k 示意图

3. 测光栅常数 d

(1) 旋紧游标盘止动螺钉、转座与刻度盘止动螺钉。

(2) 手握望远镜支臂，转动望远镜，观察汞灯绿线（已知 $\lambda_{绿}=546.1\text{nm}$）的一级衍射光谱，让望远镜对准中央明纹，然后转到 $k=-1$ 绿光谱线处，旋紧望远镜止动螺钉，固定望远镜。

(3) 借助望远镜微调螺钉，使分划板的垂直刻线对准谱线，从左、右游标上读取二个数据，记录。

(4) 松开望远镜止动螺钉，同理，测量 $k=1$ 绿光谱数据。

(5) 从数据获得衍射角 φ_1，代入公式 $d\sin\varphi=\lambda$，即可求得 d。

4. 测定未知光波的波长

(1) 松开望远镜止动螺钉，移动望远镜，依次对准 $k=-1$ 处黄I、黄II、紫光谱线，并读取数据。

(2) 测量 $k=1$ 处的谱线数据。

(3) 将光栅常数 d 和衍射角 φ 代入公式，求出各谱线波长。

五、数据记录与处理

(1) $i=0$ 时（入射光与光栅垂直），确定光栅常数 d（相关实验数据填入表 7-6-1）。$\lambda=546.1$nm（绿光）。

$$d\sin\varphi=k\lambda \quad 其中：\lambda_{绿}=546.1\text{nm}，k=1，\varphi=\overline{\varphi_{绿}}。$$

表 7-6-1 　　　　　　　　　　　　　　　　　　　　　　　　　　　单位：°

序号	+1		−1		$\varphi=(|\varphi_{左}-\varphi'_{左}|+|\varphi_{右}-\varphi'_{右}|)/4$	$\overline{\varphi}$
	$\varphi_{左}$	$\varphi_{右}$	$\varphi'_{左}$	$\varphi'_{右}$		
1						
2						
3						
4						
5						

① 计算 $\overline{d}$。$\overline{d}=\dfrac{\lambda}{\sin\varphi}=$ ＿＿＿＿＿ nm。

② 求 Δd。

$$\Delta\varphi=\sqrt{\frac{\sum(\overline{\varphi}-\varphi_i)^2}{5-1}}=$$ ＿＿＿＿＿ 。

$$\Delta d=\frac{\lambda\cos\varphi}{\sin^2\varphi}\Delta\varphi=$$ ＿＿＿＿＿ nm，$E_d=\dfrac{\Delta d}{\overline{d}}\times100\%=$ ＿＿＿＿＿

结果表达式：$d=(\overline{d}\pm\Delta d)=$ ＿＿＿＿＿ nm。

(2) $i=0$ 时，测定紫光或者黄光波长（相关实验数据填入表 7-6-2）。$\Delta_{仪}=0$。

表 7-6-2 　　　　　　　　　　　　　　　　　　　　　　　　　　　单位：°

序号	+1		−1		$\varphi=(|\varphi_{左}-\varphi'_{左}|+|\varphi_{右}-\varphi'_{右}|)/4$	$\overline{\varphi}$
	$\varphi_{左}$	$\varphi_{右}$	$\varphi'_{左}$	$\varphi'_{右}$		
1						
2						
3						
4						
5						

① 求黄光的波长。

164

$$\bar{\lambda}_{黄} = \frac{d\sin\overline{\varphi_{黄}}}{k} = \underline{\qquad} \text{nm}, \quad \Delta\lambda_{黄} = \sqrt{\sin^2\overline{\varphi} \cdot \Delta d^2 + \bar{d}^2 \cos^2\overline{\varphi} \cdot \Delta\varphi^2} = \underline{\qquad} \text{nm}$$

$$E_{\lambda_{黄}} = \frac{\Delta\bar{\lambda}_{黄}}{\bar{\lambda}_{黄}} \times 100\% = \underline{\qquad}$$

结果表达式：$\lambda_{黄} = \bar{\lambda}_{黄} \pm \Delta\lambda_{黄} = \underline{\qquad}$ nm。

② 求紫光的波长。

$$\bar{\lambda}_{紫} = \frac{d\sin\overline{\varphi_{紫}}}{k} = \underline{\qquad} \text{nm}, \quad \Delta\lambda_{紫} = \sqrt{\sin^2\overline{\varphi} \cdot \Delta d^2 + \bar{d}^2 \cos^2\overline{\varphi} \cdot \Delta\varphi^2} = \underline{\qquad} \text{nm}$$

$$E_{\lambda_{紫}} = \frac{\Delta\bar{\lambda}_{紫}}{\bar{\lambda}_{紫}} \times 100\% = \underline{\qquad}$$

结果表达式：$\lambda_{紫} = \bar{\lambda}_{紫} \pm \Delta\lambda_{紫} = \underline{\qquad}$ nm。

六、注意事项

（1）分光计各部分的调节螺钉较多，在不清楚这些螺钉的作用与用法前，请不要乱旋、乱扳，以免损坏仪器。

（2）分光计的调节十分费时，调节好后，实验时不要随意变动，以免重新调节而影响实验的进行。

（3）转动望远镜前，要松开固定它的螺丝；转动望远镜时，手应持着其支架转动，不能用手持着望远镜转动。

（4）请勿用手触摸光栅表面，如要移动光栅，请拿金属基座。

（5）肉眼不要长时间直视汞灯，以免被紫外线灼伤眼睛。

七、思考与讨论

（1）分光计的主要部件有哪四个？分别起什么作用？

（2）调节望远镜光轴垂直于分光计中心轴时很重要的一项工作是什么？如何才能确保在望远镜中能看到由双面反射镜反射回来的绿十字叉丝像？

（3）为什么利用光栅测光波波长时要使平行光管和望远镜的光轴与光栅平面垂直？

（4）用复合光源做实验时观察到了什么现象，怎样解释这个现象？

第七节 光 的 偏 振

光的偏振现象是波动光学中一种重要现象，对于光的偏振现象的研究，使人们对光的传播（反射、折射、吸收和散射等）的规律有了新的认识。特别是近年来利用光的偏振性所开发出来的各种偏振光元件、偏振光仪器和偏振光技术在现代科学技术中发挥了极其重要的作用，在光调制器、光开关、光学计量、应力分析、光信息处理、光通信、激光和光电子学器件等方面都有着广泛的应用。

本实验将对光偏振的基本知识和性质进行观察、分析和研究。

一、实验目的

（1）观察光的偏振现象，加深对光偏振的认识。

（2）测定玻璃的起偏角，验证布儒斯特定律。

二、主要实验器材

分光仪、偏振片、玻璃片、钠光灯、支架和小型旋光仪。

三、实验原理

光波是电磁波，其电矢量 E 的振动方向垂直于光的传播方向。电矢量的振动方向和光的传播方向所组成的平面称为光的振动面。电矢量的振动只限于某一确定平面内的光称为平面偏振光（或线偏振光）；如果电矢量在垂直于光波的传播方向上做无规则的取向，且振幅相等，则称为自然光；如果振动在某一确定方向上占相对优势，则称为部分偏振光；如果电矢量的大小和方向随时间做有规律的变化，且电矢量的末端在垂直于光传播方向平面内的轨迹是圆或椭圆，则称为圆偏振光或椭圆偏振光。

用于产生偏振光的元件叫起偏器（或起偏片），用于鉴别偏振光的元件叫检偏器（检偏片），两者可通用。

1. 产生平面偏振光的常见方法

（1）利用晶体双折射现象产生偏振光。当自然光入射某些各向异性晶体（如方解石）时，折射后分解为两束平面偏振光，并以不同速度在晶体内传播，如图 7-7-1 所示，这种现象称为双折射。

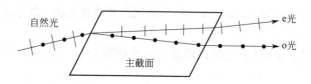

图 7-7-1　寻常光线与非常光线

在晶体内存在一个特殊方向，光线沿该方向入射时不发生双折射现象，该方向称为晶体的光轴。光轴与入射光所组成的平面称为该光的主平面。光轴与晶体表面法线方向组成的平面称为晶体的主截面，假设主平面与主截面重合。双折射产生的两束平面偏振光，其中一束电矢量 E 的振动方向垂直于它的主平面，亦垂直于晶体的主截面，并遵循折射定律，称为寻常光（o 光），另一束电矢量 E 的振动方向平行于晶体的主截面，不遵循折射定律，称为非常光线（e 光）。图 7-7-1 中"·"表示垂直于主截面，"｜"表示平行于主截面。

（2）利用光反射产生偏振光。当一束自然光从折射率为 n_1 的媒质射向折射率为 n_2 的媒质，并在媒质的界面上反射和折射时，反射和折射光都为部分偏振光。逐渐改变入射角，当达到某一特定值 φ_b 时，反射光成为线偏振光，其振动面垂直于入射面（入射光与界面法线组成的平面），

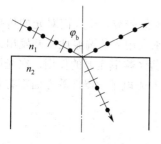

图 7-7-2　产生线偏振光的示意图

透射光为部分偏振光（见图 7-7-2）。此时的入射角 φ_b 称为起偏角，满足布儒斯特定律

$$\tan\varphi_b = n_2/n_1 \qquad (7\text{-}7\text{-}1)$$

（3）利用光折射产生偏振光。若入射光以起偏角 φ_b 入射到多层平行玻璃片上，经过多次折射最后透射出来的光接近于平面偏振光，其振动面平行于入射面。由多层玻璃片组成的这种透射起偏片又称为玻璃堆。

（4）利用偏振片产生偏振光。它是利用某些有机化合物晶体的二向色性制成的偏振片，当自然光通过偏振片后，它对 o 光有选择吸收，而 e 光在透射出来时几乎没有损失

而成了平面偏振光，其振动方向与该偏振片的偏振化方向平行。

2. 圆偏振光、椭圆偏振光和波片

当晶片光轴平行于晶片表面时，如果平面偏振光垂直入射到晶片表面，则 o 光和 e 光沿同一方向传播。但两者折射率不同，传播速度也不相同，因此透过晶片后，两种光就产生恒定的相位差。入射的平面偏振光振动方向与光轴夹角为 α，振幅为 A，如图 7-7-3 所示，则 o 光与 e 光的振幅分别为

$$A_o = A\sin\alpha \qquad A_e = A\cos\alpha$$

其相位差为

$$\Delta\varphi = \frac{2\pi}{\lambda}(n_o - n_e)\delta \qquad (7\text{-}7\text{-}2)$$

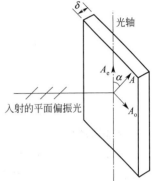

图 7-7-3　平面偏振光
垂直入射晶片

式中，λ 为光在真空中的波长，δ 为晶片厚度，n_o 为 o 光的折射率，n_e 为 e 光的折射率。因此，平面偏振光通过晶片后，可视为两个有不同振幅和一定相位差的、沿着同一方向传播且振动方向互相垂直的两束平面偏振光的叠加。如合振动矢量端点的轨迹为椭圆，则称为椭圆偏振光；如合振动矢量端点的轨迹为圆，则称为圆偏振光。决定轨迹形状的主要因素是入射光的振动方向与光轴的夹角 α 和晶片的厚度 δ，具体如下。

① 如晶片厚度决定的相位差满足 $\Delta\varphi = \pm 2k\pi$，$k = 1, 2, 3, \cdots$，则该晶片称为 λ 光的全波片。

② 如晶片厚度决定的相位差满足 $\Delta\varphi = \pm(2k+1)\pi$，$k = 1, 2, 3, \cdots$，则该晶片称为 λ 光的 1/2 波片。

③ 如晶片厚度决定的相位差满足 $\Delta\varphi = \pm k\pi + \pi/2$，$k = 1, 2, 3, \cdots$，则该晶片称为 λ 光的 1/4 波片。自晶片出射的两束光合成为椭圆偏振光，椭圆的长轴与短轴的取向决定于入射光的振动方向与光轴的夹角 α，当 $\alpha = \pi/4$ 时，则为圆偏振光。

④ 若通过晶片产生的相位差不等于以上各值时，均为椭圆偏振光。

3. 布儒斯特角的测定

如图 7-7-4 所示，如果平面偏振光的振动方向与入射面平行，则入射角越接近起偏角 φ_b 时，反射光越弱。当入射角等于 φ_b 时，线偏振光全部进入媒质，不再有反射光（称为"消光"）。利用分光仪可测定偏振光从空气射向玻璃的起偏角。

如图 7-7-5 所示，由光源发出的光经平行光管和偏振片后，入射到玻璃片，经玻璃片反射到望远镜。若偏振片的振动面与入射面一致时，转动载物台（即玻璃片），用望远镜跟踪并找到消光位置，则可由下式求得起偏角为

$$\varphi_b = \frac{180° - \alpha}{2} \qquad (7\text{-}7\text{-}3)$$

式中，$\alpha = |\varphi_1 - \varphi_2|$。

四、实验内容

实验前调好分光仪。

1. 起偏和检偏

（1）利用分光仪、检偏器和偏振片，自拟方案，观察偏振现象。

（2）鉴别自然光和偏振光，描述并分析观察到的现象。

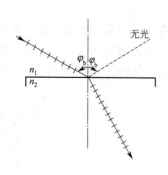

图 7-7-4　起偏振角

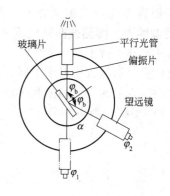

图 7-7-5　用分光仪观察
反射时的偏振现象

2. 测起偏角

（1）使来自平行光管的偏振光振动面与入射面相一致。如图 7-7-5 所示，放置好偏振片，在偏振片与平行光管轴线相互垂直的情况下，以平行光管为轴，旋转偏振片，使偏振片的偏振化方向呈水平方向。

（2）确定起偏角的位置。放置玻璃片，转动分光仪载物台，改变入射角，同时用望远镜跟踪观察。当狭缝像最暗时，取下偏振片，调节望远镜，使叉丝与狭缝像重合，读取 φ_2。

（3）取下玻璃片，使望远镜对准平行光管，调至叉丝与狭缝像重合，读取 φ_1。

（4）将玻璃片反光面转向另一侧，同上述方法，进行第二次测量，取平均值。

（5）将数据填入自拟的表格中，并根据式（7-7-3）计算出起偏角。

3. 观察圆偏振光和椭圆偏振光

（1）以单色平行光垂直照射于一组正交的偏振片上，在两偏振片中间插入一块 1/4 波片，观察并对比 1/4 波片插入前后通过检偏器的光强变化。

（2）保证上述两偏振片的取向不变，转动插入其间的 1/4 波片，使之与两偏振片偏振化方向的夹角从 0°转到 360°，观测并描述夹角改变时通过检偏器的光强变化情况，并作出解释。

（3）使两偏振片处于消光状态时，1/4 波片的光轴作为 0°线，转动 1/4 波片，使其光轴与 0°线的夹角依次为 30°、45°、60°、75°、90°，在取每个角度时，都将检偏器转动 360°，观察、描述光强变化情况，并作出解释。

五、思考与讨论

（1）描述波片的主要参数是什么？

（2）如何用两个 1/4 波片组成一个 1/2 波片？

（3）实验时为什么必须使入射光与波片表面垂直？

第八章　近代物理实验

第一节　光电效应测定普朗克常数

　　一定频率的光照射到金属或其化合物表面上时，光的能量有部分以热的形式被金属吸收，而另一部分则转换为金属中某些电子的能量，使这些电子能从金属表面逃逸出来，这种现象叫做光电效应，所逸出的电子称为光电子。在光电效应这一现象中，光显示出它的粒子性，通过实验深入观察光电效应现象，对认识光的本性具有极其重要的意义。普朗克常数 h 是 1900 年普朗克为了解决黑体辐射能量分布时提出的"能量子"假设中的一个普适常数，是基本作用量子，也是粗略地判断一个物理体系是否需要用量子力学来描述的依据。

　　1887 年赫兹在用两个电极做电磁波的发射和接收实验时，发现当紫外光照射到负电极上有助于负电极放电，此后不久，一些科学家对这一现象进行了长时间的研究工作，总结出了一系列实验规律，而经典的电磁理论无法完满解释这些实验规律。1905 年，爱因斯坦在普朗克量子假设基础上，给出了光电效应方程，成功地解释了光电效应的全部实验规律。1916 年密立根以精确的光电效应实验证实了光电效应方程，并测定了普朗克常数，测量值与现在的公认值仅差 0.9%，爱因斯坦和密立根都因为在光电效应方面的杰出贡献，分别获得了 1921 年和 1923 年诺贝尔物理学奖。今天光电效应已经广泛地应用到各个科技领域，利用光电效应制成的光电器件如光电管、光电池、光电倍增管等已成为生产和科技领域中不可缺少的器件。

一、实验目的

（1）了解光电效应的规律，加深对光的量子性的理解。

（2）测量普朗克常数 h。

（3）了解光电效应的伏安特性规律。

二、主要实验仪器

ZKY-GD-4 光电效应实验仪，钠灯光源，光电管。

三、实验原理

光电效应的实验原理如图 8-1-1 所示，入射光照射到光电管阴极 K 上，产生的光电子在

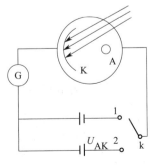

图 8-1-1　实验原理图

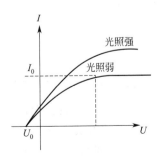

图 8-1-2　伏安特性曲线

电场的制约下向阳极 A 迁移构成光电流。改变外加电压 U_{AK}，测量出光电流 I 的大小，即可得出光电管的伏安特性曲线。改变光电管到光源的距离，测出电流随着距离而变的数据，即可得出距离-电流曲线。

实验表明光电效应有如下规律。

（1）对应于某一频率，光电效应的 I-U_{AK} 关系如图 8-1-2 所示。从图中可见，对一定频率，有一电压 U_0，当 $U_{AK} \leqslant U_0$ 时，电流为零，这个相对于阴极为负值的阳电压 U_0，被称为截止电压。

（2）当 $U_{AK} \leqslant U_0$ 后，I 迅速增加，饱和电流 I_m 的大小与入射光的强度 P 成正比。

（3）对于不同频率的光，其截止电压的值不同。

（4）截止电压 U_0 与光频率 ν 的关系如图 8-1-3 所示。U_0 与入射光的频率成线性关系。当入射光频率低于某极限值 ν_0（ν_0 值随不同金属而异）时，不论光的强度如何，照射时间多长，都没有光电流产生。

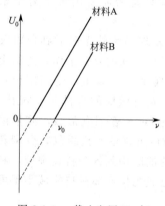

图 8-1-3 截止电压 U_0 与入射光频率 ν 的关系图

（5）光电效应是瞬时效应。即使入射光的强度非常微弱，只要频率大于 ν_0，在开始照射后立即有光电子产生，所经过的时间至多为 10^{-9} s 的数量级。

为了解释光电效应的现象，爱因斯坦提出光量子理论，认为光在发射、传播、吸收过程中都是聚集成一份份的能量子的形式，称为光子。一个频率为 ν 的光子，具有能量 $\varepsilon = h\nu$，h 为普朗克常数。光照射到金属表面，光子则与金属原子外层的电子直接作用，于是电子就吸收了光子的全部能量，飞离金属。其中一部分能量用于克服金属对电子的束缚做功，称为逸出功 W，另一部分就成为电子离开金属时的初动能 E_k，可表示为如下的爱因斯坦光电效应方程

$$h\nu = W + E_k \tag{8-1-1}$$

金属最表面的电子逸出时需要做的逸出功最少，因而在入射光频率不变的情况下，逸出后的初始动能最大，即

$$h\nu = W_{min} + E_{kmax} \tag{8-1-2}$$

对于同一种金属材料，最小逸出功 W_{min} 是固定的。为了测出普朗克常数，需用光电效应实验测出方程（8-1-2）中的最大动能 E_{kmax}。实验装置原理图如图 8-1-1。

光射到光电管的阴极 K 上面，产生光电子向外飞出，当开关 k 接 1 时，外加电压 U_{AK} 对电子做负功，当负功 $eU = E_{kmax}$ 时，光电子无法到达阳极 A。此时光电流减小到零，此电压称为截止电压，代入方程(8-1-2)，得 $h\nu = eU_0 + W_{min}$，整理得

$$U_0 = \frac{h}{e}\nu - \frac{W_{min}}{e} \tag{8-1-3}$$

此式表明截止电压 U_0 是频率 ν 的线性函数，直线斜率 $k = \dfrac{h}{e}$。测出不同频率的光对应的截止电压，作出 ν-U_0 直线图像，如图 8-1-3，就可以求出直线斜率，算出普朗克常数 h。

如图 8-1-1，当开关 k 接 2 时，外加电压 U_{AK} 对电子做正功，部分光电子会被吸引至阳极 A，使得光电流增大，且电压越高，被吸引到阳极 A 的光电子越多，光电流越大。当绝大多数光电子都被吸引至阳极 A 时，光电流达到饱和，不再随电压升高而升高，且饱和电

流与入射光强度成正比。光电流随外加电压 U_{AK} 增加而增加的关系，叫做伏安特性曲线，如图 8-1-2 所示。

四、实验内容和步骤

1. 测试前准备

接通测试仪及汞灯电源，预热 20min。盖上汞灯和光电管的遮光盖，调整光电管与汞灯中心之间距离约为 40cm。用专用连接线将光电管暗箱电压输入端与测试仪电压输出端相连。预热后，调零，具体步骤如下：

（1）调节电流量程（测伏安特性实验时量程为 10^{-10}A，测普朗克常数时量程为 10^{-13}A）。

（2）将测试信号输入连接线与光电管暗盒接口断开。

（3）按下"系统清零"键，进入调零状态（数码管会显示 8 个"8"，一会儿之后，左边显示电流，右边为"----"）。

（4）用调零旋钮将电流读数调节为 0。若仪器读数不太稳定，则应使得电流读数在 0 附近波动。

（5）按下"调零确认"键，退出调零状态（右边数码管显示"-1.998"，为手动调节电压的初始值），进入手动调节状态。

（6）将光电管暗箱电流输出端与测试仪电流输入端连接起来。

2. 测普朗克常数 h

理论上，测出各频率的光照射下阴极电流为零时对应的 U_{AK}，其绝对值即该频率的截止电压，然而实际上由于光电管的阳极反向电流、暗电流、本底电流及极间接触电势差的影响，实测电流并非阴极电流，实测电流为零时对应的 U_{AK} 也并非截止电压。

光电管制作过程中往往被污染，沾上少许阴极材料，入射光照射阳极或入射光从阴极反射到阳极之后都会造成阳极光电子发射，U_{AK} 为负值时，阳极发射的电子向阴极迁移构成了阳极反向电流、暗电流和本底电流，它们是热激发与杂散光照射光电管产生的光电流，可以在光电管制作或测量过程中采取适当措施以减小或消除它们的影响。极间接触电势差与入射光频率无关，只影响 U_0 的准确性，不影响 U_0-ν 直线斜率，对测定 h 无影响。此外，由于截止电压是光电流为零时对应的电压，若电流放大器灵敏度不够或稳定性不好，都会给测量带来较大误差。本实验仪器的电流放大器灵敏度高、稳定性好。

由于技术的进步，现代仪器都采用了新型结构的光电管，其特殊结构使光不能直接照射到阳极，由阴极反射照到阳极的光也很少，加上新型的阴、阳极材料及制造工艺，使得阳极反向电流大大降低，暗电流水平也很低。

由于现代的仪器具有精度高的特点，在测量各谱线的截止电压 U_0 时，可不使用难以操作的拐点法，而用零电流法或补偿法。

零电流法是直接将各谱线照射下测得的电流为零时对应的 U_{AK} 的绝对值作为截止电压 U_0。此法的前提是阳极反向电流、暗电流和本底电流都很小，用零电流法测得的截止电压与真实值相差很小，且各谱线的截止电压都相差 ΔU，对 U_0-ν 曲线的斜率无大的影响，因此对 h 的测量不会产生大的影响。

补偿法是调节电压 U_{AK} 使电流为零后，保持 U_{AK} 不变，遮挡光电管口使之没有光进入，此时测得的电流 I_1 为电压接近截止电压时的暗电流和本底电流。重新让汞灯照射光电管，调节电压 U_{AK} 使电流值至 I_1，将此时对应的电压 U_{AK} 的绝对值作为截止电压 U_0。此法可补偿暗电流和本底电流对测量结果的影响。

将"电流量程"选择开关置于 10^{-13} A 挡，将测试仪电流输入电缆断开，调零后重新接上。

（1）手动测量。调零完成后，实验类型默认为截止电压测试，实验方法默认为手动测量。将直径 4mm 的光阑及 365.0nm 的滤色片装在光电管暗箱光输入口上，打开汞灯遮光盖，数码管显示出当前的电压和相应的电流的数值，手动调节电压，使得电流读数尽可能接近零，此时的电压即为该频率的光对应的截止电压。

开始时，每次调节电压的幅度可设为 0.1V，这样可使当前电压尽快接近截止电压，当电流很接近 0 或越过 0 时调节幅度依次改为 0.01V 和 0.002V，以获得精确的结果。

依次换上 405nm、436nm、546nm、577nm 的滤光片，重复以上测量步骤。为保护光电管，更换滤光片时应挡住汞灯光。

（2）自动测量。按下"手动/自动"选择键，使绿灯亮（表示实验方法为自动测量）。数码管显示自动测量扫描范围的起始电压和终止电压，可用上下、左右键调节。

对各种波长的光，建议扫描范围分别设置为：365nm，$-1.9 \sim -1.5$V；405nm，$-1.6 \sim -1.2$V；436nm，$-1.35 \sim -0.9$V；546nm，$-0.8 \sim -0.4$V；577nm，$-0.65 \sim -0.25$V。

测试仪设有 5 个数据存储区，每个存储区可存储 500 组数据，并有指示灯表示其状态。灯亮表示该存储区已存有数据，灯不亮为空存储区，灯闪烁表示系统预选的或正在存储数据的存储区。

设置好起始电压和终止电压后，按下某个存储区按键，仪器将先消除存储区原有数据，等待约 30s 后，仪器按 4mV 的步长自动扫描并显示存储相应的电压和电流值。

实验时可以监视数码管显示的读数，当电流为 0 时立即记下相应的电压数值，即为截止电压，也可以等扫描完成后，仪器会自动进入数据查询状态，此时查询指示灯亮，显示区显示扫描起始电压和相应的电流值。手动改变电压读数后，就可查阅到在测试过程中，扫描电压为当前显示值时相应的电流值。读取电流为零时对应的 U_{AK}，以其绝对值作为该波长对应的 U_0 的值，记录数据。

自动测量还有一个快速的方法：扫描电压范围为默认的 $-1.998 \sim 0$V，先用 365nm 的滤光片开始自动测量，当电流变为 0 时，立即记录下此时的电压，即为相应的截止电压。然后迅速换上下一个 405nm 的滤光片继续实验（换滤光片时要先盖上光源盖，换好后再拿掉，以保护仪器）。这样，一次扫描过程就可以测出 5 种光的截止电压。

3. 测伏安特性

调零完成后，设定实验类型为伏安特性测试，选择光阑和滤光片装在光电管暗箱光输入口，从低到高调节电压，测出一系列电压 U 所对应的光电流 I，用不同的光阑和滤光片组合，重复上面的实验，绘制伏安特性曲线。

注意，开始时电流随电压增加得很快，电压每次增加的幅度应小一些，后来电流增加得慢了，电压每次增加的幅度大一些。

4. 测量饱和电流与光源到光电管之间距离的关系

实验类型仍为伏安特性测试，将电压调至 50V，使得光电流饱和，然后移动光电管，调节光源到光电管之间的距离，记录下饱和电流随距离变化的数据，绘制曲线。

五、数据记录与处理

由实验记录得出 U_0-ν 直线的斜率 k，然后用 $h = ek$ 求出普朗克常数，并求出相对误差。其中，元电荷 $e = 1.6 \times 10^{-19}$C，$h_0 = 6.626 \times 10^{-34}$J·s。

测量的截止电压记入表 8-1-1 中。

表 8-1-1

波长 λ/nm		365.0	404.7	435.8	546.1	577.0
频率 $\nu/(10^{14}\,\text{Hz})$		8.241	7.408	6.879	5.490	5.196
截止电压 U_0/V	手动					
	自动					

测伏安特性步骤中相关实验数据记入表 8-1-2 中。

表 8-1-2

U_{AK}/V							
$I\times10^{-10}/\text{A}$							
U_{AK}/V							
$I\times10^{-10}/\text{A}$							

测量饱和电流与光源到光电管之间距离关系的相关实验数据记入表 8-1-3。

表 8-1-3

$U_{AK}=$ _____ V，$\lambda=$ _____ nm，$L=$ _____ mm

d/mm					
$I\times10^{-10}/\text{A}$					

附录Ⅰ：实验仪器介绍

1. 光电效应测量仪面板功能

光电效应测量仪面板如附录图Ⅰ-1所示。

2. 测量仪的基本使用方法和注意事项

（1）建议工作状态。

① 伏安特性测试。电流挡位为 10^{-10} A；光阑为 4mm 或 2mm，测试距离为 400mm。

② 截止电压测试。电流挡位为 10^{-13} A；光阑为 4mm；测试距离为 400mm。

（2）选择实验类型。实验类型在"伏安特性测试"和"截止电压测试"两种实验间转变。注意，实验类型改变时，原有保存的实验数据均被清除。所以要慎重操作。

（3）选择存贮区。按下该区的相应按键，选择相应的存贮区，对实验数据进行保存，原来保存的数据被清除。

已经保存有数据的存贮区的灯常亮，正在处理的存贮区的灯闪烁，没有保存数据的存贮区的灯不亮。

（4）设定手动测试电压值。按下前面板电压调节区上的"←/→"键，当前电压的修改位将进行循环移动，同时闪动位随之改变，以提示目前修改的电压位置。按下面板上的"↑/↓"键，电压值在当前修改位递增或递减一个增量单位。

注意：

① 如果当前电压值加上一个单位电压值的和值超过了允许输出的最大电压值，再按下"↑"键，电压值只能修改为最大电压值。

② 如果当前电压值减去一个单位电压值的差值小于零，再按下"↓"键，电压值只能修改为零。

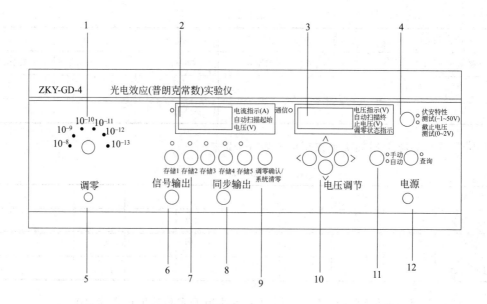

附录图 I -1　光电效应测量仪面板图

1—电流量程调节旋钮，测量截止电压时，量程应选择 10^{-13} A，测伏安特性时，量程应为 10^{-10} A；
2—4 位数码管，当设置自动扫描电压时，显示起始电压读数；当测试或查询时，显示电流读数；
3—4 位数码管，当设置自动扫描电压时，显示终止电压读数；当测试或查询时，显示电压读数；
4—选择实验类型，当红灯亮时，表示做截止电压测试实验；当绿灯亮时，表示做伏安特性实验；
5—调零旋钮，用于初始化时电流表调零；6—两个接口，用于连接示波器；7—存储选择区，在自动测量时仪器可以存储测量数据，五个按键各可以选择一个存储区；8—示波器接口；9—调零确认/系统清零键，按下此键会进入或者退出调零状态，当实验仪处于调零状态时，按下此键则跳出调零状态；当实验仪处于测试状态或查询状态时，按下此键则系统清零，重新启动，并进入调零状态；10—电压调节，可以调节两个四位数码管显示的电压数值，左右键用于选择电压数值的修改位，上下键可以使修改位的数值递增或递减一个增量单位；11—自动/手动键，可选择工作状态，红灯表示手动测量，绿灯表示自动测量；12—电源开关，后面板上有交流电源插座，用于连接交流 220V 电压，插座上自带有保险管座；后面板上有光电管工作电压直流输出接口，蓝色接口为输出电压参考，如果实验仪已升级为微机型，则通信插座可联计算机，否则，该插座不可使用，后面板上有光电管微电流信号输入接口，用于连接光电管微电流输入

（5）示波器显示输出。测试电流变化也可以通过示波器进行显示观测。

将"信号输出"和"同步输出"分别连接到示波器的信号通道和外触发通道，调节好示波器的同步状态和显示幅度，按（4）的方法手动改变测试电压值，在示波器上即可看到光电管电流随电压的实时变化。

（6）存贮区清零。在手动测试状态下，按下需要清零的存贮区按键，相应的存贮区被清零。

注意，存贮区清零后，原来存贮的数据将无法恢复。所以，此功能要谨慎使用。

（7）光电管扫描电压起始、终止值的设定。进行自动测试时，实验仪将自动产生光电管扫描电压。

将面板中的"手动/自动"测试键按至自动测试指示灯亮，则"溢出/起止电压设置指示"灯闪烁，实验仪自动提供一个默认的光电管扫描起始、终止电压。如果需要修改，在电压调节区用"↑/↓"，"←/→"完成光电管扫描起始、终止电压的具体设定，参照（4）。

（8）自动测试启动。自动测试状态设置完成后，在启动自动测试过程前应检查电源电压设定值是否正确，电流量程选择是否恰当，自动测试指示灯是否正确指示。如果有不正确的项目，请按（7）重新设置正确。

如果所有设置都是正确、合理的，再按下相应的存贮区按键，自动测试开始，测试数据存贮在对应的存贮区内。

在自动测试过程中，通过面板电流指示区、测试电压指示区，观察扫描电压与光电管板极电流相关变化情况。

如果连接了示波器，可通过示波器观察扫描电压与光电管电流的相关变化的输出波形。

在自动测试过程中，为避免面板按键误操作，导致自动测试失败，面板上除"手动/自动"按键外的所有按键都被屏蔽禁止。

（9）自动测试后的数据查询。自动测试过程正常结束后，实验仪进入数据查询工作状态。所有按键都被再次开启工作。"自动/手动"键的自动测试指示灯和查询灯亮。

改变电源电压指示值，就可查阅到在测试过程中，电压源的扫描电压值为当前显示值时，对应的光电管光电流值的大小，该数值显示于电流指示表上。按下相应存贮区的按键，即可查询到相应存贮的电源电压和电流值。

注意，在手动测试状态，查询键无效，无查询功能。

3. 仪器其他部分介绍

汞灯：可利用的光有 6 种不同的波长，分别为 365nm、405nm、436nm、546nm、577nm、579nm。

滤光片：5 片，分别透射前 5 个波长的光。

光阑孔：3 片，用于控制入射光的强度，小孔直径分别为 2mm、4mm、8mm。

光电管：光谱响应范围 $320\sim700$nm，暗电流 $I\leqslant2\times10^{-12}$A（$-2V\leqslant U_{AK}\leqslant0$V）。

光电管电源：2 挡，$-2\sim+2$V，$-2\sim+30$V，三位半数显，稳定度$\leqslant0.1\%$。

微电流放大器：6 挡，$10^{-8}\sim10^{-13}$A，分辨率 10^{-14}A，三位半数显，稳定度$\leqslant0.2\%$。

4. 实验装置接线图

实验装置接线图如附录图Ⅰ-2 所示。

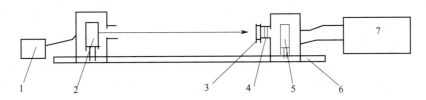

附录图Ⅰ-2　实验装置接线图

1—电源；2—指示灯；3—滤色片；4—光阑；5—光电管；6—基座；7—测试仪

第二节　激光全息照相实验

激光全息摄影技术正飞速发展，并在干涉计量学、无损检测、信息处理、遥感技术、生物医学、国防工程等科技领域获得广泛的应用，有着广阔的发展前景。目前全息技术的应用已涉及各个领域：军事上模拟真实目标，进行驾驶训练；艺术上可以复制历史文物，制作全息首饰、全息肖像、全息风景；工业上制作防伪商标；科学上用于全息干涉计量、测量诊断技术等。全息图记录了物光波的全部信息，再现时可看到一个逼真的三维图像，立体感强。全息图上的每一点都携带有被摄物的全部信息，全息摄影图具有可分割性，分割后的每一小块干板都可再现完整的物体像。一张全息干板可重叠摄制多个全息图。全息照相的基本原理是以光波的干涉和衍射为基础的。

一、实验目的

（1）了解全息照相的发展过程及应用，比较全息照相与普通照相的区别；

（2）掌握全息照相的原理和特点；

（3）学习全息照相的拍摄方法并观察、再现全息图。

二、主要实验仪器

全息照相的整套装置（PHYWE），曝光定时器，Ⅰ型全息干板，暗室设备。

三、实验原理

1. 人眼视物的简单机理

光是电磁波，在光波中产生感光作用和生理作用的是电场强度 E_0。一列单色光波可表示为 $E = E_0 \cos(\omega t - 2\pi r \Pi \lambda + \phi_0)$，物体上的每一点都向空间各个方向发出光波：透射波、反射波、散射波等，统称为物波。物波携带着物体的信息，如颜色、明暗、凹凸等，这些信息在物波的函数中用频率 $f(\omega = 2\pi f)$、振幅 E_0、相位 $(\omega t - 2\pi \Pi \lambda + \phi_0)$ 表示。人眼之所以能看到物体，是因为人眼接受到物体各部分所发出的物波。物波所能到达的任一点，都包含有物体上各部分所有的信息，所以尽管眼睛的瞳孔直径很小，却仍能观察到物体的全貌。如果能将物波保存下来，即使物体不存在了，只要物波还在，人们仍能看到物体。用照相的办法就可以保存物波。但普通照相只能存储物波中振幅的信息；丢失了相位的信息；全息照相则能把物波的全部信息存储起来。

2. 普通照相及其缺陷

光可以引起照相底片（感光材料）上乳胶层的化学变化，而且这化学变化的深度随入射光的强度增大而增大。因而照相底片可以"感受"（记录）光强的分布，不同的光强在底片上反映为不同的浓淡；但是底片不能"感受"相位的分布，不同的相位在底片上并无区别。基于几何光学成像原理的普通照相，是通过照相机镜头使物体成像于底片上，底片只记录了光强（振幅）分布，反映了物体各部分的明暗，而对相位的差别则不能分辨，也就无法反映物体表面的凹凸和距底片的远近，从而失去了立体感。

3. 全息照相的物理思想

普通照相所不能记录的相位分布在全息照相中是如何被记录的？它的创造性的思想就是：把感光材料所不能"感受"的相位分布，利用光的干涉现象，使之转化为底片能记录的光强分布。具体地说，把来自物体的光波称为物光（O 光），再引入一束与之相干的参考光（R 光），让参考光和物光同时照在底片上，在底片上的各点处，R 光相位都相同，而 O 光的相位不相同，从而 O 光与 R 光在各处的相位差也不同，经干涉后各处的条纹亮暗程度就不同。这样底片就可以在记录下物光振幅分布的同时，也记录下相位分布，即记录下了物光的全部信息，这就是全息照相的重要物理思想。

4. 全息照相的实验过程

全息照相包含以下两个过程。

（1）全息照相的记录——光的干涉。拍摄全息照片的实验装置见图 8-2-1，光路如图 8-2-2 所示，相干性极好的氦氖激光器发出激光束，经分束镜被分成两束光，透射的一束光经反射镜和扩束镜射向被摄物体上，再经物体表面漫反射后到达全息干版上，这束光称为物光；透射的另一束光经反射镜和扩束镜直接均匀地射向全息干版上，这束光称为参考光。参考光和物光在全息干版上叠加便产生了干涉现象，在这种干涉场中的全息干版经曝光、显影和定影等处理，就将被摄物体的全部信息——振幅和相位的分布状况以干涉条纹的形式全部记录下来。所得到的全息图显然是一组复杂而不规则的干涉图样。

图 8-2-1　全息照相实验装置

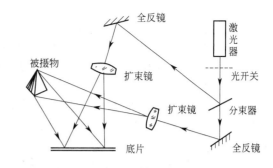

图 8-2-2　全息照相光路图

（2）全息照相的再现——光的衍射。由于全息干版上记录的并不是物体的几何图样，因而直接观察只能看到许多明暗不同的条纹、小环和斑点等干涉图样，要看到原来物体的像，必须使全息图再现原来物体发出的光波，这个过程就称全息图的再现过程，它所利用的是光栅衍射原理。

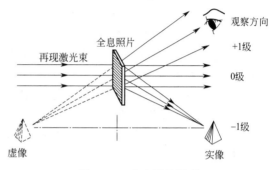

图 8-2-3　全息图的再现

再现过程的观察光路如图 8-2-3 所示，一束从特定方向或与原来参考光方向相同的激光束（通常称为再现光）照射全息图，全息图上每一组干涉条纹相当于一个复杂的光栅，按光栅衍射原理，再现光将发生衍射，其 +1 级衍射光是发散光，与物体在原来位置时发出的光波完全一样，将形成一个虚像，与原物体完全相同，称为真像；−1 级衍射光是会聚光，将形成一个共轭实像，称为膺像。当沿着衍射方向透过全息图朝原来被摄物的方位观察时，就可以看到那个逼真的三维立体图像（虚像）。

四、实验内容

1. 检查全息平台的稳定性

因为全息底板上记录的干涉条纹间距很小，如果全息底片在曝光过程中条纹移动超过半个条纹的宽度，就不能形成全息图；条纹移动小于半个条纹宽度，全息图像虽然可以形成，但清晰度会受到影响。物光与参考光夹角越大，条纹的间距就越小，曝光过程中所受到的限制也就越大。可加一个迈克尔逊干涉仪光路，如获得稳定的干涉条纹，说明工作台已处于稳定的可拍摄全息照片的状态。

2. 调整光路

按图 8-2-2 所示光路布置各光学元件，调节时要注意：

（1）调整光学元件支架，使光路中各光学元件的光学中心共轴；

（2）沿光路前后移动扩束镜的位置，使扩束后的光均匀照亮被摄物体和全息干版，光斑不能太大，以免浪费能量；

（3）物光和参考光的光程差要尽量小，一般常使两者光程大致相等，被摄物体离全息干版的距离不能太远（约 10cm）；

（4）物光和参考光束间的夹角在 30°～45° 之间为宜；

（5）物光和参考光的光强比要合适，一般取 1∶2 到 1∶5 的光强比。

177

3. 曝光

调好光路后，选择预定的曝光时间（由实验条件来定），然后关闭光开关，在暗绿灯下将全息干版安装在照相框架上，药膜面向着被摄物体，放好底片后稍等1min，待整个系统稳定后开始曝光（在曝光过程中，切勿走动，保持安静，以保证干涉条纹无漂移）。

4. 冲洗

将曝光后的全息干版取下，在显影液中显影。在1min左右显出曝光区和未曝光区的黑白界限较佳。显影时只能在暗绿灯下观看。停止显影后经水洗，再放入定影液中定影5～10min，然后用水漂洗，晾干后即成为全息照片。

5. 全息图的再现观察（具体观察方法参见相关物理教材）

虚像观察：判别再现虚像的视角范围大小与观察者离全息照相距离和全息照相尺寸的关系。注意，感光药膜面应向着再现光束。

五、注意事项

（1）各种光学镜面严禁用手触摸。

（2）实验过程中切忌用眼睛直视激光束，以免损伤视网膜。

（3）各组应在相同时间统一曝光，以避免相互干扰，曝光时不能走动、说话及引起任何振动，以提高拍摄成功率。

（4）装全息干板时因在黑暗中操作，特别要注意不能碰动光路，其药膜面应向着激光（即粗糙的一面），千万不能装反。

（5）全息干板与被摄物的距离应控制在10cm之内，且应保证全息干板尽可能正对被摄物，以接收多的物光。

（6）冲洗干板时应严格遵守暗房操作规程。

第三节　黑体辐射实验

黑体辐射实验是量子理论的实验基础，本实验通过对黑体辐射的研究，测定黑体辐射的光谱分布，验证普朗克辐射定律，验证斯蒂芬-玻尔兹曼定律，验证维恩位移定律，正确认识物质热辐射的量子特性，为进一步学习研究量子力学打下坚实的基础。

一、实验目的

（1）掌握和了解黑体辐射的光谱分布——普朗克辐射定律；

（2）掌握和了解黑体辐射的积分辐射——斯蒂芬-玻尔兹曼定律；

（3）掌握和了解维恩位移定律；

（4）掌握WGH-10黑体实验仪的原理和使用方法。

二、主要实验仪器

WGH-10型黑体实验装置，由光栅单色仪、接收单元、扫描系统、电子放大器、A/D采集单元、电压可调的稳压溴钨灯光源、计算机及输出设备组成。该设备集光学、精密机械、电子学、计算机技术于一体，其光路图如图8-3-1所示。

三、实验原理

黑体是指能够完全吸收所有外来辐射的物体，处于热平衡时，黑体吸收的能量等于辐射的能量，由于黑体具有最大的吸收本领，因而黑体也就具有最大的辐射本领。这种辐射是一种温度辐射，辐射的光谱分布只与辐射体的温度有关，而与辐射方向及周围环境无关。一般辐射体其辐射本领和吸收本领都小于黑体，并且辐射能力不仅与温度有关，而且与表面材料的性质有关，实验中对于辐射能力小于黑体，但辐射的光谱分布与黑体相同的辐射体称为灰体。由于标准黑体的价格昂贵，本实验用钨丝作为辐射体，通过一定修正替代黑体进行辐射测量及理论验证。

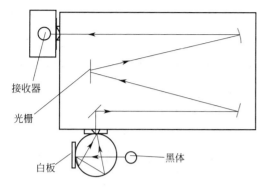

图 8-3-1　黑体实验仪光路图

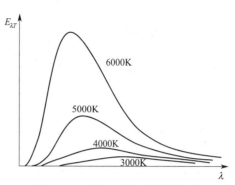

图 8-3-2　黑体辐射能量分布曲线

1. 黑体辐射的光谱分布

19 世纪末，很多著名的科学家对于黑体辐射进行了大量实验研究和理论分析，实验测出黑体的辐射能量在不同温度下与辐射波长的关系曲线如图 8-3-2 所示，对于此分布曲线的理论分析，历史上曾引起了一场巨大的风波，从而导致物理世界图像的根本变革。维恩试图用热力学的理论并加上一些特定的假设得出一个分布公式——维恩公式。这个分布公式在短波部分与实验结果符合较好，而长波部分偏离较大。瑞利和金斯利用经典电动力学和统计物理学也得出了一个分布公式，他们得出的公式在长波部分与实验结果符合较好，而在短波部分则完全不符。因此经典理论遭到了严重失败，物理学历史上出现了一个变革的转折点。普朗克研究这个问题时，本着从实际出发，并大胆引入了一个史无前例的特殊假设：一个原子只能吸收或者发射不连续的一份一份的能量，这个能量份额正比于它的振荡频率，并且这样的能量份额值必须是能量单元 $h\nu$ 的整数倍，即能量子的整数倍。h 即是普朗克常数。由此得到了黑体辐射的光谱分布辐射度公式：

$$E_{\lambda T} = \frac{C_1}{\lambda^5 (e^{\frac{c_2}{\lambda T}} - 1)} \quad (\mathrm{W} \cdot \mathrm{m}^{-3}) \tag{8-3-1}$$

式中，第一辐射常数 $C_1 = 2\pi hc^2 = 3.74 \times 10^{-16}$（$\mathrm{W} \cdot \mathrm{m}^2$），第二辐射常数 $C_2 = hc/k = 1.4388 \times 10^{-2}$（mK），$T$ 为黑体温度，λ 为波长。

黑体光谱辐射亮度由下式给出：

$$L_{\lambda T} = \frac{E_{\lambda T}}{\pi} (\mathrm{W} \cdot \mathrm{m}^{-2} \cdot \mathrm{sr}^{-1} \cdot \mu\mathrm{m}^{-1}) \tag{8-3-2}$$

2. 黑体的积分辐射——斯蒂芬-玻尔兹曼定律

斯蒂芬和玻尔兹曼先后从实验和理论上得出黑体的总辐射通量与黑体的绝对温度 T 的四次方成正比，即：

$$E_T = \int_0^\infty E_{\lambda T} \mathrm{d}\lambda = \delta \cdot T^4 (\mathrm{W} \cdot \mathrm{m}^{-2}) \tag{8-3-3}$$

式中，T 为黑体的热力学温度，δ 为斯蒂芬-玻尔兹曼常数：

$$\delta = \frac{2\pi^5 k^4}{15 h^3 c^2} = 5.6705 \times 10^{-8} (\mathrm{W} \cdot \mathrm{m}^{-2} \cdot \mathrm{K}^{-4}) \tag{8-3-4}$$

式中 k 为玻尔兹曼常数，h 为普朗克常数，c 为光速。由于黑体辐射是各向相同的，所以其辐射亮度与辐射度的关系为：$L = \dfrac{E_T}{\pi}$。

于是，斯蒂芬-玻尔兹曼定律的辐射亮度表达式为：

$$L = \frac{\delta T^4}{\pi} \quad (\text{W} \cdot \text{m}^{-2})$$

3. 维恩位移定律

诺贝尔奖获得者维恩于 1893 年通过实验与理论分析，得到光谱亮度的最大值的波长 $\lambda_{\max}$ 与黑体的绝对温度 T 成反比：

$$\lambda_{\max} = \frac{A}{T}$$

式中，A 为常数，$A = 2.896 \times 10^{-3}$（mK）。

光谱亮度的最大值为：$L_{\max} = 4.10 T^5 \times 10^{-6}$（W·m^{-2}）。随温度的升高，绝对黑体光谱亮度的最大值的波长向短波方向移动。

4. 黑体修正

本实验用溴钨灯的钨丝作为辐射体，由于钨丝灯是一种选择性的辐射体，与标准黑体的辐射光谱有一定的偏差，因此必须进行一定修正。钨丝灯辐射光谱是连续光谱，其总辐射本领 R_T 由下式给出：

$$R_T = \xi_T \sigma T^4$$

式中，ξ_T 为钨丝的温度为 T 时的总辐射系数，其值为该温度下钨丝的辐射强度与绝对黑体的辐射强度之比：

$$\xi_T = \frac{R_T}{E_T}$$

钨丝灯的辐射光谱分布 $R_{\lambda T}$ 为：

$$R_{\lambda T} = \frac{C_1 \xi_{\lambda T}}{\lambda^5 (e^{\frac{c_2}{\lambda T}} - 1)}$$

通过钨丝灯的辐射系数及测得的钨丝灯辐射光谱，用以上公式即可将钨丝灯的辐射光谱修正为绝对黑体的辐射光谱，从而进行黑体辐射定律的验证。

本实验通过计算机自动扫描系统和黑体辐射自动处理软件，可对系统扫描的谱线进行传递修正以及黑体修正，并给定同一色温下的绝对黑体的辐射谱线，以便进行比较验证。溴钨灯的工作电流与色温对应关系如表 8-3-1 所示。

表 8-3-1 溴钨灯工作电流与色温对应关系表

电流/A	色温/K	电流/A	色温/K
1.40	2220	2.00	2600
1.50	2330	2.10	2680
1.60	2380	2.20	2770
1.70	2450	2.30	2860
1.80	2500	2.50	2940
1.90	2550		

四、实验内容和步骤

（1）打开黑体辐射实验系统电控箱电源及溴钨灯电源开关。

（2）打开显示器电源开关及计算机电源开关，启动计算机。

（3）双击"黑体"图标进入黑体辐射系统软件主界面，设置："工作方式"中"模式"为"能量"、"间隔"为"2nm"；"工作范围"中"起始波长"为"800.0nm"、"终止波长"

为"2500.0nm"、"最大值"为"10000.0"、"最小值"为"0.0"、"传递函数"为□、"修正为黑体"为"☑"。

（4）调节溴钨灯工作电流为 2.5A，即色温为 2940K，点击"单程"计算传递函数。

（5）点击"传递函数"，"修正为黑体"为"☑"。

（6）点击黑体扫描记录溴钨灯光源在传递函数修正和黑体修正后的全谱，并存于寄存器内。

（7）改变溴钨灯工作电流，在表 8-3-1 中任选 5 个电流值，分别进行黑体扫描记录，输入相应的数据并分别存于 5 个寄存器内。

（8）分别对各个寄存器内的数据进行归一化。

（9）验证普朗克辐射定律（取五个点）。

（10）验证斯蒂芬-玻尔兹曼定律。

（11）验证维恩位移定律。

（12）将以上所测辐射曲线与绝对黑体的理论曲线进行比较并分析之。

五、数据记录与处理

1. 验证普朗克辐射定律（取五个点）

把实验内容（5）中得到的数据记入表 8-3-2。

表 8-3-2

I/A	T/K	λ/nm	$E_{\lambda T}(\text{理})/(\text{W} \cdot \text{m}^{-3})$	$E_{\lambda T}(\text{实})/(\text{W} \cdot \text{m}^{-3})$	η
2.50	2940	961.1			
2.30	2860	1018.7			
2.20	2770	1006.1			
2.00	2600	1086.2			
1.90	2550	1078.1			

2. 验证斯蒂芬-玻尔兹曼定律

把实验内容（10）的数据记入表 8-3-3 中。

表 8-3-3

T/K	2940	2860	2770	2600	2550
$E_T/(\text{W} \cdot \text{m}^{-2})$	3.9143	3.5290	3.0782	2.3570	2.1827
$T^4(10^{13})$					
$\sigma(10^{-14})/(\text{W} \cdot \text{m}^{-2} \cdot \text{K}^{-4})$					
$\bar{\sigma}/(\text{W} \cdot \text{m}^{-2} \cdot \text{K}^{-4})$					
$\sigma(\text{理})/(\text{W} \cdot \text{m}^{-2} \cdot \text{K}^{-4})$					
η					

3. 验证维恩位移定律

把实验内容（11）的相关数据记入表 8-3-4 中。

表 8-3-4

$\lambda_{\max}/\text{nm}$	961.1	1017.8	1008.8	1058.3	1113.2
T/K	2940	2860	2770	2600	2550
$A/(\text{mK})$					
$\bar{A}/(\text{mK})$					
$A(\text{理})/(\text{mK})$					
η					

六、思考与讨论

（1）实验为何能用溴钨灯进行黑体辐射测量并进行黑体辐射定律验证？
（2）实验数据处理中为何要对数据进行归一化处理？
（3）实验中使用的光谱分布辐射度与辐射能量密度有何关系？

第四节　弗兰克-赫兹实验

20世纪初，人们对原子光谱的研究逐步深入。丹麦物理学家玻尔（N. Bohr）根据光谱学研究的成就和普朗克、爱因斯坦的量子论思想，在卢瑟福核式模型基础上，把量子概念应用于原子系统，提出了氢原子理论，指出原子中存在能级，该模型的预言在氢光谱的观察中取得了显著成功。玻尔提出原子光谱中的每条谱线是原子从一个能级跃迁到另一个较低能级时产生的辐射，为此，1922年玻尔获得了诺贝尔物理学奖。

为了证明原子中电子的运动存在一系列稳定状态——能级，1914年，德国物理学家弗兰克（J. Franck）和赫兹（G. Hertz）巧妙地改进了勒纳用来测量电离电势的实验装置。他们同样观察慢电子（几到几十电子伏）与原子气体碰撞后电子状态的变化（勒纳观察的是离子）测定了汞原子的第一激发电势，后又改进电路测出了汞原子的较高激发电势及电离电势，得到了与原子光谱测量一致的结果，从实验上证实了原子内部能量的分立、不连续性，验证了玻尔理论，为量子理论的创立奠定了实验基础。这两位物理学家于1925年获得了诺贝尔物理学奖。

一、实验目的

（1）用实验的方法测定汞或氩原子的第一激发电位，从而证明原子分立态的存在；
（2）练习使用微机控制的实验数据采集系统。

二、主要实验仪器

智能弗兰克-赫兹实验仪，函数记录仪。

三、实验原理

玻尔的原子模型指出：原子是由原子核和核外电子组成的。原子核位于原子的中心，电子沿着以核为中心的各种不同直径的轨道运动。对于不同的原子，在轨道上运动的电子分布各不相同。

在一定轨道上运动的电子，具有对应的能量。当一个原子内的电子从低能量的轨道跃迁到较高能量的轨道时，该原子就处于一种受激状态。如图8-4-1所示，若轨道上为正常状态，则电子从轨道Ⅰ跃迁到轨道Ⅱ时，该原子处于第一激发态；电子跃迁到轨道Ⅲ，原子处于第二激发态。图中，E_1、E_2、E_3分别是与轨道Ⅰ、Ⅱ、Ⅲ相对应的能量。

当原子状态改变时，伴随着能量的变化。若原子从低能级E_n态跃迁到高能级E_m态，则原子需吸收一定的能量ΔE：

$$\Delta E = E_m - E_n \tag{8-4-1}$$

原子状态的改变通常有两种方法：一是原子吸收或放出电磁辐射；二是原子与其他粒子发生碰撞而交换能量。本实验利用慢电子与氩原子相碰撞，使氩原子从正常状态跃迁到第一激发态，从而证实原子能级的存在。

由玻尔理论可知，处于正常状态的原子发生状态改变时，所需能量不能小于该原子从正常状态跃迁到第一激发态所需的能量，

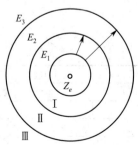

图 8-4-1　原子结构示意图

这个能量称临界能量。当电子与原子相碰撞时，如果电子能量小于临界能量，则电子与原子之间发生弹性碰撞，电子的能量几乎不损失。如果电子的能量大于临界能量，则电子与原子发生非弹性碰撞，电子把能量传递给原子，所传递的能量值恰好等于原子两个状态间的能量差，而其余的能量仍由电子保留。

电子获得能量的方法是将电子置于加速电场中加速。设加速电压为 U，则经过加速后的电子具有能量 eU，e 是电子电量。当电压等于 U_g 时，电子具有的能量恰好能使原子从正常状态跃迁到第一激发态，因此称 U_g 为第一激发电势。

弗兰克-赫兹实验的实验原理图如图 8-4-2 所示。电子与原子的碰撞是在充满氩气的弗兰克-赫兹管（F-H）管内进行的。F-H 管包括灯丝附近的阴极 K，两个栅极 G_1、G_2，板极 A。第一栅极 G_1 靠近阴极 K，目的在于控制管内电子流的大小，以抵消阴极附近电子云形成的负电势的影响。当 F-H 管中的灯丝通电时，加热阴极 K，由阴极 K 发射初速度很小的电子。在阴极 K 与栅极 G_2 之间加上一个可调的加速电势差 V_{G_2}，它能使从阴极 K 发射出的电子向栅极 G_2 加速。

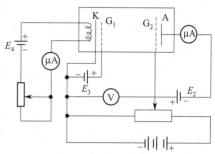

图 8-4-2　实验原理图

由于阴极 K 到栅极 G_2 之间的距离比较大，在适当的气压下，这些电子有足够的空间与氩原子发生碰撞。在栅极 G_2 与板极 A 之间加一个拒斥电压 V_{G_2}，当电子从栅极 G_2 进入栅极 G_2 与板极 A 之间时，电子受到拒斥电压 V_{G_2} 产生的电场的作用而减速，能量小于 eV_{G_2} 的电子将不能到达板极 A。

当加速电势差 V_{G_2} 由零逐渐增大时，板极电流 I_P 也逐渐增大，此时，电子与氩原子的碰撞为弹性碰撞。当 V_{G_2} 增加到等于或稍大于氩原子的第一激发电势 U_g 时，在栅极 G_2 附近，电子的能量可以达到临界能量，因此，电子在这个区域与原子发生非弹性碰撞，电子几乎把能量全部传递给氩原子，使氩原子激发。这些损失了能量的电子就不能克服拒斥电场的作用而到达板极 A，因此板极电流 I_P 将下降。如果继续增大加速电压 V_{G_2}，则在栅极前较

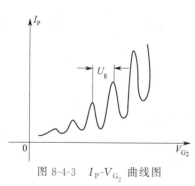

图 8-4-3　I_P-V_{G_2} 曲线图

远处，电子就已经与氩原子发生了非弹性碰撞，几乎损失了全部能量。但是，此时电子仍受到加速电场的作用，因此，通过栅极后，电子仍具有足够的能量克服拒斥电场的作用而到达板极 A，所以板极电流 I_P 又开始增大。当加速电压 V_{G_2} 增加到氩原子的第一激发电位 U_g 的 2 倍时，电子和氩原子在阴极 K 和栅极 G_2 之间的一半处发生第一次弹性碰撞，在剩下的一半路程中，电子重新获得激发氩原子所需的能量，并且在栅极 G_2 附近发生第二次非弹性碰撞，电子再次几乎损失全部能量，因此，电子不能克服拒斥电场的作用而到达板极 A，板极电流 I_P 又一次下降。由以上分析可知，当加速电压 V_{G_2} 满足式(8-4-2)

$$V_{G_2} = nU_g \qquad (8-4-2)$$

时，板极电流 I_P 就会下降。板极电流 I_P 随加速电压 V_{G_2} 的变化关系如图 8-4-3 所示。从图中可知，两个相邻的板极电流 I_P 的峰值所对应的加速电压的差值约为 11.5V。这个电压等于氩原子的第一激发电势。

四、实验内容和步骤

（1）将主机正面板上的 "V_{G_2} 输出" 和 "I_P 输出" 与示波器上的 "CH1 \ onX" 和

"CH1 \ onY"相连，将电源线插在主机的后面板的插孔内，打开电源开关。

（2）将扫描开关调至"自动"挡，扫描速度开关调至"快速"，把 I_P 电流增益波段开关拨至"10nA"。

（3）打开示波器电源开关，并分别将"X"、"Y"电压调节旋钮调至"1V"和"2V"，"POSITION"调至"x-y"，"交直流"全部打到"DC"。

（4）分别调节 V_{G_1}、V_P、V_F 电压至主机上部厂家标定数值，将 V_{G_2} 调节至最大，此时可在示波器上观察到稳定的 I_P-V_{G_2} 曲线。

（5）将扫描开关拨至"手动"挡，调节 V_{G_2} 最小，然后逐渐增大其值，寻找 I_P 值的极大和极小值点，以及相应的 V_{G_2} 值，即找出对应的极值点（V_{G_2}，I_P），也即 I_P-V_{G_2} 曲线的波峰和波谷的位置，相邻波峰或波谷的横坐标之差就是氩的第一激发电位。

注意，实验记录数据时，I_P 电流值为表头示值"$\times 10nA$"；V_{G_2} 实际测量值为表头示值"$\times 10V$"。

（6）每隔1V记录一组数据，然后画出氩的 I_P-V_{G_2} 曲线。

五、数据记录与处理

1. V_{G_1}、V_P、V_F 对实验现象的影响

将实验内容和步骤（4）中观测到的现象填入表8-4-1。

表8-4-1

项 目	影 响
V_{G_1}/V	
V_P/V	
V_F/V	

2. 峰值电压表格

将实验内容和步骤（5）中的峰值电压填入表8-4-2。

表8-4-2

序号	1	2	3	4	5	6
U/V						

六、思考与讨论

（1）为什么 I_P-V_{G_2} 呈周期性变化？

（2）拒斥电压 U_{G_2} 上升时，I_P 如何变化？

（3）灯丝电压 U_f 改变时，弗兰克-赫兹管内什么参量发生变化？

第五节　多普勒效应综合实验

当波源和接收器之间有相对运动时，接收器接受到的波的频率与波源发出的频率不同的现象称为多普勒效应。多普勒效应在科学研究、工程技术、交通管理及医疗诊断等各方面都有十分广泛的应用。例如，原子、分子和离子由于热运动使其发射和吸收的光谱线变宽，称为多普勒增宽，在天体物理和受控热核聚变实验装置中，光谱线的多普勒增宽已成为一种分析恒星大气及等离子体物理状态的重要测量和诊断手段。在天文观测中，发现了天体的电磁辐射由于某种原因波长增加的现象（也叫作红移效应），根据多普勒效应得出了宇宙正在膨胀的推论，成为宇宙大爆炸理论的重要依据。基于多普勒效应原理的雷达系统已广泛应用于导弹、卫星、车辆等运动目标速度的监测。在医学上利用超声波的多普勒效应来检查人体内

脏的活动情况、血液的流速等。电磁波（光波）与声波（超声波）的多普勒效应原理是一致的。本实验的主要内容为：通过实验验证超声波的多普勒效应；利用多普勒效应将超声探头作为运动传感器，研究物体的运动状态。

一、实验目的

（1）测量超声接收器运动速度与接收频率之间的关系，验证多普勒效应；并作出 $f\text{-}v$ 关系图像，利用直线的斜率计算声速。

（2）利用多普勒效应测量物体运动过程中多个时间点的速度，并由此得出物体运动时的 $v\text{-}t$ 关系。以此验证牛顿第二定律，测量自由落体加速度、测量简谐振动的周期等参数，并与理论值比较。

（3）自行设计、研究其他变速直线运动。

二、主要实验仪器

多普勒效应综合实验仪（包括超声发射/接收器、导轨、运动小车、支架、光电门、电磁铁、弹簧、滑轮、砝码等）。

实验仪采用菜单式操作，实验仪器面板见图 8-5-1，显示屏显示菜单及操作提示，由"↑"、"↓"、"←"、"→"键选择菜单或修改参数，按确认键后仪器执行。操作者只需按提示即可完成操作。图 8-5-2 是测量小车水平运动安装示意图。

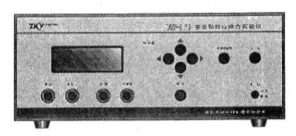

图 8-5-1　实验仪器面板图

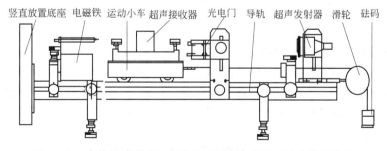

图 8-5-2　多普勒效应验证实验及测量小车水平运动安装示意图

三、实验原理

1. 验证多普勒效应

根据声波的多普勒效应公式，当声源与接收器之间有相对运动时，接收器接收到的频率为：

$$f = f_0 \frac{u + V_1 \cos\alpha_1}{u - V_2 \cos\alpha_2} \tag{8-5-1}$$

式中，f_0 为声源发射频率；u 为声速；V_1 为接收器运动速率；α_1 为声源与接收器连线与接收器运动方向之间的夹角；V_2 为声源运动速率；α_2 为声源与接收器连线与声源运动方向之间的夹角。

若声源保持静止，接收器沿声源与接收器连线方向以速度 V 运动，则从式（8-5-1）可得接收器接收到的频率应为：

$$f = f_0\left(1+\frac{V}{u}\right) \tag{8-5-2}$$

当接收器向着声源运动时，V 取正，反之取负。

实验中让 f_0 保持不变，用接收器测出接收到的声波的频率，用光电门测量接收器的运动速度。根据实验数据，作出 f-V 关系图像，得到一条直线，与式（8-5-2）相吻合，这就验证了多普勒效应。

2. 测量声速

由式（8-5-2）可得，f-V 直线的斜率应为 $k=\dfrac{f_0}{u}$，因而声速可表示为 $u=\dfrac{f_0}{k}$。从 f-V 图像上求得直线的斜率，即可计算出声速。

3. 测量物体速度

由式（8-5-2）可得，$V=\left(\dfrac{f}{f_0}-1\right)u$，若已知声源发射频率 f_0 和声速 u，实验仪定时记录下接收器接收到的声波的频率数值，即可计算出接收器在相应时刻的运动速度，从而了解到接收器运动时的速度变化情况，进而对物体运动状况及规律进行研究。

四、实验内容

1. 实验仪的预调节

如图 8-5-2 所示，导轨长约 1.2m，两侧有安装槽，所有需固定的附件均安装在导轨上。实验前要先调节导轨的支撑脚，使导轨保持水平。

实验仪开机后，首先要求输入室温，这是因为计算物体运动速度时要代入声速，而声速是温度的函数。

然后要对超声发生器的驱动频率进行调谐。调谐时将所用的发射器与接收器接入实验仪，二者相向放置，调节发生器驱动频率，并以接收器谐振电流达到最大作为谐振的数据。在超声应用中，需要将发生器与接收器的频率匹配，并将驱动频率调到谐振频率，才能有效地发射与接收超声波。

2. 验证多普勒效应并测量声速

（1）将水平运动超声发射/接收器及光电门、电磁铁按实验仪上的标示接入实验仪。

（2）在液晶显示屏上，选中"多普勒效应验证实验"，按确认键后进入测量界面。

（3）利用"→"键修改测试总次数（选择范围 5～10），按"↓"键，选中"开始测试"。

（4）当准备工作完成，光电门与接收器处于工作准备状态后，按"确认"键，电磁铁释放，测试开始进行，仪器自动记录小车通过光电门时的平均运动速度及与之对应的平均接收频率（可以用砝码牵引或用手推动使小车以不同的速度通过光电门）。

（5）每一次测试完成，可以选择"存入"或"重测"，决定本次测量是否有效，然后准备开始下次测量。

（6）退回小车让磁铁吸住，按"开始"，进行第二次测试。

（7）完成设定的测量次数后，仪器自动存储数据，并显示出一组 f-V 关系的测量数据。

若测量点可连成一条直线，符合式（8-5-2）描述的规律，即直观验证了多普勒效应。用"↓"键翻阅数据并记入表 8-5-1 中。用作图法或线性回归法计算出 f-V 关系直线的斜率 k，

由 k 计算声速 u 并与声速的理论值比较。声速理论值公式为 $u_0 = 331.45 + 0.59 \times t$ （m/s），t 表示室温。

表 8-5-1

$f_0 = \underline{\hspace{2cm}}$ Hz，$t = \underline{\hspace{2cm}}$ s

测量数据							直线斜率 k/(1/m)	声速测量值/(m/s)	声速理论值/(m/s)	相对误差
次数	1	2	3	4	5	6				
v/(m/s)										
f/Hz										

3. 研究匀变速直线运动，验证牛顿第二运动定律

如图 8-5-2 所示，将小车与质量为 m 的砝码托及砝码用细绳相连，悬挂于滑轮的两端，测量前小车吸在电磁铁上，测量时电磁铁释放小车，系统在外力作用下加速运动。运动系统的总质量（$M+m$），所受合力为 mg，其中 M 为小车质量，m 为砝码质量。

根据牛顿第二定律，系统的加速度应为：

$$a = \frac{m}{M+m}g \tag{8-5-3}$$

用天平称量小车、砝码托及砝码质量，每次取不同质量的砝码放于砝码托上，记录每次实验对应的砝码质量 m。

将发射接受器接入实验仪，在实验仪的工作模式选择界面中选择"频率调谐"调谐垂直运动发射接收器的谐振频率，完成后回到工作模式选择界面，选择"变速运动实验测量"，确认后进入测量设置界面。设置采样点总数（选择范围 15～20），步距（测量的时间间隔）50ms，用"↓"键选择"开始测试"，按确认键使电磁铁释放砝码托，同时实验仪按照设置的参数自动采样。在小车运动过程中，实验仪会每隔 50ms 自动测量一次小车的运动速度。

采样结束后显示 v-t 直线，用"↓"键选择"数据"，观察测量到的数据。由于小车从静止刚开始运动时，速度较慢，因此测量到的速度误差很大，记录数据时不要从第一个点开始。将显示的采样次数及相应速度选择 7 组记入表 8-5-2 中。第 n 个测量到的速度对应的时间可按下式计算：

$$t_n = (n-1) \times 50 \text{(ms)}$$

其中 50ms 是采样步距。由记录的 t、v 数据求得 v-t 直线的斜率即为此次实验的加速度 a。改变砝码质量，再次测量。

表 8-5-2

$M = \underline{\hspace{1cm}}$ kg

序号	n	2	3	4	5	6	7	8	加速度 a/(m/s²)	m/kg	$\frac{m}{M+m}$/kg
1	t_n/s										
	v/(m/s)										
2	t_n/s										
	v/(m/s)										
3	t_n/s										
	v/(m/s)										
4	t_n/s										
	v/(m/s)										

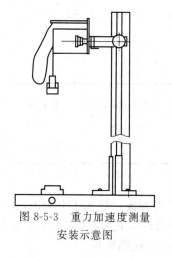

图 8-5-3　重力加速度测量
安装示意图

将表 8-5-2 中计算出的加速度 Q 作纵轴，$m/(M+m)$ 作横轴作图，若为线性关系，符合式（8-5-3）规律，即验证了牛顿第二定律，且直线斜率应为重力加速度。

4. 研究自由落体运动

如图 8-5-3，测量前垂直运动部件吸在电磁铁上，测量时垂直运动部件自由下落一段距离后被细线拉住。

在实验仪的工作模式选择界面中选择"变速运动测量实验"，设置采样点总数（选择范围 5～10），采样步距 50 ms。选择"开始测试"，按确认键后电磁铁释放，接收器自由下落，实验仪按设置的参数自动采样。将测量数据记入表 8-5-3 中，由测量数据求得 $V\text{-}t$ 直线的斜率即为重力加速度 g。

表 8-5-3

序号	n	2	3	4	5	6	7	8	重力加速度 $g/(\text{m/s}^2)$	平均 $g/(\text{m/s}^2)$	理论 $g_0/(\text{m/s}^2)$	相对误差 $(g-g_0)/g_0$
1	t_n/s											
	$v/(\text{m/s})$											
2	t_n/s											
	$v/(\text{m/s})$											
3	t_n/s											
	$v/(\text{m/s})$											
4	t_n/s											
	$v/(\text{m/s})$											

5. 研究简谐运动

当质量为 m 的物体受到大小与位移成正比，而方向指向平衡位置的力的作用时，若以物体的运动方向为 x 轴，其运动方程为：

$$m\frac{\mathrm{d}^2 x}{\mathrm{d}t^2}=-kx \tag{8-5-4}$$

由式（8-5-4）描述的运动称为简谐振动，当初始条件为 $t=0$ 时，$x=-A_0$，$V=\mathrm{d}x/\mathrm{d}t=0$，则方程（8-5-4）的解为：

$$x=A\cos(\bar{\omega}t+\varphi) \tag{8-5-5}$$

对式（8-5-4）求导，可得

$$v=-A\bar{\omega}\sin(\bar{\omega}t+\varphi) \tag{8-5-6}$$

其中，$\bar{\omega}=\sqrt{\dfrac{k}{m}}$ 为振动的角频率。

测量时仪器的安装见图 8-5-4，将弹簧通过一段细线悬挂与电磁铁上方的挂钩孔中，垂直运动超声接收器的尾翼悬挂在弹簧上，这样可以消除弹簧振子与导轨之间的摩擦。若忽略空气阻力，悬挂在弹簧上的物体应做简谐振动。实验时先称量垂直运动超声接收器的质量 M，测量接收器悬挂上之后弹簧的伸长量 Δx，记入表 8-5-4 中，就可计算 $\bar{\omega}$。测量简谐振动时设置采样点总数 150，采样步距 100ms。

表 8-5-4

M/kg	$\Delta x/\text{m}$	$k=\dfrac{mg}{\Delta x}/(\text{N/m})$	$\bar{\omega}=\sqrt{\dfrac{k}{m}}\text{s}^{-1}$	$N_{1\text{max}}$	$N_{11\text{max}}$	T/s	$\bar{\omega}/\text{s}^{-1}$	相对误差

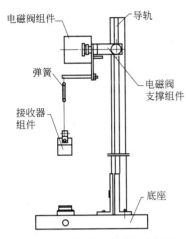

选择"开始测试"，将接收器从平衡位置下拉约 20cm，松手让接收器自由振荡，同时按确认键，让实验仪按设置的参数自动采样，采样结束后会显示如式（8-5-6）描述的速度随时间变化关系。查阅数据，记录第 1 次速度达到最大时的采样次数 $N_{1\text{max}}$ 和第 11 次速度达到最大时的采样次数 $N_{11\text{max}}$，就可计算实际测量的运动周期 T 和角频率 $\bar{\omega}$，并与理论值比较。

图中标注：
电磁阀组件
弹簧
接收器组件
导轨
电磁阀支撑组件
底座

图 8-5-4　简谐振动测量示意图

6. 自行设计变速运动的测量

前面是多普勒实验的基础内容的测量方法和步骤。这些内容的测量结果可与理论比较，便于得出明确的结论，也便于使用者对仪器的使用及性能有所了解。当学生学有余力时，可根据原理自行设计实验方案，也可用作综合实验。

与传统物理实验用光电门测量物体运动速度相比，用本仪器测量物体的运动具有更多的设置灵活性，测量快捷，既可根据显示的 $V\text{-}t$ 图一目了然地定性了解所研究的运动的特征，又可查阅测量数据作进一步的定量分析。其特别适合用于综合实验，让学生自主的对一些复杂的运动进行研究，对理论上难以定量的因素进行分析，并得出自己的结论（如研究摩擦力与运动速度的关系，或与摩擦介质的关系）。

第六节　核 磁 共 振

核磁共振是指受电磁波作用的原子核系统在外磁场中能级之间发生共振跃迁的现象。早期的核磁共振电磁波主要采用连续波，灵敏度较低，1966 年发展起来的脉冲傅里叶变换核磁共振技术，将信号采集由频域变为时域，从而大大提高了检测灵敏度，由此脉冲核磁共振得到迅速发展，成为物理、化学、生物、医学等领域中分析、鉴定和微观结构研究中不可缺少的工具。

核磁共振的物理基础是原子核的自旋。泡利在 1924 年提出核自旋的假设，1930 年在实验上得到证实。1932 年人们发现中子，从此对原子核自旋有了新的认识：原子核的自旋是质子和中子自旋之和，只有质子数和中子数两者或者其中之一为奇数时，原子核具有自旋角动量和磁矩。这类原子核称为磁性核，只有磁性核才能产生核磁共振。磁性核是核磁共振技术的研究对象。

一、实验目的

（1）了解和掌握稳态核磁共振现象的基本原理和实验方法；

（2）掌握测定物质的旋磁比、g 因子及其磁矩的方法。

二、主要实验仪器

如图 8-6-1 所示，整个核磁共振实验装置由固定磁场（电磁铁）及其电源，调场线圈及其电源，边限振荡器，探头（包括样品）示波器，频率计等组成。

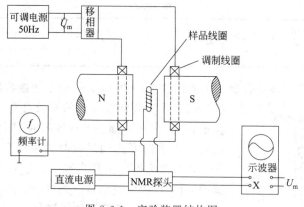

图 8-6-1　实验装置结构图

三、实验原理

1. 磁能级的分裂

具有自旋的原子核，其自旋角动量 P，大小为

$$P = \sqrt{I(I+1)}\hbar \qquad (8\text{-}6\text{-}1)$$

式(8-6-1)中，I 为自旋量子数，其值为半整数或整数，由核性质所决定；$\hbar = \dfrac{h}{2\pi}$，h 为普朗克常数。自旋的核具有磁矩 $\boldsymbol{\mu}$，$\boldsymbol{\mu}$ 和自旋角动量 P 的关系为

$$\boldsymbol{\mu} = \gamma \boldsymbol{P} \qquad (8\text{-}6\text{-}2)$$

式中，γ 为旋磁比。

在外加磁场 $\boldsymbol{B}_0 = 0$ 时，核自旋量子数为 I 的原子核处于 $(2I+1)$ 度简并态。外磁场 $\boldsymbol{B}_0 \neq 0$ 时，角动量 P 和磁矩 $\boldsymbol{\mu}$ 绕 $\boldsymbol{B}_0$（设为 z 方向）进动，进动角频率为：

$$\omega_0 = \gamma B_0 \qquad (8\text{-}6\text{-}3)$$

式(8-6-3)称为拉摩尔进动公式。由拉摩尔进动公式可知，核磁矩在恒定磁场中将绕磁场方向作进动，进动的角频率 ω_0 取决于核的旋磁比 γ 和磁场磁感应强度 B_0 的大小。

由于核自旋角动量 P 空间取向是量子化的。P 在 z 方向上的分量只能取 $(2I+1)$ 个值，即：

$$P_z = m\hbar \quad (m = I,\ I-1,\ \cdots,\ -I+1,\ -I) \qquad (8\text{-}6\text{-}4)$$

m 为磁量子数，相应地

$$\mu_Z = \gamma P_Z = \gamma m\hbar \qquad (8\text{-}6\text{-}5)$$

此时原 $(2I+1)$ 度简并能级发生塞曼分裂，形成 $(2I+1)$ 个分裂磁能级

$$E = -\boldsymbol{\mu} \cdot \boldsymbol{B}_0 = -\mu\cos\theta B_0 = -\mu_z B_0 = -\gamma\hbar m B_0 \qquad (8\text{-}6\text{-}6)$$

相邻两个能级之间的能量差

$$\Delta E = \gamma\hbar B = \hbar\omega_0 \qquad (8\text{-}6\text{-}7)$$

对 $I = 1/2$ 的核，例如氢、氟等，在磁场中仅分裂为上下两个能级。

2. 核磁共振

实现核磁共振的条件：在一个恒定外磁场 $\boldsymbol{B}_0$ 作用下，另在垂直于 $\boldsymbol{B}_0$ 的平面（x,y 平面）内加进一个旋转磁场 $\boldsymbol{B}_1$，使 $\boldsymbol{B}_1$ 转动方向与 $\boldsymbol{\mu}$ 的拉摩尔进动同方向，如图 8-6-2(a) 所示。如 $\boldsymbol{B}_1$ 的转动频率 ω 与拉摩尔进动频率 ω_0 相等时，$\boldsymbol{\mu}$ 会绕 $\boldsymbol{B}_0$ 和 $\boldsymbol{B}_1$ 的合矢量进动，使 $\boldsymbol{\mu}$

与 $\boldsymbol{B}_0$ 的夹角 θ 发生改变，θ 增大，核吸收 $\boldsymbol{B}_1$ 磁场的能量使势能增加，见式（8-6-6）。如果 $\boldsymbol{B}_1$ 的旋转频率 ω 与 ω_0 不等，自旋系统会交体地吸收和放出能量，没有净能量吸收。因此能量吸收是一种共振现象，只有 $\boldsymbol{B}_1$ 的旋转频率 ω 与 ω_0 相等时才能发生共振。

旋转磁场 $\boldsymbol{B}_1$ 可以方便的由振荡回路线圈中产生的直线振荡磁场得到。因为一个 $2B_1\cos\omega t$ 的直线磁场，可以看成两个相反方向旋转的磁场 $\boldsymbol{B}_1$ 合成，如

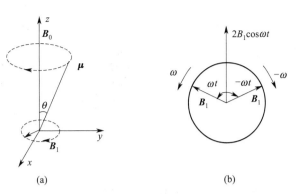

图 8-6-2　拉摩尔进动和直线振荡磁场

图 8-6-2(b) 所示。一个与拉摩尔进动同方向，另一个反方向。反方向的磁场对 $\boldsymbol{\mu}$ 的作用可以忽略。旋转磁场作用方式可以采用连续波方式也可以采用脉冲方式。

3. 体磁化强度

因为磁共振的对象不可能单个核，而是包含大量等同核的系统，所以用体磁化强度 $\boldsymbol{M}$ 来描述，核系统 $\boldsymbol{M}$ 和单个核 $\boldsymbol{\mu}_i$ 的关系为：$\boldsymbol{M} = \sum\limits_{i=1}^{N}\boldsymbol{\mu}_i$，$\boldsymbol{M}$ 体现了原子核系统被磁化的程度。具有磁矩的核系统，在恒磁场 $\boldsymbol{B}_0$ 的作用下，宏观体磁化矢量 $\boldsymbol{M}$ 将绕 $\boldsymbol{B}_0$ 作拉摩尔进动，进动角频率 $\omega_0 = \gamma B_0$。

4. 射频脉冲磁场 $\boldsymbol{B}_1$ 瞬态作用

若引入一个旋转坐标系 (x', y', z)，z 方向与 $\boldsymbol{B}_0$ 方向重合，坐标旋转角频率 $\omega = \omega_0$，则 $\boldsymbol{M}$ 在新坐标系中静止。若某时刻，在垂直于 $\boldsymbol{B}_0$ 方向上施加一射频脉冲，其脉冲宽度 t_p 满足 $t_p \ll T_1$，$t_p \ll T_2$（T_1，T_2 为原子核系统的弛豫时间），通常可以把它分解为两个方向相反的圆偏振脉冲射频场，其中起作用的是施加在轴上的恒定磁场 $\boldsymbol{B}_1$，作用时间为脉宽 t_p，在射频脉冲作用前 $\boldsymbol{M}$ 处在热平衡状态，方向与 z 轴（z' 轴）重合，施加射频脉冲作用，则 $\boldsymbol{M}$ 将以频率 γB_1 绕 x' 轴进动。

如图 8-6-3 所示，$\boldsymbol{M}$ 转过的角度 $\theta = \gamma B_1 t_p$ 称为倾倒角，如果脉冲宽度恰好使 $\theta = \pi/2$ 或 $\theta = \pi$，称这种脉冲为 $90°$ 或 $180°$ 脉冲。$90°$ 脉冲作用下 $\boldsymbol{M}$ 将倒在 y' 上，$180°$ 脉冲作用下 $\boldsymbol{M}$ 将倒向 $-z$ 方向。由 $\theta = \gamma B_1 t_p$ 可知，只要射频场足够强，则 t_p 值均可以做到足够小而满足 $t_p \ll T_1$（T_2），这意味着射频脉冲作用期间弛豫作用可以忽略不计。

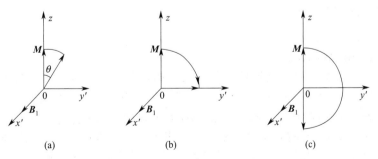

图 8-6-3　旋转坐标系示意图

5. 脉冲作用后体磁化强度 $\boldsymbol{M}$ 的行为——自由感应衰减（FID）信号

设 $t = 0$ 时刻加上射频场 $\boldsymbol{B}_1$，到 $t = t_p$ 时 $\boldsymbol{M}$ 绕 $\boldsymbol{B}_1$ 旋转 $90°$ 而倾倒在 y' 轴上，这时射频场

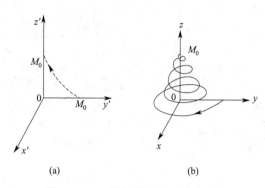

图 8-6-4　90°脉冲作用后的弛豫过程

$\boldsymbol{B}_1$ 消失，核磁矩系统将由弛豫过程回复到热平衡状态。其中 $M_z \to M_0$ 的变化速度取决于 T_1，$M_x \to 0$ 和 $M_y \to 0$ 的衰减速度取决于 T_2，在旋转坐标系看来，$\boldsymbol{M}$ 没有进动，恢复到平衡位置的过程如图 8-6-4(a) 所示。在实验室坐标系看来，$\boldsymbol{M}$ 绕 z 轴旋进按螺旋形式回到平衡位置，如图 8-6-4(b) 所示。

在这个弛豫过程中，若在垂直于 z 轴方向上置一个接收线圈，便可感应出一个射频信号，其频率与进动频率 ω_0 相同，其幅值按照指数规律衰减，称为自由感应衰减信号，也写作 FID 信号。经检波并滤去射频以后，观察到的 FID 信号是指数衰减的包络线，如图 8-6-5(a) 所示。FID 信号与 $\boldsymbol{M}$ 在 xy 平面上横向分量的大小有关，所以 90°脉冲的 FID 信号幅值最大，180°脉冲的幅值为零。

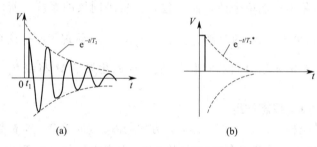

图 8-6-5　自由感应衰减信号

实验中由于恒定磁场 $\boldsymbol{B}_0$ 不可能绝对均匀，样品中不同位置的核磁矩所处的外场大小有所不同，其进动频率各有差异，实际观测到的 FID 信号是各个不同进动频率的指数衰减信号的叠加，设 T_2' 为磁场不均匀所等效的横向弛豫时间，则总的 FID 信号的衰减速度由 T_2 和 T_2' 两者决定，可以用一个称为表观横向弛豫时间 T_2^*（图 8-6-5(b)）来等效：

$$\frac{1}{T_2^*} = \frac{1}{T_2} + \frac{1}{T_2'}$$

若磁场域不均匀，则 T_2' 越小，从而 T_2^* 也越小，FID 信号衰减也越快。

四、实验内容和步骤

实验仪器调节及要求详见仪器说明书。

1. 用高斯计测永久磁铁磁场

先对所用的 CT3 型交直流高斯计进行粗校、调零和校准。测量时探头垂直于磁场，轻转探头读出最大值，然后转动 180°再读出一个最大值，取其平均值作为测量值。

2. 用聚四氟乙烯棒做样品，观察 ^{19}F 的核磁共振现象，测定旋磁比 γ 和 g 因子。

（1）用聚四氟乙烯棒样品（和边限振荡器一起）置换水样品（和边限振荡器一起）。

（2）估计 ^{19}F 的核磁共振的范围，缓慢调节边限振荡器频率，观察稳态吸收信号的出现，当吸收信号等间距分布时，在频率计读数稳定后读出共振频率 γ_0。

（3）用 γ_0 计算 ^{19}F 的旋磁比。

（4）计算 g 因子。

五、数据记录与处理

自行设计表格并记录测量数据，并根据实验要求及自身掌握的数据处理方法进行数据处理，得到相应的实验结果。

六、思考与讨论

（1）怎样才能更好地观察到核磁共振现象？

（2）观察 NMR 吸收信号时要提供哪几个磁场？各起什么作用？有什么要求？